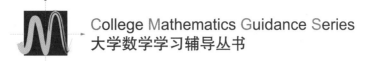

College Mathematics Guidance Series

大学数学学习辅导丛书

概率论与数理统计
学习指导

隋然 凌焕章 廉春波 贾念念 编

高等教育出版社·北京

内容简介

　　本书是与《概率论与数理统计》（邱威、李彤、吴红梅、贾念念编）配套的学习辅导书，各章编排顺序与教材一致，主要包括知识点概述、典型例题解析、同步训练题及答案等内容；书末附教材各章习题详解。本书的目的是帮助读者更好地学习教材内容、深入理解基本概念、提高计算技能，使读者具有对所学知识进行扩展和应用的能力。

　　本书可作为高等学校非数学类专业学生学习概率论与数理统计课程的辅导书，也可供参加硕士研究生入学考试的学生进行考前复习和强化训练之用。

图书在版编目（CIP）数据

　　概率论与数理统计学习指导 ／ 隋然等编. -- 北京：高等教育出版社，2021.3
　　ISBN 978-7-04-055460-1

　　Ⅰ．①概… Ⅱ．①隋… Ⅲ．①概率论-高等学校-教学参考资料②数理统计-高等学校-教学参考资料 Ⅳ．①O21

　　中国版本图书馆 CIP 数据核字（2021）第 025305 号

Gailülun yu Shuli Tongji Xuexi Zhidao

策划编辑	张晓丽	责任编辑	刘 荣	封面设计	张 楠	版式设计	杨 树
插图绘制	李沛蓉	责任校对	高 歌	责任印制	存 怡		

出版发行	高等教育出版社	网　址	http://www.hep.edu.cn
社　址	北京市西城区德外大街 4 号		http://www.hep.com.cn
邮政编码	100120	网上订购	http://www.hepmall.com.cn
印　刷	北京市大天乐投资管理有限公司		http://www.hepmall.com
开　本	787 mm×1092 mm　1/16		http://www.hepmall.cn
印　张	15.25		
字　数	360 千字	版　次	2021 年 3 月第 1 版
购书热线	010 - 58581118	印　次	2021 年 3 月第 1 次印刷
咨询电话	400 - 810 - 0598	定　价	29.60 元

本书如有缺页、倒页、脱页等质量问题，请到所购图书销售部门联系调换
版权所有　侵权必究
物料号　55460 - 00

前　　言

　　概率论与数理统计是数学学科的一个重要分支,是高等学校本科教育阶段的一门重要的理论基础课程。它有一套独特的理论概念和思考方法;它与其他学科紧密联系,是现代数学的重要组成部分;同时它又有着极强的应用性,用理论知识解决实际问题。为此,我们精心编写本书,配合高等教育出版社出版的《概率论与数理统计》(邱威、李彤、吴红梅、贾念念编)教材,帮助广大学生更好地学习本门课程,深入理解基本概念,提高计算技能,并对所学知识进行拓展和应用。

　　全书基础知识部分共九章,对应所配套教材的九个章节。各章主要包括知识点概述、典型例题解析、同步训练题及答案等内容。在知识点概述部分,编者总结梳理出本章涉及的主要概念、重要定理、相关结论,重点问题的计算方法及解题步骤,并就学生对各部分内容应掌握的程度,做出了清晰明确的要求,以便学生能够提纲挈领地掌握本章的基本概念、基本理论和基本方法。在典型例题解析部分,编者收集大量国内外优秀教科书和习题集的典型题目,按难易程度和学习顺序分别对每一章节的典型题型进行了分类讲解、详细剖析、深入解答以及对知识点再拓展。在各章中均增加了部分全国硕士研究生入学考试题目,丰富和拓展了所学知识,提高了学生解决问题的能力。在同步训练题部分,帮助学生更好地理解基本内容、掌握基本解题方法,同时检测对本章学习内容掌握的情况,达到复习、巩固和提高的目的。本书的最后是《概率论与数理统计》全部课后习题的详细解答。

　　期望本书能帮助学生们加深对概率论与数理统计基本内容的理解,掌握解题方法和技巧,达到复习巩固所学内容的目的,培养分析问题并能解决实际问题的能力。

　　本书由哈尔滨工程大学数学科学学院工科数学教研部组织编写,由隋然、凌焕章、廉春波、贾念念编。本书编写过程中得到邱威老师和孙薇老师的指导以及哈尔滨工程大学数学科学学院教师的协助,得到哈尔滨工程大学各级相关部门的配合,也得到高等教育出版社的大力支持,在此我们表示衷心的感谢。

　　由于编者水平有限,书中恐仍有不妥之处,敬请广大读者批评指正。

编　者

2020 年 10 月 12 日

目　　录

第1章 随机事件及其概率

本章主要学习随机事件、概率、古典概型、条件概率、全概率公式、贝叶斯公式以及事件的独立性等内容.

本章知识点要求:

1. 理解随机事件和样本空间的概念,了解随机现象的统计规律性,熟练掌握事件之间的关系与基本运算;

2. 理解频率的概念,了解概率的统计定义和公理化定义;

3. 掌握概率的基本性质,会应用这些性质进行概率计算;

4. 理解古典概型和几何概型的定义;

5. 理解条件概率的概念,掌握乘法公式、全概率公式和贝叶斯公式,并会应用这些公式进行概率计算;

6. 理解事件的独立性的概念,会应用事件的独立性进行概率计算.

1.1 知识点概述

1.1.1 随机事件

1. 随机试验

在概率论中,满足:可以在相同条件下重复进行;在进行一次试验之前,不能事先确定试验的哪个结果会出现;试验的全部可能结果是已知的,这 3 个特点的试验称为随机试验,常用字母 E 表示.

2. 样本空间

随机试验 E 的所有可能结果组成的集合称为 E 的样本空间,记为 $S = S(e)$,其中 e 表示 E 的每个结果,也称为样本点.

3. 随机事件

样本空间 S 的子集称为随机事件,简称事件,常用大写字母 $A, B, C, \cdots$ 表示,S 表示必然事件,$\varnothing$ 表示不可能事件.

4. 事件的关系与运算(A,B 均为事件)

事件的关系与运算	名称	语言描述
$A \subset B$	包含关系	A 发生必然使得 B 发生
$A = B$	相等关系	$A \subset B$ 且 $B \subset A$
$AB = \varnothing$	互不相容(互斥)关系	A 与 B 不可能同时发生
$A \cup B$	和事件	A 与 B 至少有一个发生
$A \cap B$ 或 AB	积事件	A 与 B 同时发生
$A - B$	差事件	A 发生且 B 不发生
$\overline{A}$	对立(互逆)事件	A 不发生

5. 事件的运算性质(A,B 均为事件)

交换律	$A \cup B = B \cup A, A \cap B = B \cap A$
结合律	$A \cup (B \cup C) = (A \cup B) \cup C, (A \cap B) \cap C = A \cap (B \cap C)$
分配律	$A \cup (B \cap C) = (A \cup B) \cap (A \cup C), A \cap (B \cup C) = (A \cap B) \cup (A \cap C)$
德摩根律	$\overline{A \cup B} = \overline{A} \cap \overline{B}, \overline{A \cap B} = \overline{A} \cup \overline{B}$
差事件运算	$A - B = A\overline{B} = A - AB$

1.1.2 随机事件的概率

1. 频率

在相同条件下,进行了 n 次试验.在这 n 次试验中,随机事件 A 发生的次数 n_A 称为事件 A 发生的频数.比值 $\dfrac{n_A}{n}$ 称为事件 A 发生的频率,记为 $f_n(A)$.

频率满足非负性、规范性以及有限可加性.在大量的重复试验中,频率常常稳定于某个常数,称为频率稳定性.

2. 概率的公理化定义

设 E 是随机试验,S 是其样本空间.对于 E 的每一个事件 A,有唯一满足以下 3 条性质的实数 $P(A)$ 与之对应,并称 $P(A)$ 为事件 A 的概率:

(1) 非负性:对于每　个事件 $A,P(A) \geqslant 0$;

(2) 规范性:对于必然事件 $S,P(S) = 1$;

(3) 可列可加性:若可列无穷多个事件 $A_1,A_2,\cdots$ 是两两互不相容的,即 $A_iA_j = \varnothing (i \neq j; i = 1, 2,\cdots; j = 1,2,\cdots)$,则有
$$P(A_1 \cup A_2 \cup \cdots) = P(A_1) + P(A_2) + \cdots.$$

3. 概率的基本性质

(1) $P(\varnothing) = 0$;

(2) 有限可加性:若事件 $A_1,A_2,\cdots,A_n$ 两两互不相容,则
$$P(A_1 \cup A_2 \cup \cdots \cup A_n) = P(A_1) + P(A_2) + \cdots + P(A_n);$$

（3）若事件 A,B 满足 $A \subset B$，则有
$$P(B-A) = P(B) - P(A), \quad P(B) \geqslant P(A);$$

（4）对任意事件 A，$P(\overline{A}) = 1 - P(A)$，其中 $\overline{A}$ 为 A 的对立事件；

（5）对任意事件 A,B 有
$$P(A \cup B) = P(A) + P(B) - P(AB),$$
$$P(A \cup B) \leqslant P(A) + P(B);$$

进一步地，还可推广到多个事件的情形：对任意 n 个事件 $A_1, A_2, \cdots, A_n$，
$$P(A_1 \cup A_2 \cup A_3) = P(A_1) + P(A_2) + P(A_3) - $$
$$P(A_1 A_2) - P(A_2 A_3) - P(A_1 A_3) + P(A_1 A_2 A_3),$$
$$P(A_1 \cup A_2 \cup \cdots \cup A_n) = \sum_{i=1}^{n} P(A_i) - \sum_{1 \leqslant i < j \leqslant n} P(A_i A_j) + \sum_{1 \leqslant i < j < k \leqslant n} P(A_i A_j A_k) + \cdots + $$
$$(-1)^{n-1} P(A_1 A_2 \cdots A_n).$$

1.1.3 古典概型、几何概型

1. 等可能概型（古典概型）

若随机试验 E 满足以下条件：

（1）样本空间 S 只有有限个样本点；

（2）每个样本点出现的可能性相同，

则称这类随机试验模型为等可能概型（古典概型），其中事件 A 发生的概率的计算公式为
$$P(A) = \frac{\text{事件 } A \text{ 中含有样本点的个数}}{\text{样本空间 } S \text{ 中含有样本点的个数}}.$$

2. 几何概型

若随机试验 E 满足以下条件：

（1）样本空间 S 是一个几何区域，这个区域的大小（如长度、面积、体积等）是可以度量的，并将对 S 的度量记作 $m(S)$；

（2）向区域 S 内任意投掷的一个点，落在区域内任一点处都是"等可能的"，即落在 S 中的区域 A 内的可能性与 A 的度量 $m(A)$ 成正比，与 A 的位置和形状无关，

则称这类随机试验模型为几何概型，其中事件 A 发生的概率的计算公式为
$$P(A) = \frac{m(A)}{m(S)}.$$

1.1.4 重要的概率公式

1. 条件概率

设 A,B 是两个事件，且 $P(A) > 0$，称
$$P(B|A) = \frac{P(AB)}{P(A)}$$

为事件 A 发生的条件下，事件 B 发生的条件概率.

2. 乘法公式

对于事件 A,B,若 $P(A)>0$,则有

$$P(AB) = P(A)P(B\mid A);$$

若 $P(B)>0$,则有

$$P(AB) = P(B)P(A\mid B).$$

一般地,推广到 n 个事件 $A_1,A_2,\cdots,A_n(n\geqslant 2)$ 的情形.设 $P(A_1A_2\cdots A_{n-1})>0$,则有

$$P(A_1A_2\cdots A_n) = P(A_1)P(A_2\mid A_1)P(A_3\mid A_1A_2)\cdots P(A_n\mid A_1A_2\cdots A_{n-1}).$$

3. 完备事件组

设 S 为随机试验 E 的样本空间,$B_1,B_2,\cdots,B_n$ 为 E 的一组事件.若

(1) $B_iB_j = \varnothing(i\neq j;i=1,2,\cdots,n;j=1,2,\cdots,n)$;

(2) $B_1\cup B_2\cup\cdots\cup B_n = S$,

则称 $B_1,B_2,\cdots,B_n$ 是样本空间 S 的一个完备事件组.

4. 全概率公式

设随机试验 E 的样本空间为 S,A 为 E 的一个事件,$B_1,B_2,\cdots,B_n$ 为 S 的一个完备事件组,且 $P(B_i)>0(i=1,2,\cdots,n)$,则

$$P(A) = P(A\mid B_1)P(B_1)+P(A\mid B_2)P(B_2)+\cdots+P(A\mid B_n)P(B_n).$$

这个公式称为全概率公式.

5. 贝叶斯公式

设随机试验 E 的样本空间为 S,A 为 E 的事件,$B_1,B_2,\cdots,B_n$ 为 S 的一个完备事件组,且 $P(A)>0,P(B_i)>0(i=1,2,\cdots,n)$,则有

$$P(B_i\mid A) = \frac{P(B_i)P(A\mid B_i)}{\sum\limits_{j=1}^{n} P(B_j)P(A\mid B_j)}, \quad i=1,2,\cdots,n.$$

这个公式称为贝叶斯公式.

在公式中,$P(B_i)$ 反映了各种原因发生的可能性大小,它往往是根据以往经验确定的一种"主观概率",所以把 $P(B_i)$ 称为"先验概率";而 $P(B_i\mid A)$ 是在某一事件 A 发生之后再来判断事件 B_i 发生的概率,故称为"后验概率".

1.1.5 事件的独立性

1. 两个事件的独立性

设 A 与 B 是两个随机事件,若 $P(AB) = P(A)P(B)$,则称事件 A 与 B 相互独立.

定理:若事件 A 与 B 相互独立,则事件 $\overline{A}$ 与 B,A 与 $\overline{B},\overline{A}$ 与 $\overline{B}$ 也相互独立.

2. 多个事件的独立性

设 A,B,C 是三个随机事件,如果以下等式成立:

$$\begin{cases} P(AB) = P(A)P(B), \\ P(AC) = P(A)P(C), \\ P(BC) = P(B)P(C), \end{cases}$$

则称三个事件 A,B,C 两两独立.

设 A,B,C 三个事件两两独立,且满足

$$P(ABC) = P(A)P(B)P(C),$$

则称三个事件 A,B,C 相互独立.

更一般地,设 $A_1,A_2,\cdots,A_n$ 为 n 个事件,若对于所有可能的 $1 \leqslant k_1 < k_2 < \cdots < k_l \leqslant n$,等式

$$P(A_{k_1}A_{k_2}\cdots A_{k_l}) = P(A_{k_1})P(A_{k_2})\cdots P(A_{k_l}) \quad (l=2,3,\cdots,n)$$

均成立,则称 n 个事件 $A_1,A_2,\cdots,A_n$ 相互独立.

注意,在实际应用中,事件的独立性可根据事件的实际意义判断,即事件发生与否没有相互影响:若事件 A,B 满足 $P(A\,|\,B) = P(A)$,则事件 A,B 相互独立.

1.2 典型例题解析

例 1 设 A,B 为两个事件,则下列关系式成立的是( ).

A. $(A\cup B)-B=A$ B. $A \subset (A\cup B)-B$

C. $(A\cup B)-B \subset A$ D. 以上都不对

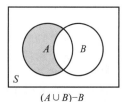

$(A\cup B)-B$

图 1-1

分析 本题主要考查事件的运算规律,易得 $(A\cup B)-B=A\overline{B}$,故选 C.可以通过韦恩图(如图 1-1 所示)清晰地看出 $(A\cup B)-B \subset A$.

解 C.

例 2 设 A,B 为两个事件,且 $A \neq \varnothing,B \neq \varnothing$,则 $(A\cup B)(\overline{A}\cup B)$ 表示( ).

A. 必然事件   B. 不可能事件

C. A 与 B 不能同时发生   D. A 与 B 恰有一个发生

分析 本题主要考查事件的运算规律,易得 $(A\cup B)(\overline{A}\cup B)=A\overline{B}\cup \overline{A}B$,故选 D.注意不要错选 C,它表示 $\overline{AB}=\overline{A}\cup \overline{B}$.

解 D.

例 3 设事件 A,B 互斥,则( ).

A. $P(\overline{A}\,\overline{B})=0$ B. $P(AB)=P(A)P(B)$

C. $P(A)=1-P(B)$ D. $P(\overline{A}\cup \overline{B})=1$

分析 本题考查互斥的定义和德摩根定律的应用,因为事件 A,B 互斥,于是有 $AB=\varnothing$,即 $\overline{A}\cup \overline{B}=S$,故 $P(\overline{A}\cup \overline{B})=1$.

解 D.

例 4 有 20 件产品,其中 18 件正品,2 件次品,从中任取 2 件,则至少取出一件次品的概率为( ).

A. $1-\left(\dfrac{18}{20}\right)^2$ B. $1-\dfrac{C_{18}^2}{C_{20}^2}$ C. $C_2^1\left(\dfrac{9}{10}\right)^2$ D. $\left(\dfrac{9}{10}\right)^2$

分析 设事件 $A_i=\{$第 i 次取到正品$\}$,$i=1,2$,则

$$P(A_1 \cup A_2) = 1 - P(\overline{A_1 \cup A_2}) = 1 - P(\overline{A_1}\,\overline{A_2}) = 1 - \frac{C_{18}^2}{C_{20}^2}.$$

解 B.

例 5 设 A,B 为两个事件,则一定有(　　).

A. $P(\overline{A} \cup \overline{B}) = 1$　　　　　B. $P(\overline{A} \cup \overline{B}) = 1 - P(AB)$

C. $P(\overline{A} \cup \overline{B}) = 0$　　　　　D. $0 < P(\overline{A} \cup \overline{B}) < 1$

分析 本题考查概率的基本性质,因为 $P(\overline{A} \cup \overline{B}) = 1 - P(AB)$,因此选 B.

解 B.

例 6 设 $P(\overline{A}) = P(\overline{B}) > 0$,则(　　).

A. $A = B$　　　　　B. $P(A \mid B) = 1$

C. $P(A \mid B) = P(B \mid A)$　　　　　D. $P(A \mid B) + P(B \mid A) = 1$

分析 本题考查条件概率的运算,由 $P(\overline{A}) = P(\overline{B})$,知 $P(A) = P(B)$,因此

$$P(A \mid B) = \frac{P(AB)}{P(B)} = \frac{P(AB)}{P(A)} = P(B \mid A).$$

解 C.

例 7 一辆交通车载有 20 名乘客,中途经过 10 个车站,设每名乘客在 10 个车站中任一站下车的可能性相同,并且只在有乘客下车时交通车才停车,则交通车在第 $i(1 \leqslant i \leqslant 10)$ 站停车的概率为(　　).

A. $10\left(\frac{1}{10}\right)^{20}$　　　B. $1 - \left(\frac{19}{20}\right)^{10}$　　　C. $1 - \left(\frac{9}{10}\right)^{20}$　　　D. $20\left(\frac{1}{20}\right)^{10}$

分析 任一乘客不在第 i 站下车的概率为 $1 - \frac{1}{10}$,因此 20 名乘客在第 $i(1 \leqslant i \leqslant 10)$ 站都不下车的概率为 $\left(1 - \frac{1}{10}\right)^{20}$,则在该站有人下车的概率为 $1 - \left(1 - \frac{1}{10}\right)^{20}$.

解 C.

例 8 设 A,B,C 三事件两两独立,则 A,B,C 相互独立的充要条件是(　　).

A. A 与 BC 独立　　　　　B. AB 与 $A \cup C$ 独立

C. AB 与 AC 独立　　　　　D. $A \cup B$ 与 $A \cup C$ 独立

分析 A,B,C 相互独立的充要条件为 $P(ABC) = P(A)P(B)P(C)$,又由 $P(BC) = P(B)P(C)$,因此 $P(ABC) = P(A)P(BC)$.

解 A.

例 9 对于任意事件 A,B,有(　　).

A. 若 $AB \neq \varnothing$,则 A,B 一定独立　　　　　B. 若 $AB \neq \varnothing$,则 A,B 有可能独立

C. 若 $AB = \varnothing$,则 A,B 一定独立　　　　　D. 若 $AB = \varnothing$,则 A,B 一定不独立

分析 本题考查独立与互斥之间的关系.事实上,独立与互斥之间没有必然的互推联系.由 $AB \neq \varnothing$ 推不出 $P(AB) = P(A)P(B)$,因此推不出 A,B 一定独立,排除 A;若 $AB = \varnothing$,则 $P(AB) = 0$,但 $P(A)P(B)$ 是否为零不确定,因此 C 和 D 也不成立.

解 B.

例 10 设 100 件产品中有 5 件是不合格品,从中随机抽取 2 件,设 $A_i=\{$第 i 次抽的是不合格品$\}$,$i=1,2$,则下列叙述中错误的是( ).

A. $P(A_1)=0.05$ B. $P(A_2)$ 的值不依赖于抽取方式(有放回及不放回)

C. $P(A_1)=P(A_2)$ D. $P(A_1A_2)$ 不依赖于抽取方式

分析 由古典概型可知 $P(A_1)=0.05$.若有放回,

$$P(A_2)=0.05,\quad P(A_1A_2)=\frac{5}{100}\cdot\frac{5}{100}=0.002\,5;$$

若不放回,

$$P(A_2)=\frac{95}{100}\cdot\frac{5}{99}+\frac{5}{100}\cdot\frac{4}{99}=0.05,\quad P(A_1A_2)=\frac{5}{100}\cdot\frac{4}{99}<0.002\,5,$$

因此只有 D 选项有误.

解 D.

例 11 设两个相互独立的事件 A,B 都不发生的概率为 $\frac{1}{9}$,且 A 发生 B 不发生的概率与 B 发生 A 不发生的概率相等,则 $P(A)=$ ( ).

A. 1   B. $\frac{8}{9}$ C. $\frac{1}{3}$ D. $\frac{2}{3}$

分析 由题设知 $P(AB)=P(A)P(B)$,$P(\bar{A}\,\bar{B})=\frac{1}{9}$,且 $P(A\bar{B})=P(\bar{A}B)$,所以

$$P(A)-P(AB)=P(B)-P(AB),\quad P(\bar{A}\,\bar{B})=P(\overline{A\cup B})=1-P(A\cup B)=\frac{1}{9},$$

因此

$$1-P(A)-P(B)+P(A)P(B)=\frac{1}{9},\quad P(A)=P(B),$$

即 $1-2P(A)+P^2(A)=\frac{1}{9}$,解得 $P(A)=\frac{2}{3}$(注意 $P(A)\leqslant 1$).

解 D.

例 12 设事件 A,B 相互独立,$P(A)=0.2$,$P(B)=0.5$,则 $P(\bar{A}\cup\bar{B})=$ _____.

分析 $P(\bar{A}\cup\bar{B})=P(\overline{AB})=1-P(AB)=1-0.2\cdot 0.5=0.9$.

解 0.9.

例 13 在区间 $(0,1)$ 中随机地取两个数,则两数之差的绝对值小于 $\frac{1}{2}$ 的概率为 _____.

分析 显然,这是一个几何概型.设 x,y 为所取的两个数,则样本空间 $S=\{(x,y)\,|\,0<x,y<1\}$,记 $A=\left\{(x,y)\in S\,\Big|\,|x-y|<\frac{1}{2}\right\}$,因此

$$P(A)=\frac{1-\dfrac{1}{4}}{1}=\frac{3}{4}.$$

解　$\dfrac{3}{4}$.

例 14　袋中有 a 个红球,b 个白球,现从袋中每次任取一球,取后不放回,试求第 k 次取到红球的概率($1 \leqslant k \leqslant a+b$).

分析　本题考查古典概型的应用,我们可以用排列法也可以用组合法.

解　假设 $A = \{$ 第 k 次取到红球 $\}$.

方法一:排列法.设各个球是有区别的,比如对每个球进行编号.把取出的球依次排列在 $(a+b)$ 个位置上,则样本空间的基本事件总数为 $(a+b)!$.第 k 次取到红球相当于先在第 k 个位置上排红球,再在其余 $(a+b-1)$ 个位置上排剩下的 $(a+b-1)$ 个球,共有 $a(a+b-1)!$ 种排法,因此取到红球的概率为

$$P(A) = \frac{a(a+b-1)!}{(a+b)!} = \frac{a}{a+b}.$$

方法二:组合法.除了颜色之外,将各个球看作是没有区别的.将取出的球依次放在 $(a+b)$ 个位置上,此时 a 个红球在 $(a+b)$ 个位置上的所有放置方法为 C_{a+b}^{a},即样本空间的基本事件总数为 C_{a+b}^{a}.第 k 次取到红球,即第 k 个位置上必须放红球,剩下 $(a-1)$ 个红球可以放在其余 $(a+b-1)$ 个位置中的任意 $(a-1)$ 个位置上,所有放置方法为 C_{a+b-1}^{a-1},因此取到红球的概率为

$$P(A) = \frac{\mathrm{C}_{a+b-1}^{a-1}}{\mathrm{C}_{a+b}^{a}} = \frac{a}{a+b}.$$

评注　(1) 在不放回抽取模型中,第 k 次取到红球的概率与次序 k 无关,它是一个常数,这正说明了在实际中抽签或抓阄的公平性.

(2) 对于同一个试验,样本空间的选取可以不同,但若都按古典概型求解,则必须保证都满足"等可能性"和"有限性",而且求解时基本事件总数和所求事件包含的基本事件总数的计算方式要一致,即要么都用排列,要么都用组合.

例 15　若 $P(A) = \dfrac{1}{3}$,$P(B|A) = \dfrac{1}{4}$,$P(A|B) = \dfrac{1}{2}$,求 $P(AB)$,$P(\overline{A}|\overline{B})$.

解　由题设知 $P(AB) = P(A)P(B|A) = \dfrac{1}{12}$,又由 $P(B) = \dfrac{P(AB)}{P(A|B)} = \dfrac{1}{6}$,因此解得

$$P(\overline{A}|\overline{B}) = \frac{P(\overline{A}\,\overline{B})}{P(\overline{B})} = \frac{1-P(A)-P(B)+P(AB)}{1-P(B)} = \frac{1-\dfrac{1}{3}-\dfrac{1}{6}+\dfrac{1}{12}}{1-\dfrac{1}{6}} = \frac{7}{10}.$$

例 16　甲乙两人投篮,投中的概率分别是 0.6 和 0.7,今每人各投 3 次,求两人投中次数相等的概率.

解　设 $A_i, B_i(i=1,2,3)$ 分别表示甲乙两人投中 i 次,由投篮独立性,则两人投中次数相等的概率为

$$
\begin{aligned}
P(A_1 B_1 \cup A_2 B_2 \cup A_3 B_3) &= P(A_1 B_1) + P(A_2 B_2) + P(A_3 B_3) \\
&= P(A_1)P(B_1) + P(A_2)P(B_2) + P(A_3)P(B_3).
\end{aligned}
$$

由

$$P(A_1)P(B_1) = C_3^1 \cdot 0.6 \cdot 0.4^2 \cdot C_3^1 \cdot 0.7 \cdot 0.3^2 \approx 0.054\ 4.$$

$$P(A_2)P(B_2) = C_3^2 \cdot 0.6^2 \cdot 0.4 \cdot C_3^2 \cdot 0.7^2 \cdot 0.3 \approx 0.190\ 5.$$

$$P(A_3)P(B_3) = C_3^3 \cdot 0.6^3 \cdot C_3^3 \cdot 0.7^3 \approx 0.074\ 1.$$

因此 $P(A_1B_1 \cup A_2B_2 \cup A_3B_3) \approx 0.319.$

例 17 某电视机制造厂从三个不同的分厂购进一批同一型号的电子元件,进货率分别为 60%,20% 和 20%,三个分厂产品的次品率分别是 2%,2%,3%,求:

(1) 该厂进货的次品率;

(2) 从中抽取一件,发现为次品,求此次品由各分厂生产的概率.

解 设 A_1,A_2,A_3 分别表示从三个分厂购进电子元件,B 表示产品为次品,则

(1) 由全概率公式可知

$$P(B) = P(A_1)P(B \mid A_1) + P(A_2)P(B \mid A_2) + P(A_3)P(B \mid A_3) = 2.2\% ;$$

(2) 由贝叶斯公式可知

$$P(A_1 \mid B) = \frac{P(A_1)P(B \mid A_1)}{P(B)} \approx 0.545,$$

$$P(A_2 \mid B) = \frac{P(A_2)P(B \mid A_2)}{P(B)} \approx 0.182,$$

$$P(A_3 \mid B) = \frac{P(A_3)P(B \mid A_3)}{P(B)} \approx 0.273.$$

例 18 有两批相同的产品,第一批产品共 100 件,其中有 5 件次品,装在第一个箱子中;第二批产品共 20 件,其中有 2 件次品,装在第二个箱子中.从第一个箱子中任取两件放入第二个箱子,再从第二个箱子中任取两件,求至少有一件为次品的概率.

解 设 A 表示从第二个箱子中任取两件全为正品,B 表示从第一个箱子中取出的 2 件全为次品,C 表示从第一个箱子中取出的 2 件全为正品,D 表示从第一个箱子中取出的 2 件一件为次品,另一件为正品,则

$$P(A) = P(B)P(A \mid B) + P(C)P(A \mid C) + P(D)P(A \mid D)$$

$$= \frac{C_5^2}{C_{100}^2} \cdot \frac{C_{18}^2}{C_{22}^2} + \frac{C_{95}^2}{C_{100}^2} \cdot \frac{C_{20}^2}{C_{22}^2} + \frac{C_5^1 C_{95}^1}{C_{100}^2} \cdot \frac{C_{19}^2}{C_{22}^2} \approx 0.814,$$

因此 $P(\bar{A}) \approx 0.186.$

例 19 有三台车床,加工零件之比为 5:2:1,生产次品的概率分别为 0.02,0.03,0.05,三台车床加工的零件混在一起,从中随机地抽取一件,求:

(1) 所取零件为次品的概率;

(2) 已知取出的为次品,求它由第二台机床加工的概率.

解 设 A 表示取到次品,B,C,D 分别表示由第一、二、三台车床加工,因此

(1) 由全概率公式可知

$$P(A) = P(B)P(A \mid B) + P(C)P(A \mid C) + P(D)P(A \mid D) \approx 0.026;$$

(2) 由贝叶斯公式可知

$$P(C \mid A) = \frac{P(C)P(A \mid C)}{P(A)} \approx 0.288.$$

例 20　考虑一元二次方程 $x^2+Bx+C=0$,其中 B,C 分别是将一枚骰子接连掷两次,先后出现的点数,求该方程有实根的概率 p 和有重根的概率 q.

解　由题意可知,有实根的概率为

$$
\begin{aligned}
p &= P\{B^2-4C\geqslant 0\}\\
&= P\{B=2,C=1\}+P\{B=3,C=1\}+P\{B=3,C=2\}+\\
&\quad P\{B=4,1\leqslant C\leqslant 4\}+P\{B=5,1\leqslant C\leqslant 6\}+P\{B=6,1\leqslant C\leqslant 6\}\\
&= \frac{19}{36},
\end{aligned}
$$

有重根的概率为

$$
q = P\{B^2=4C\} = P\{B=2,C=1\}+P\{B=4,C=4\} = \frac{1}{18}.
$$

例 21　设某人从外地赶来参加紧急会议.他乘火车、轮船、汽车或飞机来的概率分别是 $\dfrac{3}{10}$, $\dfrac{1}{5}$,$\dfrac{1}{10}$ 及 $\dfrac{2}{5}$,如果他乘飞机来,不会迟到;而乘火车、轮船或汽车来,迟到的概率分别为 $\dfrac{1}{4}$,$\dfrac{1}{3}$,$\dfrac{1}{12}$,试求:(1)他迟到的概率;(2)若此人迟到,试推断他怎样来的可能性最大?

解　令 $A_1=\{$乘火车$\}$,$A_2=\{$乘轮船$\}$,$A_3=\{$乘汽车$\}$,$A_4=\{$乘飞机$\}$,$B=\{$迟到$\}$,则按题意有

$$
P(A_1)=\frac{3}{10},\quad P(A_2)=\frac{1}{5},\quad P(A_3)=\frac{1}{10},\quad P(A_4)=\frac{2}{5},
$$

$$
P(B|A_1)=\frac{1}{4},\quad P(B|A_2)=\frac{1}{3},\quad P(B|A_3)=\frac{1}{12},\quad P(B|A_4)=0.
$$

(1) 由全概率公式,有

$$
P(B)=\sum_{i=1}^{4}P(A_i)P(B|A_i)=\frac{3}{10}\times\frac{1}{4}+\frac{1}{5}\times\frac{1}{3}+\frac{1}{10}\times\frac{1}{12}+\frac{2}{5}\times 0=\frac{3}{20}.
$$

(2) 由贝叶斯公式

$$
P(A_i|B)=\frac{P(A_i)P(B|A_i)}{\displaystyle\sum_{j=1}^{4}P(A_j)P(B|A_j)},\quad i=1,2,3,4,
$$

因此得到

$$
P(A_1|B)=\frac{1}{2},\quad P(A_2|B)=\frac{4}{9},\quad P(A_3|B)=\frac{1}{18},\quad P(A_4|B)=0.
$$

由上述计算结果可以推断出若此人迟到,他乘火车来的可能性最大.

例 22　设事件 A,B,C 相互独立,证明:$A\cup B$ 与 C 相互独立.

证明　
$$
\begin{aligned}
P((A\cup B)C) &= P(AC\cup BC)=P(AC)+P(BC)-P(ABC)\\
&= [P(A)+P(B)-P(AB)]P(C)=P(A\cup B)P(C).
\end{aligned}
$$

例 23　设 $0<P(A),P(B)<1$,且 $P(A|B)+P(\overline{A}|\overline{B})=1$,证明:$A,B$ 相互独立.

证明　由题意:

$$1 = \frac{P(AB)}{P(B)} + \frac{P(\overline{A}\,\overline{B})}{P(\overline{B})} = \frac{P(AB)}{P(B)} + \frac{1-P(A \cup B)}{1-P(B)}$$

$$= \frac{P(AB)}{P(B)} + \frac{1-P(A)-P(B)+P(AB)}{1-P(B)}$$

$$= \frac{P(AB)}{P(B)} + \frac{P(AB)-P(A)}{1-P(B)} + 1,$$

因此

$$\frac{P(AB)}{P(B)} = \frac{P(A)-P(AB)}{1-P(B)},$$

整理得 $P(AB) = P(A)P(B)$，所以证得事件 A,B 相互独立.

例 24　已知 $P(A)=x, P(B)=2x, P(C)=3x, P(AB)=P(BC)$，求证：$x \leqslant \frac{1}{4}$.

证明　令 $P(AB)=y$，显然 $P(AB) \leqslant P(A)$，即 $y \leqslant x$. 由于

$$1 \geqslant P(B \cup C) = P(B)+P(C)-P(BC) = 2x+3x-y$$

$$\geqslant 2x+3x-x = 4x,$$

所以证得 $x \leqslant \frac{1}{4}$.

例 25　若事件 A,B,C 同时发生必使得事件 D 发生，试证：

$$P(A)+P(B)+P(C)-P(D) \leqslant 2.$$

证明　因 $P(D) \geqslant P(ABC)$，而

$$P(ABC) \geqslant P(AB)+P(C)-1$$

$$\geqslant P(A)+P(B)-1+P(C)-1$$

$$= P(A)+P(B)+P(C)-2,$$

整理即得结论

$$P(A)+P(B)+P(C)-P(D) \leqslant 2.$$

1.3　同步训练题

一、选择题

1. 设 $P(\overline{A}) = P(\overline{B}) > 0$，则（　　）.

　　A. $A = B$　　　　　　　　　　　　B. $P(A|B) = 1$

　　C. $P(A|B) = P(B|A)$　　　　　　D. $P(A|B) + P(B|A) = 1$

2. 设 A,B 为两个随机事件，则下列选项正确的是（　　）.

　　A. $(A \cup B)-B = A$　　　　　　B. $A \subset [(A \cup B)-B]$

　　C. $[(A \cup B)-B] \subset A$　　　　D. 以上都不对

3. 设 A,B 为两个随机事件，则下列选项一定正确的是（　　）.

A. $P(\overline{A} \cup \overline{B}) = 1 - P(\overline{A})P(\overline{B})$　　　　　　B. $P(\overline{A} \cup \overline{B}) = 1 - P(\overline{A}\,\overline{B})$

C. $P(\overline{A} \cup \overline{B}) = 1 - P(A)P(B)$　　　　　　D. $P(\overline{A} \cup \overline{B}) = 1 - P(AB)$

4. 设 A, B 为两个随机事件,则下列命题正确的是(　　　).

　　A. 若 A, B 互不相容,则 $\overline{A}, \overline{B}$ 也互不相容

　　B. 若 A, B 相互独立,则 $\overline{A}, \overline{B}$ 也相互独立

　　C. 若 A, B 相容,则 $\overline{A}, \overline{B}$ 也相容

　　D. $\overline{AB} = \overline{A}\,\overline{B}$

5. 设 A, B, C 为三个随机事件,下列运算关系错误的是(　　　).

　　A. 若 $A \subset B$,且 $A \supset B$,则 $A = B$　　　　B. 若 $(A \cup B) \subset C$,则 $A = C - B$

　　C. $\overline{AB} = \overline{A} \cup \overline{B}$　　　　　　D. $(AB)(A\overline{B}) = \varnothing$

6. 两个袋子,第一个袋中有 3 个白球,5 个红球,第二个袋中有 1 个白球,3 个红球.从第一个袋中随机抽取一球放入第二个袋中,再从第二个袋中随机抽取一球.在从第二个袋中抽到红球的条件下,从第一个袋中抽到红球的概率为(　　　).

A. $\dfrac{9}{29}$　　　　　　B. $\dfrac{9}{40}$　　　　　　C. $\dfrac{1}{2}$　　　　　　D. $\dfrac{20}{29}$

二、填空题

1. 在区间 $(0,1)$ 中分别随机地选出两个实数 x 和 y,则事件 $\left\{xy \geqslant \dfrac{1}{4}\right\}$ 发生的概率为_____.

2. 设事件 A, B, C 两两独立,$P(A) = 0.2, P(B) = 0.4, P(C) = 0.6, P(A \cup B \cup C) = 0.86$,则 $P(\overline{A} \cup \overline{B} \cup \overline{C}) = $ _____.

3. 有 10 把钥匙,其中只有 3 把能打开门锁,现任取两把钥匙,则打不开门锁的概率为_____.

4. 从 5 双不同的手套中任取 4 只,其中至少有 2 只配对的概率为_____.

5. 有一批产品,其中正品有 n 个,次品有 m 个,先从这批产品中任意取出 l 个(不知其中的次品数),然后再从剩下的产品中任取一个产品,则此产品恰为正品的概率是_____.

6. 设 n 个事件 $A_1, A_2, \cdots, A_n$ 相互独立,$P(A_i) = p_i, i = 1, 2, \cdots, n$,则 $A_1, A_2, \cdots, A_n$ 中一个也不发生的概率是_____.

三、计算题

1. 三个人独立地破译一份密码文件,已知三个人各自能译出的概率分别是 $\dfrac{1}{5}, \dfrac{1}{4}, \dfrac{1}{4}$,则三个人至少有一人能将此密码文件译出的概率是多少?

2. 有 10 件产品,其中 8 件正品,2 件次品,现从这些产品中无放回任取两次,求在第二次取得正品的条件下,第一次也取得正品的概率.

3. 在 $0, 1, 2, \cdots, 7$ 这 8 个数字中一次性随机地取两个数,求在两数之和为 8 的条件下取到 3

的概率.

4. 有 100 件产品,其中 5 件为次品,有放回地抽取 10 次,求恰好两次抽到次品的概率.

5. 某种机器按设计要求,其使用寿命达到 20 年的概率为 0.8,达到 30 年的概率为 0.5.该机器使用 20 年以后,将在 10 年内损坏的概率是多少?

6. 一射手对同一目标进行射击,每次击中的概率都为 60%,求连续射击多少次才能以不低于 95% 的概率击中目标?

7. 将一枚硬币独立地掷两次,设事件 $A=\{$掷第一次出现正面$\}$,$B=\{$掷第二次出现正面$\}$,$C=\{$正、反面各出现一次$\}$,则事件 A,B,C 是相互独立的,还是两两独立的?

8. 从一副不含"大小王"的扑克牌(共 52 张)中任取 13 张,求:

(1) 至少有两种 4 张同号的概率;

(2) 恰有两种 4 张同号的概率.

9. 五个人抓一个有物之阄,求第二个人抓到的概率.

10. 将 6 个球随机地放入 3 只盒子,求每只盒子都有球的概率.

11. 设有分别来自三个地区的 10 份、15 份和 20 份考生报名表,其中女生的报名表分别为 4 份、5 份和 6 份.随机地取一个地区的报名表,从中抽出一份,求:

(1) 抽到的是男生的报名表的概率;

(2) 抽到的是男生的报名表的条件下,从第二个地区抽出的概率.

1.4　同步训练题答案

一、选择题

1. C.　　2. C.　　3. D.　　4. B.　　5. B.　　6. D.

二、填空题

1. $\dfrac{3}{4}-\dfrac{1}{2}\ln 2$.　　2. 0.9.　　3. 0.6.　　4. $\dfrac{13}{21}$.　　5. $\dfrac{n}{n+m}$.　　6. $\prod\limits_{i=1}^{n}(1-p_i)$.

三、计算题

1. $\dfrac{11}{20}$.　　2. $\dfrac{7}{9}$.　　3. $\dfrac{1}{4}$.　　4. 0.075.　　5. $\dfrac{3}{8}$.　　6. 至少 4 次.　　7. 两两独立.

8. (1) $\dfrac{C_{13}^2 C_{44}^5 - 2C_{13}^3 C_{40}^1}{C_{52}^{13}}$;(2) $\dfrac{C_{13}^2 C_{44}^5 - 3C_{13}^3 C_{40}^1}{C_{52}^{13}}$.　　9. $\dfrac{1}{5}$.　　10. $\dfrac{20}{27}$.　　11. (1) $\dfrac{59}{90}$;(2) $\dfrac{20}{59}$.

第 2 章 随机变量及其分布

本章主要学习随机变量及其分布函数的概念和性质;离散型随机变量的分布律、连续型随机变量的概率密度函数、常见随机变量的分布以及随机变量的函数的分布.

本章知识点要求:

1. 了解随机变量的定义,理解分布函数的定义,掌握分布函数的性质;

2. 掌握离散型随机变量及其分布律,掌握连续型随机变量及其概率密度;

3. 掌握(0—1)分布、二项分布、几何分布、超几何分布、泊松分布及其应用,了解泊松定理的结论和应用条件,会用泊松分布近似表示二项分布;

4. 掌握均匀分布、指数分布、正态分布及其应用;

5. 掌握求随机变量函数的分布的方法.

2.1 知识点概述

2.1.1 随机变量及其分布函数

1. 随机变量

设随机试验 E 的样本空间为 $S=S\{e\}$, $X=X(e)$ 是定义在样本空间 S 上的单值实值函数,称 $X=X(e)$ 为随机变量.

随机变量的两个特点:首先,随机变量是一个单值函数,这使得随机变量取不同实值对应的随机事件互不相容;其次,引入随机变量后,事件可以用随机变量的取值来表达,因此随机变量的取值伴随着一个概率.

2. 分布函数

设 X 是一个随机变量,对于任意实数 x,称函数

$$F(x)=P\{X\leqslant x\}, \quad -\infty <x<+\infty$$

为随机变量 X 的分布函数.

3. 分布函数的性质

(1) $F(x)$ 是一个单调不减的函数,即当 $x_1<x_2$ 时, $F(x_1)\leqslant F(x_2)$;

(2) $0\leqslant F(x)\leqslant 1$,且 $F(-\infty)=\lim\limits_{x\to -\infty}F(x)=0$, $F(+\infty)=\lim\limits_{x\to +\infty}F(x)=1$;

(3) $F(x)$ 是右连续函数,即 $F(a+0)=\lim\limits_{x\to a^+}F(x)=F(a)$.

具有以上三个性质的函数,一定是某个随机变量的分布函数.

4. 利用分布函数求解事件概率的计算公式

（1）$P\{X<b\}=F(b-0)$，其中 $F(b-0)=\lim\limits_{x\to b^-}F(x)$；

（2）$P\{a<X<b\}=F(b-0)-F(a)$；

（3）$P\{X>b\}=1-P\{X\leqslant b\}=1-F(b)$；

（4）$P\{X\geqslant b\}=1-P\{X<b\}=1-F(b-0)$；

（5）$P\{a<X\leqslant b\}=F(b)-F(a)$；

（6）$P\{a\leqslant X<b\}=F(b-0)-F(a-0)$；

（7）$P\{X=b\}=F(b)-F(b-0)$.

2.1.2　离散型随机变量

1. 离散型随机变量的定义

如果随机变量 X 的所有可能取值是有限个或可列无限个，则称 X 为离散型随机变量.

2. 离散型随机变量的分布律及分布函数

设离散型随机变量 X 所有可能的取值为 $x_k(k=1,2,\cdots)$，并设 X 取各个可能值的概率（即事件 $\{X=x_k\}$ 的概率）为

$$P\{X=x_k\}=p_k,\quad k=1,2,\cdots,$$

且 p_k 满足：（1）$p_k\geqslant 0,k=1,2,\cdots$；（2）$\sum\limits_{k=1}^{+\infty}p_k=1$，则称上式为离散型随机变量 X 的分布律或概率分布.

离散型随机变量 X 的分布律也可用如下表格表示：

X	x_1	x_2	$\cdots$	x_n	$\cdots$
P	p_1	p_2	$\cdots$	p_n	$\cdots$

离散型随机变量 X 的分布函数为

$$F(x)=P\{X\leqslant x\}=\sum_{x_k\leqslant x}P\{X=x_k\}=\sum_{x_k\leqslant x}p_k,\quad -\infty<x<+\infty,$$

或者

$$F(x)=P\{X\leqslant x\}=\begin{cases}0,&x<x_1,\\p_1,&x_1\leqslant x<x_2,\\p_1+p_2,&x_2\leqslant x<x_3,\\\cdots\cdots\cdots\end{cases}$$

3. 常见的离散型随机变量的分布

（1）（0—1）分布

若随机变量 X 的分布律为

$$P\{X=k\}=p^k(1-p)^{1-k},\quad k=0,1,$$

其中 $0<p<1$ 为常数，则称 X 服从参数为 p 的（0—1）分布，记为 $X\sim b(1,p)$.

（2）二项分布

若随机变量 X 的分布律为

$$P\{X=k\} = C_n^k p^k (1-p)^{n-k}, \quad k=0,1,\cdots,n,$$

其中 $0<p<1$ 为常数,则称 X 服从参数为 n,p 的二项分布,记为 $X \sim b(n,p)$. 当 $n=1$ 时,二项分布退化为（0—1）分布.

（3）泊松分布

若随机变量 X 的分布律为

$$P\{X=k\} = \frac{\lambda^k e^{-\lambda}}{k!}, \quad k=0,1,2,\cdots,$$

其中 $\lambda>0$ 为常数,则称 X 服从参数为 λ 的泊松分布,记为 $X \sim P(\lambda)$ 或 $X \sim \pi(\lambda)$.

（4）几何分布

若随机变量 X 的分布律为

$$P\{X=k\} = (1-p)^{k-1}p, \quad k=1,2,\cdots,$$

其中 $0<p<1$,则称 X 服从参数为 p 的几何分布,记为 $X \sim G(p)$.

（5）超几何分布

如果随机变量 X 的分布律为

$$P\{X=k\} = \frac{C_M^k C_{N-M}^{n-k}}{C_N^n}, \quad k=r_1,r_1+1,\cdots,r_2,$$

其中 $N \geqslant M, r_1 = \max\{0,n-N+M\}, r_2 = \min\{M,n\}$,则称随机变量 X 服从参数为 n,N,M 的超几何分布.

4. 常用性质与定理

（1）泊松定理

若随机变量 $X_n(n=1,2,\cdots)$ 服从二项分布,其分布律为

$$P\{X_n=k\} = C_n^k p_n^k (1-p_n)^{n-k}, \quad k=0,1,\cdots,n.$$

如果 $\lim\limits_{n \to +\infty} np_n = \lambda > 0$,则

$$\lim_{n \to +\infty} C_n^k p_n^k (1-p_n)^{n-k} = \frac{\lambda^k}{k!} e^{-\lambda}.$$

应用泊松定理,当 n 较大（$n \geqslant 100$）,p 较小（$p \leqslant 0.1$）且 np 不太大时,有近似表达式

$$C_n^k p^k (1-p)^{n-k} \approx \frac{(np)^k}{k!} e^{-np},$$

可用来近似计算二项分布的概率.

（2）几何分布的无记忆性

设 X 服从几何分布,n,m 为任意两个自然数,则

$$P\{X>n+m \mid X>n\} = P\{X>m\}.$$

2.1.3　连续型随机变量

1. 连续型随机变量的定义

设 $F(x)$ 是随机变量 X 的分布函数,若存在非负可积函数 $f(x)$,使得对任意实数 x,有

$$F(x) = \int_{-\infty}^{x} f(t)\,\mathrm{d}t,$$

则称 X 为连续型随机变量, $f(x)$ 为 X 的概率密度函数, 简称概率密度或密度函数.

2. 概率密度 $f(x)$ 的性质

（1）$f(x) \geqslant 0$；

（2）$\int_{-\infty}^{+\infty} f(x)\,\mathrm{d}x = 1$；

（3）对于任意实数 $x_1, x_2 (x_1 < x_2)$，

$$P\{x_1 < X \leqslant x_2\} = F(x_2) - F(x_1) = \int_{x_1}^{x_2} f(x)\,\mathrm{d}x,$$

特别地, 当 $x_1 = -\infty$ 或 $x_2 = +\infty$ 时, 上式仍成立；

（4）若 $f(x)$ 在点 x 处连续, 则 $F'(x) = f(x)$；

（5）对任意实数 $x, P\{X = x\} = F(x) - F(x-0) = 0$；

（6）$P\{a < X < b\} = P\{a \leqslant X < b\} = P\{a < X \leqslant b\} = P\{a \leqslant X \leqslant b\} = \int_{a}^{b} f(x)\,\mathrm{d}x.$

函数 $f(x)$ 是某一连续型随机变量的概率密度函数的充要条件为: $f(x)$ 具有性质（1）和（2）.

3. 常见的连续型随机变量及其分布

（1）均匀分布

若连续型随机变量 X 的概率密度为

$$f(x) = \begin{cases} \dfrac{1}{b-a}, & a < x < b, \\ 0, & \text{其他}, \end{cases}$$

则称 X 服从区间 (a,b) 上的均匀分布, 记为 $X \sim U(a,b)$.

均匀分布的分布函数为

$$F(x) = \begin{cases} 0, & x \leqslant a, \\ \dfrac{x-a}{b-a}, & a < x < b, \\ 1, & x \geqslant b. \end{cases}$$

（2）指数分布

若连续型随机变量 X 的概率密度函数为

$$f(x) = \begin{cases} \lambda \mathrm{e}^{-\lambda x}, & x > 0, \\ 0, & \text{其他}, \end{cases}$$

其中 $\lambda > 0$ 为常数, 则称随机变量 X 服从参数为 λ 的指数分布, 记为 $X \sim E(\lambda)$.

指数分布的分布函数为

$$F(x) = \begin{cases} 1 - \mathrm{e}^{-\lambda x}, & x > 0, \\ 0, & \text{其他}. \end{cases}$$

（3）正态分布

若连续型随机变量 X 的概率密度为

$$f(x) = \frac{1}{\sqrt{2\pi}\,\sigma} e^{-\frac{(x-\mu)^2}{2\sigma^2}}, \quad x \in (-\infty, +\infty),$$

其中 μ, σ 均为常数,且 $\sigma > 0$,则称随机变量 X 服从参数为 μ, σ 的正态分布或高斯分布,记为 $X \sim N(\mu, \sigma^2)$.

正态分布的分布函数为

$$F(x) = \int_{-\infty}^{x} \frac{1}{\sqrt{2\pi}\,\sigma} e^{-\frac{(t-\mu)^2}{2\sigma^2}} \mathrm{d}t, \quad x \in (-\infty, +\infty).$$

特别地,$\mu = 0, \sigma = 1$ 的正态分布称为标准正态分布,记为 $N(0,1)$.相应的概率密度函数和分布函数分别用 $\varphi(x)$ 和 $\Phi(x)$ 表示,即

$$\varphi(x) = \frac{1}{\sqrt{2\pi}} e^{-\frac{x^2}{2}}, \quad x \in (-\infty, +\infty),$$

$$\Phi(x) = \int_{-\infty}^{x} \frac{1}{\sqrt{2\pi}} e^{-\frac{t^2}{2}} \mathrm{d}t, \quad x \in (-\infty, +\infty).$$

设随机变量 $X \sim N(0,1)$,给定 $0 < \alpha < 1$,若实数 b 满足

$$P\{X > b\} = \alpha,$$

则称数 b 为标准正态分布的**上 α 分位点**,记作 z_α;若实数 c 满足 $P\{|X| > c\} = \alpha$,则称点 c 为标准正态分布的**双侧 α 分位点**,记为 $z_{\frac{\alpha}{2}}$.

4. 常用性质与定理

(1) 指数分布具有无记忆性

设随机变量 $X \sim E(\lambda)$,则对于任意 $s > 0, t > 0$,有

$$P\{X > s+t \mid X > s\} = P\{X > t\}.$$

(2) 正态分布概率密度的性质

1) 正态分布的密度函数 $f(x)$ 关于 $x = \mu$ 对称,这表明对于任意正数 h 有

$$P\{\mu - h < X \leqslant \mu\} = P\{\mu < X \leqslant \mu + h\}.$$

2) 当 $x = \mu$ 时,$f(x)$ 取到最大值 $f(\mu) = \dfrac{1}{\sqrt{2\pi}\,\sigma}$,且 x 离 μ 越远,$f(x)$ 的值越小.这表明对于同样长度的区间,当区间离 μ 越远时,X 落在这个区间上的概率越小.

3) 在 $x = \mu \pm \sigma$ 处,曲线 $f(x)$ 有拐点.

4) $f(x)$ 在直角坐标系内的图形呈钟形,并且以 x 轴为渐近线.

5) 正态分布的参数 μ(σ 固定)决定其密度函数 $f(x)$ 图形的中心位置,因此也称 μ 为正态分布的位置参数.

6) 正态分布的参数 σ(μ 固定)决定其密度函数 $f(x)$ 图形的形状,因此也称 σ 为正态分布的形状参数.σ 越小,$f(x)$ 的图形在 $x = \mu$ 的两侧越陡峭,表示相应的随机变量取值越集中于 $x = \mu$ 附近;σ 越大,$f(x)$ 的图形在 $x = \mu$ 的两侧越平坦,表示相应的随机变量取值越分散.

7) $\Phi(-x) = 1 - \Phi(x)$,$\Phi(0) = \dfrac{1}{2}$.

8) 若 $X \sim N(0,1)$,$a > 0$,则 $P\{|X| \leqslant a\} = 2\Phi(a) - 1$.

（3）正态分布与标准正态分布之间的关系

定理 1 若随机变量 $X \sim N(\mu, \sigma^2)$，则 $Z = \dfrac{X-\mu}{\sigma} \sim N(0,1)$.

由定理 1 可知，

1）若 $X \sim N(\mu, \sigma^2)$，则正态分布的分布函数 $F(x)$ 可写成

$$F(x) = P\{X \leqslant x\} = P\left\{\frac{X-\mu}{\sigma} \leqslant \frac{x-\mu}{\sigma}\right\} = \Phi\left(\frac{x-\mu}{\sigma}\right);$$

2）对于任意区间 $(x_1, x_2]$，有

$$P\{x_1 < X \leqslant x_2\} = P\left\{\frac{x_1-\mu}{\sigma} < \frac{X-\mu}{\sigma} \leqslant \frac{x_2-\mu}{\sigma}\right\}$$

$$= \Phi\left(\frac{x_2-\mu}{\sigma}\right) - \Phi\left(\frac{x_1-\mu}{\sigma}\right).$$

2.1.4 随机变量的函数的分布

由已知的随机变量经过连续函数映射可以得到新的随机变量，且一般不改变随机变量的类型. 设已知随机变量 X 的分布和连续函数 $y = g(x)$，可以求随机变量 $Y = g(X)$ 的分布.

1. 离散型随机变量 $Y = g(X)$ 的分布律

设 X 是一个离散型随机变量，可能的取值为 $x_1, x_2, \cdots$，随机变量 $Y = g(X)$ 可能的取值为 y_1，$y_2, \cdots$，事件 $\{Y = y_k\}$ 可表示为

$$\{Y = y_k\} = \bigcup_{g(x_i) = y_k} \{X = x_i\},$$

所以

$$P\{Y = y_k\} = \sum_{g(x_i) = y_k} P\{X = x_i\}.$$

2. 连续型随机变量 $Y = g(X)$ 的概率密度

（1）分布函数法

设连续型随机变量 X 的概率密度为 $f_X(x)$，则随机变量 $Y = g(X)$ 的分布函数为

$$F_Y(y) = P\{Y \leqslant y\} = P\{g(X) \leqslant y\} = \int_{g(x) \leqslant y} f_X(x)\,\mathrm{d}x,$$

随机变量 Y 的概率密度函数 $f_Y(y)$ 在连续点处满足

$$f_Y(y) = F_Y'(y).$$

（2）密度函数法

定理 2 设连续型随机变量 X 的概率密度为 $f_X(x)$，$-\infty < x < +\infty$，又设函数 $y = g(x)$ 处处可导，且 $g'(x) > 0$（或 $g'(x) < 0$），则 $Y = g(X)$ 是连续型随机变量，其概率密度为

$$f_Y(y) = \begin{cases} f_X[h(y)]\,|h'(y)|, & \alpha < y < \beta, \\ 0, & \text{其他}, \end{cases}$$

其中 $\alpha = \min\{g(-\infty), g(+\infty)\}$，$\beta = \max\{g(-\infty), g(+\infty)\}$，$h(y)$ 是 $g(x)$ 的反函数.

定理 3 设连续型随机变量 X 的概率密度为 $f_X(x)$，$-\infty<x<+\infty$，又设函数 $y=g(x)$ 是分段单调函数，即在不相重叠的区间 $I_1,I_2,\cdots$ 上逐段严格单调，其反函数 $h_1(y),h_2(y),\cdots$ 以及相应的导函数 $h_1'(y),h_2'(y),\cdots$ 均为连续函数，则 $Y=g(X)$ 的概率密度为

$$f_Y(y)=\begin{cases}\sum_i f_X(h_i(y))\,|h_i'(y)|, & \alpha<y<\beta,\\0, & \text{其他,}\end{cases}$$

其中 $\alpha=\min\{g(-\infty),g(+\infty)\}$，$\beta=\max\{g(-\infty),g(+\infty)\}$.

2.2 典型例题解析

例 1 设随机变量 X 的分布函数为 $F(x)$，引入函数 $F_1(x)=F(ax)$，$F_2(x)=F^2(x)$，$F_3(x)=1-F(-x)$ 和 $F_4(x)=F(x+a)$，其中 a 为常数，则下列选项中一定是分布函数的为（ ）.

A. $F_1(x),F_2(x)$　　　B. $F_2(x),F_3(x)$　　　C. $F_3(x),F_4(x)$　　　D. $F_2(x),F_4(x)$

分析 需判断这些函数是否满足分布函数的性质.

$F_1(x)$ 不一定是分布函数，因为当 $a=-1$ 时，$f_1(x)=F(-x)$，此时有 $F_1(-\infty)=F(+\infty)=1$，与分布函数的性质矛盾.

$F_2(x)$ 是分布函数. 因为对于任意的 $x_1,x_2(x_1<x_2)$，有

$$F_2(x_1)-F_2(x_2)=F^2(x_1)-F^2(x_2)=(F(x_1)-F(x_2))(F(x_1)+F(x_2))\leqslant 0,$$

可知 $F_2(x)$ 是单调不减的.因为

$$F_2(-\infty)=F^2(-\infty)=0,\quad F_2(+\infty)=F^2(+\infty)=1,$$

可得 $0\leqslant F_2(x)\leqslant 1$.对于任意的点 x_0，

$$\lim_{x\to x_0^+}F_2(x)=\lim_{x\to x_0^+}F^2(x)=F^2(x_0),$$

所以 $F_2(x)$ 是右连续函数.由此可知，$F_2(x)$ 是分布函数.

$F_3(x)$ 不一定是分布函数. 因为 $F(x)$ 是右连续的，故 $F(-x)$ 是左连续的，从而 $F_3(x)=1-F(-x)$ 是左连续的.

$F_4(x)$ 是分布函数. 因为 $F_4(x)=F(x+a)$ 是由 $F(x)$ 平移得到的，满足分布函数的三个性质.

解 D.

例 2 如果函数 $f(x)$ 是某随机变量的概率密度，则下列选项中也是某随机变量的概率密度的是（ ）.

A. $f(2x)$　　　B. $f^2(x)$　　　C. $2xf(x^2)$　　　D. $3x^2f(x^3)$

分析 函数 $f(x)$ 是概率密度的充要条件为

$$f(x)\geqslant 0,\quad \int_{-\infty}^{+\infty}f(x)\,dx=1.$$

因为 $\int_{-\infty}^{+\infty}f(2x)\,dx=\dfrac{1}{2}\neq 1$，选项 A 不正确.

设随机变量 $X\sim U(1,3)$，$f(x)$ 是其概率密度，则有

$$f(x) = \begin{cases} \dfrac{1}{2}, & 1 < x < 3, \\ 0, & \text{其他}, \end{cases}$$

从而

$$f^2(x) = \begin{cases} \dfrac{1}{4}, & 1 < x < 3, \\ 0, & \text{其他}. \end{cases}$$

由于

$$\int_{-\infty}^{+\infty} f^2(x)\,\mathrm{d}x = \int_1^3 \frac{1}{4}\,\mathrm{d}x = \frac{1}{2} \neq 1,$$

故选项 B 不正确.

因为当 $x < 0$ 时，$2xf(x^2) \leqslant 0$，所以选项 C 不正确.

因为 $3x^2 f(x^3) \geqslant 0$，

$$\int_{-\infty}^{+\infty} 3x^2 f(x^3)\,\mathrm{d}x = \int_{-\infty}^{+\infty} f(x^3)\,\mathrm{d}(x^3) = \int_{-\infty}^{+\infty} f(u)\,\mathrm{d}u = 1,$$

所以选项 D 正确.

解 D.

例 3 设随机变量 X 的分布函数为

$$F(x) = \begin{cases} 0, & x < 0, \\ \dfrac{1}{2}, & 0 \leqslant x < 1, \\ 1 - \mathrm{e}^{-x}, & x \geqslant 1, \end{cases}$$

则 $P\{X = 1\} = ($ 　　 $)$.

A. 0 　　　　　　 B. $\dfrac{1}{2}$ 　　　　　　 C. $\dfrac{1}{2} - \mathrm{e}^{-1}$ 　　　　　　 D. $1 - \mathrm{e}^{-1}$

分析 由已知条件，

$$P\{X = 1\} = P\{X \leqslant 1\} - P\{X < 1\} = F(1) - P\{X = 0\}$$

$$= 1 - \mathrm{e}^{-1} - \frac{1}{2} = \frac{1}{2} - \mathrm{e}^{-1}.$$

解 C.

例 4 设 $f_1(x)$ 为标准正态分布的概率密度，$f_2(x)$ 为 $[-1,3]$ 上均匀分布的概率密度，若概率密度

$$f(x) = \begin{cases} af_1(x), & x \leqslant 0, \\ bf_2(x), & x > 0 \end{cases} \quad (a > 0, b > 0),$$

则 a, b 满足 $($ 　　 $)$.

A. $2a + 3b = 4$ 　　　　 B. $3a + 2b = 4$ 　　　　 C. $a + b = 1$ 　　　　 D. $a + b = 2$

分析 由概率密度的性质，

$$\int_{-\infty}^{+\infty} f(x)\,\mathrm{d}x = a\int_{-\infty}^{0} f_1(x)\,\mathrm{d}x + b\int_{0}^{+\infty} f_2(x)\,\mathrm{d}x = 1,$$

即

$$a \int_{-\infty}^{0} \frac{1}{\sqrt{2\pi}} e^{-\frac{x^2}{2}} dx + b \int_{0}^{3} \frac{1}{4} dx = a \cdot \frac{1}{2} + b \cdot \frac{1}{4} \cdot 3 = 1,$$

可得 $2a+3b=4$.

解 A.

例 5 设随机变量 X 服从正态分布 $N(\mu_1, \sigma_1^2)$,随机变量 Y 服从正态分布 $N(\mu_2, \sigma_2^2)$,且

$$P\{|X-\mu_1|<1\} > P\{|Y-\mu_2|<1\},$$

则必有( ).

A. $\sigma_1 < \sigma_2$ B. $\sigma_1 > \sigma_2$ C. $\mu_1 < \mu_2$ D. $\mu_1 > \mu_2$

分析 由 $P\{|X-\mu_1|<1\} > P\{|Y-\mu_2|<1\}$ 可知,

$$P\left\{\frac{|X-\mu_1|}{\sigma_1} < \frac{1}{\sigma_1}\right\} > P\left\{\frac{|Y-\mu_2|}{\sigma_2} < \frac{1}{\sigma_2}\right\},$$

所以

$$2\Phi\left(\frac{1}{\sigma_1}\right) - 1 > 2\Phi\left(\frac{1}{\sigma_2}\right) - 1, \quad \text{即} \quad \Phi\left(\frac{1}{\sigma_1}\right) > \Phi\left(\frac{1}{\sigma_2}\right).$$

再由分布函数的单调不减性质有 $\frac{1}{\sigma_1} > \frac{1}{\sigma_2}$,所以 $\sigma_1 < \sigma_2$.

解 A.

例 6 设随机变量 X 服从参数为 λ 的指数分布,则随机变量 $Y = \max\{X, 1\}$ 的分布函数 $F_Y(y)$ 的间断点个数为( ).

A. 0   B. 1   C. 2   D. 3

分析 X 服从参数为 λ 的指数分布,其分布函数为

$$F_X(x) = \begin{cases} 1-e^{-\lambda x}, & x>0, \\ 0, & x \leqslant 0. \end{cases}$$

由分布函数的定义,对于任意的 y,有

$$F_Y(y) = P\{Y \leqslant y\} = P\{\max\{X, 1\} \leqslant y\}.$$

当 $y<1$ 时,

$$F_Y(y) = P\{\max\{X, 1\} \leqslant y\} = P\{\varnothing\} = 0;$$

当 $y \geqslant 1$ 时,

$$F_Y(y) = P\{\max\{X, 1\} \leqslant y\} = P\{X \leqslant y\} = F_X(y),$$

因此

$$F_Y(y) = \begin{cases} 1-e^{-\lambda y}, & y \geqslant 1, \\ 0, & y<1. \end{cases}$$

由此可知 $F_Y(y)$ 只在点 $y=1$ 处间断.

解 B.

例 7 设随机变量 X 的分布律为 $P\{X=k\} = a\frac{\lambda^k}{k!}, k=1,2,\cdots,\lambda>0$,则 $a=\underline{\quad\quad}$.

分析 由离散型随机变量分布律的定义有

$$\sum_{k=1}^{+\infty} P\{X = k\} = \sum_{k=1}^{+\infty} a \frac{\lambda^k}{k!} = a \sum_{k=1}^{+\infty} \frac{\lambda^k}{k!} = 1.$$

因为

$$a \sum_{k=1}^{+\infty} \frac{\lambda^k}{k!} = a \left(\sum_{k=1}^{+\infty} \frac{\lambda^k}{k!} + \frac{\lambda^0}{0!} - \frac{\lambda^0}{0!} \right) = a \sum_{k=0}^{+\infty} \frac{\lambda^k}{k!} - a = a\mathrm{e}^\lambda - a,$$

从而

$$a = \frac{1}{\mathrm{e}^\lambda - 1}.$$

解 $\dfrac{1}{\mathrm{e}^\lambda - 1}$.

例 8 设随机变量 X 的概率密度为 $f(x) = \begin{cases} \dfrac{k}{1+x^2}, & 0 \leqslant x \leqslant 1, \\ 0, & 其他, \end{cases}$ 则 $k = $ _____.

分析 由概率密度性质 $\displaystyle\int_{-\infty}^{+\infty} f(x)\,\mathrm{d}x = 1$,可知

$$\int_0^1 \frac{k}{1+x^2}\mathrm{d}x = k\arctan x \Big|_0^1 = 1,$$

解得 $k = \dfrac{4}{\pi}$.

解 $\dfrac{4}{\pi}$.

例 9 已知连续型随机变量 X 的分布函数为

$$F(x) = \begin{cases} 0, & x < 0, \\ A\sin x, & 0 \leqslant x < \dfrac{\pi}{2}, \\ 1, & x \geqslant \dfrac{\pi}{2}, \end{cases}$$

则 $P\left\{ |X| < \dfrac{\pi}{3} \right\} = $ _____.

分析 由连续型随机变量的分布函数是连续函数可知,$F(x)$ 在点 $x = \dfrac{\pi}{2}$ 处连续,即

$$\lim_{x \to \frac{\pi}{2}} F(x) = F\left(\frac{\pi}{2} \right),$$

得到 $A\sin \dfrac{\pi}{2} = 1$,可知 $A = 1$. 所以随机变量 X 的分布函数为

$$F(x) = \begin{cases} 0, & x < 0, \\ \sin x, & 0 \leqslant x < \dfrac{\pi}{2}, \\ 1, & x \geqslant \dfrac{\pi}{2}, \end{cases}$$

故
$$P\left\{|X|<\frac{\pi}{3}\right\}=F\left(\frac{\pi}{3}\right)-F\left(-\frac{\pi}{3}\right)=\sin\frac{\pi}{3}-0=\frac{\sqrt{3}}{2}.$$

解 $\dfrac{\sqrt{3}}{2}$.

例 10 设随机变量 X 服从正态分布 $N(2,\sigma^2)$,且 $P\{2<X<4\}=0.3$,则 $P\{X<0\}=$ _____.

分析 由于 $P\{2<X<4\}=0.3$,且 X 的概率密度关于 $x=2$ 对
称(如图 2-1 所示),可知
$$P\{0<X<2\}=P\{2<X<4\}=0.3,$$
且有 $P\{X<2\}=0.5$,则可知
$$P\{X<0\}=P\{X<2\}-P\{0\le X<2\}=0.5-0.3=0.2.$$

解 0.2.

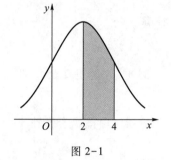

图 2-1

例 11 已知连续型随机变量 X 与 $-X$ 具有相同概率密度,记 X 的分布函数为 $F(x)$,则 $F(x)+F(-x)=$ _____.

分析 X 与 $-X$ 具有相同概率密度,所以它们一定具有相同
的分布函数. X 的分布函数为 $F(x)$,即 $F(x)=P\{X\le x\}$,所以 $-X$ 的分布函数也为 $F(x)$,且有
$F(x)=P\{-X\le x\}$. 又因为
$$F(x)=P\{-X\le x\}=P\{X\ge -x\}=1-P\{X<-x\}$$
$$=1-P\{X\le -x\}=1-F(-x),$$
所以 $F(x)+F(-x)=1$.

解 1.

例 12 设随机变量 X 服从区间 $(0,2)$ 上的均匀分布,随机变量 $Y=X^2$ 的概率密度为 $f_Y(y)$,
则当 $0<y<4$ 时,$f_Y(y)=$ _____.

分析 随机变量 X 的概率密度为
$$f_X(x)=\begin{cases}\dfrac{1}{2}, & 0<x<2,\\[2mm] 0, & 其他.\end{cases}$$

随机变量 Y 的分布函数记为 $F_Y(y)$,则
$$F_Y(y)=P\{Y\le y\}=P\{X^2\le y\}.$$

当 $0<y<4$ 时,
$$P\{X^2\le y\}=P\{-\sqrt{y}\le X\le\sqrt{y}\}=\int_{-\sqrt{y}}^{\sqrt{y}}f(x)\,\mathrm{d}x=\int_0^{\sqrt{y}}\frac{1}{2}\,\mathrm{d}x=\frac{\sqrt{y}}{2},$$
所以 $f_Y(y)=F_Y'(y)=\dfrac{1}{4\sqrt{y}}$.

解 $\dfrac{1}{4\sqrt{y}}$.

例 13 10 件产品中有 3 件次品,现从中随机地一件一件取出,以 X 表示直至取到正品为止

时所需的次数.分别求出在下列各种情况下,X 的分布律:

（1）每次取出的产品不放回;

（2）每次取出的产品经检验后放回,再抽取;

（3）每次取出一件产品后,总以一件正品放回,再抽取.

解 用 A_i 表示"第 i 次取到正品", $i=1,2,\cdots,10$.

（1）随机变量 X 所有可能取值为 $1,2,3,4$,则

$$P\{X=1\}=P(A_1)=\frac{7}{10},$$

$$P\{X=2\}=P(\overline{A_1}A_2)=P(\overline{A_1})P(A_2\mid \overline{A_1})=\frac{3}{10}\times\frac{7}{9}=\frac{7}{30},$$

$$P\{X=3\}=P(\overline{A_1}\,\overline{A_2}A_3)=P(\overline{A_1})P(\overline{A_2}\mid \overline{A_1})P(A_3\mid \overline{A_1}\,\overline{A_2})=\frac{3}{10}\times\frac{2}{9}\times\frac{7}{8}=\frac{7}{120},$$

$$P\{X=4\}=P(\overline{A_1}\,\overline{A_2}\,\overline{A_3}A_4)=P(\overline{A_1})P(\overline{A_2}\mid \overline{A_1})P(\overline{A_3}\mid \overline{A_1}\,\overline{A_2})P(A_4\mid \overline{A_1}\,\overline{A_2}\,\overline{A_3})$$

$$=\frac{3}{10}\times\frac{2}{9}\times\frac{1}{8}\times\frac{7}{7}=\frac{1}{120},$$

因此,X 的分布律为

X	1	2	3	4
P	$\dfrac{7}{10}$	$\dfrac{7}{30}$	$\dfrac{7}{120}$	$\dfrac{1}{120}$

（2）任取一件是正品的概率为 $p=\dfrac{7}{10}$,随机变量 X 服从参数为 p 的几何分布,分布律为

$$P\{X=k\}=(1-p)^{k-1}p=\frac{7}{10}\times\left(\frac{3}{10}\right)^{k-1},\quad k=1,2,\cdots.$$

（3）随机变量 X 所有可能取值为 $1,2,3,4$,则

$$P\{X=1\}=P(A_1)=\frac{7}{10},$$

$$P\{X=2\}=P(\overline{A_1}A_2)=P(\overline{A_1})P(A_2\mid \overline{A_1})=\frac{3}{10}\times\frac{8}{10}=\frac{6}{25},$$

$$P\{X=3\}=P(\overline{A_1}\,\overline{A_2}A_3)=P(\overline{A_1})P(\overline{A_2}\mid \overline{A_1})P(A_3\mid \overline{A_1}\,\overline{A_2})=\frac{3}{10}\times\frac{2}{10}\times\frac{9}{10}=\frac{27}{500},$$

$$P\{X=4\}=P(\overline{A_1}\,\overline{A_2}\,\overline{A_3}A_4)=P(\overline{A_1})P(\overline{A_2}\mid \overline{A_1})P(\overline{A_3}\mid \overline{A_1}\,\overline{A_2})P(A_4\mid \overline{A_1}\,\overline{A_2}\,\overline{A_3})$$

$$=\frac{3}{10}\times\frac{2}{10}\times\frac{1}{10}\times\frac{10}{10}=\frac{3}{500},$$

因此,X 的分布律为

X	1	2	3	4
P	$\dfrac{7}{10}$	$\dfrac{6}{25}$	$\dfrac{27}{500}$	$\dfrac{3}{500}$

例 14　随机变量 X 的分布函数为

$$F(x) = \begin{cases} a + \dfrac{b}{(1+x)^2}, & x > 0, \\ c, & x \leqslant 0, \end{cases}$$

求常数 a, b, c 的值.

解　由分布函数的有界性可知

$$F(-\infty) = \lim_{x \to -\infty} F(x) = c = 0,$$

$$F(+\infty) = \lim_{x \to +\infty} F(x) = \lim_{x \to +\infty} \left(a + \frac{b}{(1+x)^2} \right) = a = 1.$$

由分布函数的右连续性可知 $\lim_{x \to 0^+} F(x) = F(0)$，即 $a + b = c$，解得 $b = -1$. 所以 $a = 1, b = -1, c = 0$.

例 15　设边长为 1 的正方体无盖容器内部装满液体，一个漏洞等可能地出现在四个侧面或者底部，液体从漏洞流出，X 表示液面最后的高度(容器底部高度为 0)，求 X 的分布函数 $F(x)$.

解　随机变量 X 的可能取值全体是闭区间 $[0,1]$，且 $\{X = 0\}$ 表示漏洞出现在底部；当 $0 < x < 1$ 时，$\{X = x\}$ 表示漏洞出现在侧面上. 因为漏洞等可能地出现在四个侧面或者底部，所以漏洞出现在底部的概率为 $\dfrac{1}{5}$，出现在侧面的概率为 $\dfrac{4}{5}$，出现在其中一个侧面上的概率为 $\dfrac{1}{5}$.

当漏洞位于其中一个侧面上时，设漏洞的高度为 H，则液面的高度 X 等于 H，H 是一个随机变量，且服从 $(0,1)$ 上的均匀分布，概率密度函数为

$$f(h) = \begin{cases} 1, & 0 < h \leqslant 1, \\ 0, & \text{其他}. \end{cases}$$

当 $0 < x < 1$ 时，漏洞高度 $H = x$ 的概率为

$$P\{0 < H \leqslant x\} = \int_0^x 1 \, \mathrm{d}x = x.$$

当 $x < 0$ 时，因为液面的高度一定是非负的，所以

$$F(x) = P\{X \leqslant x\} = 0;$$

当 $x = 0$ 时，因为漏洞出现在底部的概率为 $\dfrac{1}{5}$，所以

$$F(x) = P\{X \leqslant x\} = P\{X < 0\} + P\{X = 0\} = \frac{1}{5};$$

当 $0 < x < 1$ 时，因为漏洞出现在侧面的概率为 $\dfrac{4}{5}$，且当漏洞高度为 x 的概率为 x，所以

$$F(x) = P\{X \leqslant x\} = P\{X \leqslant 0\} + P\{0 < X \leqslant x\} = \frac{1}{5} + \frac{4x}{5} = \frac{1+4x}{5};$$

当 $x \geqslant 1$ 时，

$$F(x) = P\{X \leqslant x\} = P\{X \leqslant 1\} + P\{1 < X \leqslant x\} = 1,$$

所以随机变量 X 的分布函数为

$$F(x) = \begin{cases} 0, & x < 0, \\ \dfrac{1+4x}{5}, & 0 \le x < 1, \\ 1, & x \ge 1. \end{cases}$$

例 16 已知随机变量 X 的分布律为

X	1	2	3
P	θ^2	$2\theta(1-\theta)$	$(1-\theta)^2$

且 $P\{X \ge 2\} = \dfrac{3}{4}$,求常数 θ 及 X 的分布函数 $F(x)$.

解 由

$$P\{X \ge 2\} = 1 - P\{X = 1\} = 1 - \theta^2 = \frac{3}{4}$$

得 $\theta = \pm\dfrac{1}{2}$,又 $P\{X=2\} = 2\theta(1-\theta) \ge 0$,故取 $\theta = \dfrac{1}{2}$.

随机变量 X 的概率分布为

X	1	2	3
P	$\dfrac{1}{4}$	$\dfrac{1}{2}$	$\dfrac{1}{4}$

从而 X 的分布函数 $F(x)$ 为

$$F(x) = \begin{cases} 0, & x < 1, \\ \dfrac{1}{4}, & 1 \le x < 2, \\ \dfrac{3}{4}, & 2 \le x < 3, \\ 1, & x \ge 3. \end{cases}$$

例 17 某人口袋中有两盒火柴,开始时每盒各装 n 根火柴,每次他从口袋中任取一盒使用其中一根火柴. 求此人掏出一盒发现已空,而另一盒剩余 r 根火柴的概率.

解 设两盒火柴分别用甲、乙命名,随机事件 E 表示掏出甲盒已空时乙盒剩余 r 根火柴,由对称性可知,所求概率为 $2P(E)$. 以事件 A 表示掏出的是甲盒,则 $P(A) = \dfrac{1}{2}$. 设 Y 表示发现甲盒已空时所需的试验次数,则 Y 的分布律为

$$P\{Y=k\} = C_{k-1}^n \left(\frac{1}{2}\right)^n \left(\frac{1}{2}\right)^{k-1-n} \cdot \frac{1}{2}, \quad k = n+1, n+2, \cdots.$$

当甲盒已空,乙盒剩余 r 根火柴时,需要进行 $(2n-r+1)$ 次试验,故有

$$2P(E) = 2P\{Y = 2n-r+1\} = 2C_{2n-r}^n \left(\frac{1}{2}\right)^n \left(\frac{1}{2}\right)^{n-r} \cdot \frac{1}{2} = C_{2n-r}^n 2^{r-2n}.$$

例 18 设随机变量 X 服从正态分布 $N(1,4)$，求 a,b 使得

（1）$P\{X<a\}=0.975$；

（2）$P\{|X-1|>b\}=0.05$.

解 （1）$P\{X<a\}=P\left\{\dfrac{X-1}{2}<\dfrac{a-1}{2}\right\}=\varPhi\left(\dfrac{a-1}{2}\right)=0.975$，查表可知 $\dfrac{a-1}{2}\approx1.96$，解得 $a\approx4.92$.

（2）$P\{|X-1|>b\}=0.05$，则

$$P\{|X-1|>b\}=1-P\{|X-1|\le b\}=1-P\left\{\dfrac{|X-1|}{2}\le\dfrac{b}{2}\right\}$$

$$=1-\left(\varPhi\left(\dfrac{b}{2}\right)-\varPhi\left(-\dfrac{b}{2}\right)\right)=2-2\varPhi\left(\dfrac{b}{2}\right)=0.05,$$

所以 $\varPhi\left(\dfrac{b}{2}\right)=0.975$，查表可知 $\dfrac{b}{2}\approx1.96$，解得 $b\approx3.92$.

例 19 由 $0,1,2,\cdots,9$ 组成的随机数字序列要多长才能使数字 0 至少出现一次的概率不小于 0.9？

解 设随机数字序列长度为 N，X 表示 0 出现的次数，则 $X\sim b(N,0.1)$，由题意可知 $P\{X\ge1\}\ge0.9$，即 $1-P\{X=0\}\ge0.9$，$P\{X=0\}\le0.1$.因为

$$P\{X=0\}=C_N^0\cdot0.1^0\cdot0.9^N\le0.1,$$

所以可知 $0.9^N\le0.1$，解得 $N\ge22$.所求序列长度至少为 22.

例 20 若随机变量 X 取任何值的概率均为零，证明：X 的分布函数为连续函数.

证明 设 X 的分布函数为 $F(x)$，对于任意的实数 a，依题意有

$$P\{X=a\}=P\{X\le a\}-P\{X<a\}=F(a)-\lim_{x\to a^-}F(x)=0,$$

由此可知函数 $F(x)$ 在点 $x=a$ 处左连续.

又因为分布函数具有右连续性，故 $F(x)$ 在点 $x=a$ 处是连续的.由 a 的任意性可知 $F(x)$ 是连续函数.

例 21 设某溶液中酒精的含量（质量百分比）X 是随机变量，其概率密度为

$$f(x)=\begin{cases}20x^3(1-x), & 0<x<1,\\ 0, & \text{其他}.\end{cases}$$

假设该溶液的成本为每升 100 元，而销售价格与 X 有关：当 $\dfrac{1}{3}<X<\dfrac{2}{3}$ 时销售价格每升 150 元，否则每升 120 元.求：

（1）随机变量 X 的分布函数 $F(x)$；

（2）概率 $P\left\{X\le\dfrac{2}{3}\right\}$；

（3）每升利润 Y（单位：元）的概率分布.

解 （1）由分布函数的定义有

$$F(x)=\int_{-\infty}^{x}f(x)\,\mathrm{d}x.$$

当 $x<0$ 时，

$$F(x) = \int_{-\infty}^{x} f(x)\,\mathrm{d}x = \int_{-\infty}^{x} 0\,\mathrm{d}x = 0;$$

当 $0 \leqslant x < 1$ 时,

$$F(x) = \int_{-\infty}^{x} f(x)\,\mathrm{d}x = \int_{-\infty}^{0} 0\,\mathrm{d}x + \int_{0}^{x} 20x^3(1-x)\,\mathrm{d}x = -4x^5 + 5x^4;$$

当 $x \geqslant 1$ 时,

$$F(x) = \int_{-\infty}^{x} f(x)\,\mathrm{d}x = 1,$$

即 X 的分布函数为

$$F(x) = \begin{cases} 0, & x < 0, \\ -4x^5 + 5x^4, & 0 \leqslant x < 1, \\ 1, & x \geqslant 1. \end{cases}$$

(2) $P\left\{X \leqslant \dfrac{2}{3}\right\} = F\left(\dfrac{2}{3}\right) = 5\left(\dfrac{2}{3}\right)^4 - 4\left(\dfrac{2}{3}\right)^5 \approx 0.460\ 9.$

(3) 每升利润 Y 的可能取值为 $20, 50$,且

$$P\{Y = 50\} = P\left\{\dfrac{1}{3} < X < \dfrac{2}{3}\right\} = F\left(\dfrac{2}{3}\right) - F\left(\dfrac{1}{3}\right) \approx 0.415\ 6.$$

$$P\{Y = 20\} = 1 - P\{Y = 50\} \approx 0.584\ 4,$$

所以利润 Y 的分布律为

Y/元	50	20
P	0.415 6	0.584 4

例 22 设随机变量 X 的绝对值不大于 1,$P\{X = -1\} = \dfrac{1}{8}$,$P\{X = 1\} = \dfrac{1}{4}$,在事件 $\{-1 < X < 1\}$ 出现的条件下,X 在 $(-1, 1)$ 内的任意子区间上取值的概率与该子区间长度成正比,求:(1) X 的分布函数;(2) X 取负值的概率.

解 (1) 由题意可知,

$$P\{|X| \leqslant 1\} = P\{X = -1\} + P\{-1 < X < 1\} + P\{X = 1\} = 1,$$

故

$$P\{-1 < X < 1\} = 1 - \dfrac{1}{8} - \dfrac{1}{4} = \dfrac{5}{8}.$$

X 的分布函数为 $F(x) = P\{X \leqslant x\}$. 当 $x < -1$ 时,$F(x) = 0$;当 $-1 \leqslant x < 1$ 时,

$$F(x) = P\{X \leqslant x\} = P\{X \leqslant -1\} + P\{-1 < X \leqslant x\},$$

因为 $(-1, x] \subset (-1, 1)$,故

$$\begin{aligned} P\{-1 < X \leqslant x\} &= P\{-1 < X \leqslant x, -1 < X < 1\} \\ &= P\{-1 < X < 1\} P\{-1 < X \leqslant x \mid -1 < X < 1\} \\ &= \dfrac{5}{8} \cdot \dfrac{1}{2}(x+1) = \dfrac{5}{16}(x+1), \end{aligned}$$

所以

$$F(x) = P\{X \leqslant -1\} + P\{-1 < X \leqslant x\} = P\{X = -1\} + P\{-1 < X \leqslant x\} = \frac{5x+7}{16};$$

当 $x \geqslant 1$ 时，$f(x) = 1$. 综上，有

$$F(x) = \begin{cases} 0, & x < -1, \\ \dfrac{5x+7}{16}, & -1 \leqslant x < 1, \\ 1, & x \geqslant 1. \end{cases}$$

（2）$P\{-1 \leqslant X < 0\} = P\{X < 0\} - P\{X < -1\} = P\{X < 0\} = F(0) = \dfrac{7}{16}$.

例 23　设连续型随机变量 X 的概率密度 $f(x)$ 满足 $f(x) = f(-x)$，$-\infty < x < +\infty$，$F(x)$ 为其分布函数. 证明：对于任意实数 a，有 $F(-a) = \dfrac{1}{2} - \displaystyle\int_0^a f(t)\,\mathrm{d}t$.

证明　因为 $f(x) = f(-x)$，可知 $f(x)$ 为偶函数，由概率密度性质，

$$1 = \int_{-\infty}^{+\infty} f(x)\,\mathrm{d}x = \int_{-\infty}^{0} f(x)\,\mathrm{d}x + \int_{0}^{+\infty} f(x)\,\mathrm{d}x = \int_{+\infty}^{0} f(-x)\,\mathrm{d}(-x) + \int_{0}^{+\infty} f(x)\,\mathrm{d}x,$$

于是可得

$$\int_{-\infty}^{0} f(x)\,\mathrm{d}x = \int_{0}^{+\infty} f(x)\,\mathrm{d}x = \frac{1}{2},$$

因此 $F(0) = \displaystyle\int_{-\infty}^{0} f(x)\,\mathrm{d}x = \dfrac{1}{2}$.

又因为 $F(-a) = \displaystyle\int_{-\infty}^{-a} f(x)\,\mathrm{d}x$，所以当 $a \geqslant 0$ 时，由

$$F(0) = \int_{-\infty}^{0} f(x)\,\mathrm{d}x = \int_{-\infty}^{-a} f(x)\,\mathrm{d}x + \int_{-a}^{0} f(x)\,\mathrm{d}x = \frac{1}{2}$$

知

$$F(-a) = \frac{1}{2} - \int_{-a}^{0} f(x)\,\mathrm{d}x.$$

令 $x = -t$，可得

$$F(-a) = \frac{1}{2} - \int_{a}^{0} f(-t)\,\mathrm{d}(-t) = \frac{1}{2} - \int_{a}^{0} f(t)\,\mathrm{d}(-t) = \frac{1}{2} - \int_{0}^{a} f(t)\,\mathrm{d}t.$$

当 $a < 0$ 时，

$$F(-a) = \int_{-\infty}^{-a} f(x)\,\mathrm{d}x = \int_{-\infty}^{0} f(x)\,\mathrm{d}x + \int_{0}^{-a} f(x)\,\mathrm{d}x = F(0) + \int_{0}^{-a} f(x)\,\mathrm{d}x.$$

令 $x = -t$，可得

$$F(-a) = F(0) + \int_{0}^{-a} f(x)\,\mathrm{d}x = \frac{1}{2} + \int_{0}^{a} f(-t)\,\mathrm{d}(-t)$$

$$= \frac{1}{2} + \int_{0}^{a} f(t)\,\mathrm{d}(-t) = \frac{1}{2} - \int_{0}^{a} f(t)\,\mathrm{d}t.$$

综上可知，对于任意实数 a，有 $F(-a) = \dfrac{1}{2} - \displaystyle\int_0^a f(t)\,\mathrm{d}t$.

例 24 已知随机变量 X 的分布律为

X	-2	-1	0	1	2
P	0.1	0.1	0.3	0.2	0.3

求随机变量 $Y = 2X^2 - 1$ 的分布律与分布函数.

解 Y 的可能取值为 $-1, 1, 7$,取相应值的概率为

$$P\{Y = -1\} = P\{X = 0\} = 0.3,$$
$$P\{Y = 1\} = P\{X = -1\} + P\{X = 1\} = 0.1 + 0.2 = 0.3,$$
$$P\{Y = 7\} = P\{X = -2\} + P\{X = 2\} = 0.1 + 0.3 = 0.4,$$

即 Y 的分布律为

Y	-1	1	7
P	0.3	0.3	0.4

由分布律可得分布函数为

$$F_Y(y) = \begin{cases} 0, & y < -1, \\ 0.3, & -1 \leqslant y < 1, \\ 0.6, & 1 \leqslant y < 7, \\ 1, & y \geqslant 7. \end{cases}$$

例 25 设 X 服从参数为 5 的指数分布,证明:随机变量 $Y = 1 - e^{-5X}$ 服从区间 $[0, 1]$ 上的均匀分布.

证明 由 X 服从参数为 5 的指数分布,可知其概率密度为

$$f_X(x) = \begin{cases} 5e^{-5x}, & x > 0, \\ 0, & x \leqslant 0, \end{cases}$$

分布函数为

$$F_X(x) = \begin{cases} 1 - e^{-5x}, & x > 0, \\ 0, & x \leqslant 0. \end{cases}$$

由分布函数的性质可知 $0 \leqslant F_X(x) \leqslant 1$,于是随机变量 Y 的取值范围为 $[0, 1]$. Y 的分布函数记为 $F_Y(y)$,则对于任意的 y 有

$$F_Y(y) = P\{Y \leqslant y\} = P\{1 - e^{-5X} \leqslant y\}.$$

当 $y < 0$ 时,$\{Y \leqslant y\}$ 为不可能事件,$F_Y(y) = 0$;当 $0 \leqslant y < 1$ 时,

$$F_Y(y) = P\{Y \leqslant y\} = P\{1 - e^{-5X} \leqslant y\}$$

$$= P\{1 - y \leqslant e^{-5X}\} = P\left\{X \leqslant -\frac{1}{5}\ln(1 - y)\right\}$$

$$= \int_0^{-\frac{1}{5}\ln(1-y)} 5e^{-5x} dx = y;$$

当 $y \geqslant 1$ 时,

$$F_Y(y) = P\{Y \leqslant y\} = P\{1 - e^{-5X} \leqslant y\} = 1,$$

因此有

$$F_Y(y) = \begin{cases} 0, & y<0, \\ y, & 0 \leqslant y<1, \\ 1, & y \geqslant 1, \end{cases}$$

从而

$$f_Y(y) = \begin{cases} 1, & 0 \leqslant y \leqslant 1, \\ 0, & 其他, \end{cases}$$

即随机变量 $Y = 1 - e^{-5X}$ 服从区间 $[0,1]$ 上的均匀分布.

例 26 若随机变量 $X \sim N(\mu, \sigma^2)$,其分布函数为 $F_X(x)$,求 $Y = F_X(X)$ 的分布函数.

解 由分布函数的性质可知,$0 \leqslant F_X(x) \leqslant 1$,于是可知随机变量 Y 的取值范围为 $[0,1]$;同时,随机变量 X 服从正态分布,其分布函数 $F_X(x)$ 是严格单调增函数,因此 $y = F_X(x)$ 存在反函数,记为 $x = F_X^{-1}(y)$.

方法一:由分布函数的定义有,对于任意的实数 y,

$$F_Y(y) = P\{Y \leqslant y\} = P\{F_X(X) \leqslant y\}.$$

当 $y<0$ 时,$F_Y(y) = P\{F_X(X) \leqslant y\} = 0$;当 $0 \leqslant y < 1$ 时,

$$F_Y(y) = P\{F_X(X) \leqslant y\} = P\{X \leqslant F_X^{-1}(y)\} = F_X(F_X^{-1}(y)) = y;$$

当 $y \geqslant 1$ 时,$F_Y(y) = P\{F_X(X) \leqslant y\} = 1$,故 Y 的分布函数为

$$F_Y(y) = \begin{cases} 0, & y<0, \\ y, & 0 \leqslant y<1, \\ 1, & y \geqslant 1. \end{cases}$$

方法二:设 X 的概率密度函数为 $f_X(x)$,Y 的概率密度函数为 $f_Y(y)$,$y = F_X(x)$ 的反函数 $x = h(y) = F_X^{-1}(y)$.因为当 $y>0$ 时,$h(y) = F_X^{-1}(y) > 0$,所以当 $0 \leqslant y \leqslant 1$ 时,

$$f_Y(y) = f_X(h(y))|h'(y)| = f_X(F_X^{-1}(y))(F_X^{-1}(y))' = [F_X(F_X^{-1}(y))]' = y' = 1,$$

于是可得 Y 的概率密度函数为 $f_Y(y)$ 为

$$f_Y(y) = \begin{cases} 1, & 0 \leqslant y \leqslant 1, \\ 0, & 其他. \end{cases}$$

故 Y 的分布函数为

$$F_Y(y) = \begin{cases} 0, & y<0, \\ y, & 0 \leqslant y<1, \\ 1, & y \geqslant 1. \end{cases}$$

例 27 设随机变量 X 的概率密度为

$$f(x) = \begin{cases} |x|, & -1<x<1, \\ 0, & 其他. \end{cases}$$

令 $Y = X^2 + 1$,求:(1) Y 的概率密度 $f_Y(y)$;(2) $P\left\{-1 < Y < \dfrac{7}{4}\right\}$.

解 (1)设 $F_Y(y)$ 为 Y 的分布函数,由分布函数定义有

$$F_Y(y) = P\{Y \leqslant y\} = P\{X^2 \leqslant y - 1\}.$$

当 $y<1$ 时，

$$F_Y(y) = P\{X^2 \leqslant y-1\} = P\{X^2 < 0\} = 0;$$

当 $1 \leqslant y<2$ 时，

$$F_Y(y) = P\{X^2 \leqslant y-1\} = P\{-\sqrt{y-1} \leqslant X \leqslant \sqrt{y-1}\} = \int_{-\sqrt{y-1}}^{\sqrt{y-1}} f_X(x)\,dx$$

$$= \int_{-\sqrt{y-1}}^{\sqrt{y-1}} |x|\,dx = 2\int_0^{\sqrt{y-1}} x\,dx = y-1;$$

当 $y \geqslant 2$ 时，$F_Y(y) = 1$，所以 Y 的分布函数为

$$F_Y(y) = \begin{cases} 0, & y<1, \\ y-1, & 1 \leqslant y<2, \\ 1, & y \geqslant 2. \end{cases}$$

从而可得 Y 的概率密度为

$$f_Y(y) = F_Y'(y) = \begin{cases} 1, & 1 \leqslant y<2, \\ 0, & \text{其他}. \end{cases}$$

(2) $P\left\{-1 < Y < \dfrac{7}{4}\right\} = \int_{-1}^{\frac{7}{4}} f_Y(y)\,dy = \int_1^{\frac{7}{4}} 1\,dy = \dfrac{3}{4}.$

例 28 设随机变量 X 的概率密度为

$$f_X(x) = \begin{cases} \dfrac{2x}{\pi^2}, & 0<x<\pi, \\ 0, & \text{其他}. \end{cases}$$

求随机变量 $Y = \sin X$ 的概率密度.

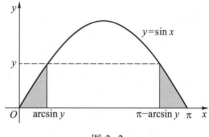

图 2-2

解 设随机变量 Y 的分布函数为 $F_Y(y)$，由分布函数定义有

$$F_Y(y) = P\{Y \leqslant y\} = P\{\sin X \leqslant y\}.$$

如图 2-2 所示，因为当 $0 \leqslant X \leqslant \pi$ 时，$\sin X \geqslant 0$，所以当 $y<0$ 时，

$$F_Y(y) = P\{Y \leqslant y\} = P\{\sin X \leqslant y\} = P\{\varnothing\} = 0;$$

当 $0 \leqslant y<1$ 时，

$$F_Y(y) = P\{Y \leqslant y\} = P\{\sin X \leqslant y\}$$

$$= P\{0 \leqslant X \leqslant \arcsin y\} + P\{\pi - \arcsin y \leqslant X \leqslant \pi\}$$

$$= \int_0^{\arcsin y} f_X(x)\,dx + \int_{\pi-\arcsin y}^{\pi} f_X(x)\,dx$$

$$= \int_0^{\arcsin y} \dfrac{2x}{\pi^2}\,dx + \int_{\pi-\arcsin y}^{\pi} \dfrac{2x}{\pi^2}\,dx;$$

当 $y \geqslant 1$ 时，$F_Y(y) = P\{Y \leqslant y\} = 1$，从而 Y 的概率密度为

$$f_Y(y) = F_Y'(y) = \begin{cases} \dfrac{2}{\pi\sqrt{1-y^2}}, & 0<y<1, \\ 0, & \text{其他}, \end{cases}$$

例 29 设随机变量 X 的概率密度为

$$f_X(x) = \begin{cases} \dfrac{x}{2\pi^2}, & 0 < x < 2\pi, \\ 0, & \text{其他,} \end{cases}$$

求随机变量 $Y = \cos X$ 的概率密度.

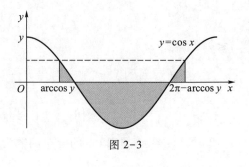

图 2-3

解   设随机变量 Y 的分布函数为 $F_Y(y)$,由分布函数定义有

$$F_Y(y) = P\{Y \leqslant y\} = P\{\cos X \leqslant y\}.$$

如图 2-3 所示,当 $y \leqslant -1$ 时,

$$F_Y(y) = P\{Y \leqslant y\} = 0;$$

当 $-1 < y < 1$ 时,

$$F_Y(y) = P\{Y \leqslant y\} = P\{\cos X \leqslant y\} = P\{\arccos y \leqslant X \leqslant 2\pi - \arccos y\}$$

$$= \int_{\arccos y}^{2\pi - \arccos y} f_X(x)\,\mathrm{d}x = \int_{\arccos y}^{2\pi - \arccos y} \frac{x}{2\pi^2}\,\mathrm{d}x\,;$$

当 $y \geqslant 1$ 时,$F_Y(y) = P\{Y \leqslant y\} = 1$,所以 Y 的概率密度为

$$f_Y(y) = F'_Y(y) = \begin{cases} \dfrac{1}{\pi\sqrt{1-y^2}}, & -1 < y < 1, \\ 0, & \text{其他.} \end{cases}$$

2.3   同步训练题

一、选择题

1. 设 a 是分布函数 $F(x)$ 的一个间断点,则下列表述错误的是(   ).

   A. $F(x)$ 可能为离散型随机变量的分布函数

   B. $F(x)$ 可能为连续型随机变量的分布函数

   C. a 为 $F(x)$ 的跳跃间断点

   D. $P\{X = a\} \neq 0$

2. 设随机变量 $X \sim U[2,5]$,对 X 进行 3 次独立观测,则至少有 2 次观测值大于 3 的概率是(   ).

   A. $\dfrac{7}{27}$ B. $\dfrac{7}{20}$ C. $\dfrac{20}{27}$ D. $\dfrac{12}{27}$

3. 工人用一台机器连续独立地制造 3 个同种零件,第 i 个零件是不合格品的概率为 $p_i = \dfrac{1}{i+1}$ $(i = 1,2,3)$,以 X 表示 3 个零件中合格品的个数,则 $P\{X = 2\} = ($ $)$.

   A. $\dfrac{8}{24}$ B. $\dfrac{13}{24}$ C. $\dfrac{11}{24}$ D. $\dfrac{9}{24}$

4. 设随机变量 X 服从 $U(-1,1)$,则随机变量 $Y = \max\{X, |X|\}$ 服从的分布为(   ).

A. $U(-1,1)$ B. $U(0,1)$ C. $U(0,2)$ D. 非均匀分布

5. 设 $X \sim N(\mu, \sigma^2)$，记 $g(\sigma) = P\{|X - \mu| < \sigma\}$，则随着 σ 的增大，$g(\sigma)$ 的值（   ）.

     A. 保持不变   B. 单调增大   C. 单调减少   D. 单调性不确定

二、填空题

1. 设随机变量 X 服从参数为 1 的指数分布，已知事件 $A = \{a < X < 5\}$ 和 $B = \{0 < X < 3\}$ 相互独立，则 $a = $ _____.

2. 已知甲打靶命中的概率为 p_1，$0 < p_1 < 1$，乙打靶命中的概率为 p_2，$0 < p_2 < 1$，现从甲、乙两人中任选一人打一发，命中靶的次数 $X \sim b(1, p)$，则 $p = $ _____.

3. 设随机变量 X 服从区间 $[0, 6]$ 上的均匀分布，则关于 t 的方程 $t^2 + 2Xt + 5X - 4 = 0$ 有实根的概率为 _____.

4. 设随机变量 X 服从标准正态分布，对给定的 $\alpha \in (0, 1)$，数 z_α 满足 $P\{X > z_\alpha\} = \alpha$，若 $P\{|X| < x\} = \alpha$，则 $x = $ _____.

5. 若随机变量 X 的分布函数为 $F(x)$，则 X^3 的分布函数为 _____.

三、计算题

1. 已知随机变量 X 的分布函数为

$$F(x) = \begin{cases} 0, & x < -2, \\ 0.2, & -2 \leqslant x < 0, \\ 0.4, & 0 \leqslant x < 2, \\ 0.7, & 2 \leqslant x < 3, \\ 1, & x \geqslant 3, \end{cases}$$

求 X 的分布律，并计算 $P\{X < 1 \mid X \neq 0\}$.

2. 设 10 件产品中有 2 件是次品，现从中进行不放回抽样，直至取到正品为止，求：

（1）抽样次数 X 的概率分布；

（2）X 的分布函数；

（3）概率 $P\{1 < X < 3\}$.

3. 假设某厂家生产的仪器，以概率 0.7 可以直接出厂；以概率 0.3 需要进一步调试，经调试后以概率 0.8 可以出厂；以概率 0.2 定为不合格品不能出厂. 现该厂新生产了 $n(n \geqslant 2)$ 台仪器，假设各台仪器的生产过程相互独立. 求：

（1）全部能出厂的概率 α；

（2）恰好有两件不能出厂的概率 β；

（3）至少有两件不能出厂的概率 θ.

4. 设随机变量 X 的概率密度为

$$f(x) = \begin{cases} \dfrac{k}{x}, & 1 \leqslant x < e, \\ 0, & \text{其他}, \end{cases}$$

其中 k 为未知常数，求：

（1）k 的值；（2）X 的分布函数；（3）$P\left\{\dfrac{1}{2}\leqslant X\leqslant\dfrac{3}{2}\right\}$.

5. 在一部篇幅很大的书籍中,发现只有 13.5% 的页面没有印刷错误. 如果每页的错字个数服从参数为 λ 的泊松分布,求只有一个错字的页面的百分比.

6. 设随机变量 X 服从参数为 $\lambda(\lambda>0)$ 的指数分布,且 $P\{X\leqslant 1\}=\dfrac{1}{2}$,求:

（1）参数 λ；（2）概率 $P\{X>2\mid X>1\}$.

7. 游乐场每天接待大量游客,设每位游客在游玩时突发心脏病的概率为 0.000 1. 某天有 1 000 人在该游乐场游玩,利用泊松定理计算突发心脏病的人数不少于 2 人的概率.

8. 自动生产线在调整之后出现废品的概率为 p,当在生产过程中出现废品时立即重新进行调整,求:

（1）在两次调整之间生产的合格品数 X 的概率分布；

（2）在两次调整之间生产的合格品数 X 不小于 5 的概率.

9. 一份考卷上有 5 道选择题,每题给出 4 个可供选择的答案,其中只有 1 个答案是正确的. 求:

（1）某考生全凭猜测答对题数的概率分布；

（2）该考生答对题数不超过 2 道的概率.

10. 某地高考考生的数学成绩 X 近似服从正态分布 $N(72,\sigma^2)$,数学成绩在 96 分以上的占 2.3%,求数学成绩在 60~84 分之间的百分比（正态分布函数值参见下表）.

x	0	0.5	1.0	1.5	2.0	2.5	3.0
$\Phi(x)$	0.500	0.692	0.841	0.933	0.977	0.994	0.999

11. 设随机变量 X 服从正态分布 $N(\mu,\sigma^2)$,且 $P\{X<9\}=0.975$,$P\{X<2\}=0.062$,求 $P\{X>6\}$.

12. 设随机变量 X 的分布律为

X	0	1	2	3	4	5
P	$\dfrac{1}{12}$	$\dfrac{1}{6}$	$\dfrac{1}{3}$	$\dfrac{1}{12}$	$\dfrac{2}{9}$	$\dfrac{1}{9}$

求：（1）$Y=2X+1$ 的分布律；（2）$Y=(X-2)^2$ 的分布律.

13. 设随机变量 X 的概率密度为 $f_X(x)=\begin{cases}2x^3\mathrm{e}^{-x^2}, & x>0,\\ 0, & \text{其他},\end{cases}$ 求:

（1）$Y=X^2$ 的概率密度 $f_Y(y)$；

（2）$Y=\ln X$ 的概率密度 $f_Y(y)$.

2.4 同步训练题答案

一、选择题

1. B.   2. C.   3. C.   4. B.   5. A.

二、填空题

1. $a = \ln \dfrac{e^5}{1+e^5-e^3}$.   2. $\dfrac{p_1+p_2}{2}$.   3. 0.5.   4. $z_{\frac{1-\alpha}{2}}$.   5. $F(\sqrt[3]{x})$.

三、计算题

1.

X	−2	0	2	3
P	0.2	0.2	0.3	0.3

,0.25.

2. (1)

X	1	2	3
P	$\dfrac{4}{5}$	$\dfrac{8}{45}$	$\dfrac{1}{45}$

;(2) $F(x) = \begin{cases} 0, & x<1, \\ \dfrac{4}{5}, & 1 \leqslant x < 2, \\ \dfrac{44}{45}, & 2 \leqslant x < 3, \\ 1, & x \geqslant 3; \end{cases}$ (3) $P\{1 < X < 3\} = \dfrac{8}{45}$.

3. (1) $\alpha = 0.94^n$;(2) $\beta = C_n^{n-2} 0.94^{n-2} 0.06^2$;(3) $\theta = 1 - n \cdot 0.06 \cdot 0.94^{n-1} - 0.94^n$.

4. (1) $k=1$;(2) $F(x) = \begin{cases} 0, & x<1, \\ \ln x, & 1 \leqslant x < e, \\ 1, & x \geqslant e; \end{cases}$ (3) $\ln 3 - \ln 2$.

5. 0.27.   6. (1) $\lambda = \ln 2$;(2) $\dfrac{1}{2}$.   7. 0.004 7.

8. (1) $P\{X=k\} = (1-p)^k p, k=0,1,2,\cdots$;(2) $P\{X \geqslant 5\} = (1-p)^5$.

9. (1) $P\{X=k\} = C_5^k \left(\dfrac{1}{4}\right)^k \left(\dfrac{3}{4}\right)^{5-k}, k=0,1,2,3,4,5$;(2) 0.896.

10. 0.682.   11. 0.322 8.

12. (1)

X	1	3	5	7	9	11
P	$\dfrac{1}{12}$	$\dfrac{1}{6}$	$\dfrac{1}{3}$	$\dfrac{1}{12}$	$\dfrac{2}{9}$	$\dfrac{1}{9}$

;(2)

X	0	1	4	9
P	$\dfrac{1}{3}$	$\dfrac{1}{4}$	$\dfrac{11}{36}$	$\dfrac{1}{9}$

13. (1) $Y = X^2$ 的概率密度为 $f_Y(y) = \begin{cases} y\mathrm{e}^{-y}, & y \geqslant 0, \\ 0, & y < 0; \end{cases}$

(2) $Y = \ln X$ 的概率密度为 $f_Y(y) = 2\mathrm{e}^{4y}\mathrm{e}^{-\mathrm{e}^{2y}}$, $-\infty < y < +\infty$.

第3章 多维随机变量及其分布

本章主要学习多维随机变量、多维随机变量分布函数的概念及其性质；二维离散型随机变量的概率分布、边缘分布和条件分布；二维连续型随机变量的概率密度、边缘概率密度和条件概率密度；随机变量的独立性；两个及两个以上随机变量简单函数的分布.

本章知识点要求：

1. 了解多维随机变量及其分布和性质；

2. 理解二维离散型随机变量的联合分布律、边缘分布律和条件分布律；理解二维连续型随机变量的概率密度、边缘概率密度和条件概率密度；

3. 掌握二维均匀分布和二维正态分布，理解其中参数的概率意义；

4. 理解二维随机变量的独立性，掌握判断二维随机变量独立性的方法；

5. 会求两个随机变量简单函数的分布，会求多个相互独立随机变量简单函数的分布.

3.1 知识点概述

3.1.1 二维随机变量及其联合分布函数

1. 二维随机变量

设 $S=\{e\}$ 为随机试验 E 的样本空间，$X=X(e)$ 和 $Y=Y(e)$ 是定义在 S 上的两个随机变量，则称有序数组 (X,Y) 为二维随机变量或二维随机向量.

2. 二维随机变量 (X,Y) 的分布函数

设 (X,Y) 是二维随机变量，对于任意实数 x,y，称二元函数

$$F(x,y)=P\{X\leqslant x,Y\leqslant y\}$$

为二维随机变量 (X,Y) 的分布函数，或称为随机变量 X 和 Y 的联合分布函数.

3. 分布函数 $F(x,y)$ 的性质

（1）$F(x,y)$ 是关于变量 x 和 y 的单调不减函数，即对于任意固定的 y，当 $x_1<x_2$ 时有 $F(x_1,y)\leqslant F(x_2,y)$；对于任意固定的 x，当 $y_1<y_2$ 时有 $F(x,y_1)\leqslant F(x,y_2)$.

（2）$0\leqslant F(x,y)\leqslant 1$，对于任意固定的 y，

$$F(-\infty,y)=\lim_{x\to-\infty}F(x,y)=0;$$

对于任意固定的 x，

$$F(x,-\infty)=\lim_{y\to-\infty}F(x,y)=0,$$

且

$$F(-\infty,-\infty) = \lim_{\substack{x \to -\infty \\ y \to -\infty}} F(x,y) = 0, \quad F(+\infty,+\infty) = \lim_{\substack{x \to +\infty \\ y \to +\infty}} F(x,y) = 1.$$

（3）$F(x,y)$ 关于每个变量是右连续的，即

$$F(x+0,y) = F(x,y), \quad F(x,y+0) = F(x,y).$$

（4）对于任意的 $x_1 \leqslant x_2, y_1 \leqslant y_2$，

$$F(x_2,y_2) - F(x_2,y_1) - F(x_1,y_2) + F(x_1,y_1) \geqslant 0.$$

具有以上四条性质的二元函数，一定是某个二维随机变量的分布函数.

4. 边缘分布函数

设二维随机变量 (X,Y) 的分布函数为 $F(x,y)$，分量 X 的分布函数 $F_X(x) = P\{X \leqslant x\}$ 和分量 Y 的分布函数 $F_Y(y) = P\{Y \leqslant y\}$，分别称为随机变量 (X,Y) 关于 X 和关于 Y 的边缘分布函数.

边缘分布函数 $F_X(x)$，$F_Y(y)$ 与分布函数 $F(x,y)$ 有如下关系：

$$F_X(x) = P\{X \leqslant x\} = P\{X \leqslant x, Y < +\infty\} = \lim_{y \to +\infty} F(x,y) = F(x,+\infty),$$

$$F_Y(y) = P\{Y \leqslant y\} = P\{X < +\infty, Y \leqslant y\} = \lim_{x \to +\infty} F(x,y) = F(+\infty,y).$$

3.1.2 二维离散型随机变量

1. 定义

如果二维随机变量 (X,Y) 所有可能的取值为有限对或可列无穷多对，则称 (X,Y) 为二维离散型随机变量.

2. 联合分布律

设二维离散型随机变量 (X,Y) 所有可能的取值为 (x_i,y_j)，$i,j = 1,2,\cdots$，称

$$P\{X = x_i, Y = y_j\} = p_{ij}, \quad i,j = 1,2,\cdots$$

为二维离散型随机变量 (X,Y) 的分布律，其中 $p_{ij} \geqslant 0 (i,j = 1,2,\cdots)$，$\sum\limits_{i=1}^{+\infty} \sum\limits_{j=1}^{+\infty} p_{ij} = 1$，或者称其为随机变量 X 和 Y 的联合分布律.

二维离散型随机变量 (X,Y) 的分布律也可用表格形式表示：

Y	X				
	x_1	x_2	$\cdots$	x_i	$\cdots$
y_1	p_{11}	p_{21}	$\cdots$	p_{i1}	$\cdots$
y_2	p_{12}	p_{22}	$\cdots$	p_{i2}	$\cdots$
$\vdots$	$\vdots$	$\vdots$		$\vdots$	
y_j	p_{1j}	p_{2j}	$\cdots$	p_{ij}	$\cdots$
$\vdots$	$\vdots$	$\vdots$		$\vdots$	

二维离散型随机变量 (X,Y) 的联合分布函数为

$$F(x,y) = P\{X \leqslant x, Y \leqslant y\} = \sum_{x_i \leqslant x} \sum_{y_j \leqslant y} p_{ij}.$$

3. 边缘分布律

设二维离散型随机变量 (X,Y) 的分布律为 $P\{X = x_i, Y = y_i\} = p_{ij}(i,j = 1,2,\cdots)$，分别称分布律

$P\{X=x_i\},i=1,2,\cdots$和分布律 $P\{Y=y_j\},j=1,2,\cdots$为随机变量(X,Y)关于X和关于Y的边缘分布律,并分别记为 $p_{i\cdot}$ 和 $p_{\cdot j}$.

边缘分布律 $p_{i\cdot},p_{\cdot j}$ 与分布律 p_{ij} 有如下关系:

$$p_{i\cdot} = P\{X=x_i\} = P\{X=x_i,Y<+\infty\} = \sum_{j=1}^{+\infty} p_{ij}, \quad i=1,2,\cdots,$$

$$p_{\cdot j} = P\{Y=y_j\} = P\{X<+\infty,Y=y_j\} = \sum_{i=1}^{+\infty} p_{ij}, \quad j=1,2,\cdots.$$

关于随机变量 X 的边缘分布律的表格形式为:

X	x_1	x_2	$\cdots$	x_i	$\cdots$
$p_{i\cdot}$	$p_{1\cdot}$	$p_{2\cdot}$	$\cdots$	$p_{i\cdot}$	$\cdots$

关于随机变量 Y 的边缘分布律的表格形式为:

Y	y_1	y_2	$\cdots$	y_j	$\cdots$
$p_{\cdot j}$	$p_{\cdot 1}$	$p_{\cdot 2}$	$\cdots$	$p_{\cdot j}$	$\cdots$

二维离散型随机变量(X,Y)的边缘分布函数为

$$F_X(x) = F(x,+\infty) = \sum_{x_i\leqslant x} \sum_{j=1}^{+\infty} p_{ij} = \sum_{x_i\leqslant x} p_{i\cdot},$$

$$F_Y(y) = F(+\infty,y) = \sum_{y_j\leqslant y} \sum_{i=1}^{+\infty} p_{ij} = \sum_{y_j\leqslant y} p_{\cdot j}.$$

4. 条件分布函数与条件分布律

设(X,Y)为二维离散型随机变量,所有可能的取值为$(x_i,y_j),i,j=1,2,\cdots$.对于给定的 y_j,若 $P\{Y=y_j\}>0$,在 $Y=y_j$ 条件下随机变量 X 的条件分布函数为

$$F_{X|Y}(x|y_j) = \sum_{x_i\leqslant x} P\{X=x_i|Y=y_j\}, \quad -\infty < x < +\infty.$$

对于给定的 x_i,若 $P\{X=x_i\}>0$,在 $X=x_i$ 条件下随机变量 Y 的条件分布函数为

$$F_{Y|X}(y|x_i) = \sum_{y_j\leqslant y} P\{Y=y_j|X=x_i\}, \quad -\infty < y < +\infty.$$

设(X,Y)是二维离散型随机变量,对于给定的 y_j,若 $P\{Y=y_j\}>0$,则称

$$P\{X=x_i|Y=y_j\} = \frac{P\{X=x_i,Y=y_j\}}{P\{Y=y_j\}} = \frac{p_{ij}}{p_{\cdot j}}, \quad i=1,2,\cdots$$

为在 $Y=y_j$ 条件下随机变量 X 的条件分布律.

类似地,可定义在 $X=x_i$ 条件下随机变量 Y 的条件分布律为

$$P\{Y=y_j|X=x_i\} = \frac{P\{X=x_i,Y=y_j\}}{P\{X=x_i\}} = \frac{p_{ij}}{p_{i\cdot}}, \quad j=1,2,\cdots.$$

3.1.3 二维连续型随机变量

1. 定义

设二维随机变量(X,Y)的分布函数为 $F(x,y)$,若存在非负可积函数 $f(x,y)$,使得对于任意

实数 x,y,都有

$$F(x,y) = P\{X \leqslant x, Y \leqslant y\} = \int_{-\infty}^{x} \int_{-\infty}^{y} f(u,v)\,\mathrm{d}u\mathrm{d}v,$$

则 (X,Y) 称为二维连续型随机变量,函数 $f(x,y)$ 称为二维连续型随机变量 (X,Y) 的概率密度,或称为随机变量 X 和 Y 的联合概率密度.

2. 概率密度 $f(x,y)$ 性质

(1) $f(x,y) \geqslant 0$;

(2) $\displaystyle\int_{-\infty}^{+\infty} \int_{-\infty}^{+\infty} f(x,y)\,\mathrm{d}x\mathrm{d}y = 1$;

(3) 随机变量 (X,Y) 落在平面区域 D 内的概率为

$$P\{(X,Y) \in D\} = \iint_{D} f(x,y)\,\mathrm{d}x\mathrm{d}y;$$

(4) 在概率密度 $f(x,y)$ 的连续点 (x,y) 处,有 $f(x,y) = \dfrac{\partial^2 F(x,y)}{\partial x \partial y}$.

函数 $f(x,y)$ 是二维连续型随机变量的概率密度的充要条件为:$f(x,y)$ 具有性质(1)和(2).

3. 边缘概率密度

设二维连续型随机变量 (X,Y) 的概率密度为 $f(x,y)$,分别称分量 X 的概率密度和分量 Y 的概率密度

$$f_X(x) = \int_{-\infty}^{+\infty} f(x,y)\,\mathrm{d}y \quad \text{和} \quad f_Y(y) = \int_{-\infty}^{+\infty} f(x,y)\,\mathrm{d}x$$

为 (X,Y) 关于随机变量 X 和关于随机变量 Y 的边缘概率密度.

二维连续型随机变量 (X,Y) 的边缘分布函数可表示为

$$F_X(x) = \int_{-\infty}^{x} f_X(x)\,\mathrm{d}x = \int_{-\infty}^{x} \left(\int_{-\infty}^{+\infty} f(x,y)\,\mathrm{d}y \right) \mathrm{d}x,$$

$$F_Y(y) = \int_{-\infty}^{y} f_Y(y)\,\mathrm{d}y = \int_{-\infty}^{y} \left(\int_{-\infty}^{+\infty} f(x,y)\,\mathrm{d}x \right) \mathrm{d}y.$$

4. 条件分布函数与条件概率密度

设二维连续型随机变量 (X,Y) 的概率密度为 $f(x,y)$,边缘概率密度为 $f_X(x)$,$f_Y(y)$.对于固定的 y,当 $f_Y(y) > 0$ 时,在 $Y = y$ 的条件下,随机变量 X 的条件分布函数为

$$
\begin{aligned}
F_{X|Y}(x|y) &= \lim_{\varepsilon \to 0^+} \frac{P\{X \leqslant x, y < Y \leqslant y + \varepsilon\}}{P\{y < Y \leqslant y + \varepsilon\}} \\
&= \lim_{\varepsilon \to 0^+} \frac{\int_{-\infty}^{x} \left[\int_{y}^{y+\varepsilon} f(u,v)\,\mathrm{d}v \right] \mathrm{d}u}{\int_{y}^{y+\varepsilon} f_Y(v)\,\mathrm{d}v} = \int_{-\infty}^{x} \frac{f(u,y)}{f_Y(y)}\,\mathrm{d}u.
\end{aligned}
$$

类似地,对于固定的 x,当 $f_X(x) > 0$ 时,在 $X = x$ 的条件下,随机变量 Y 的条件分布函数为

$$F_{Y|X}(y|x) = \int_{-\infty}^{y} \frac{f(x,v)}{f_X(x)}\,\mathrm{d}v.$$

对于固定的 y,当 $f_Y(y) > 0$ 时,称 $\dfrac{f(x,y)}{f_Y(y)}$ 为在 $Y = y$ 的条件下随机变量 X 的条件概率密度,

记为

$$f_{X\mid Y}(x\mid y)=\frac{f(x,y)}{f_Y(y)}.$$

对于固定的 x, 当 $f_X(x)>0$ 时, 称 $\dfrac{f(x,y)}{f_X(x)}$ 为在 $X=x$ 的条件下随机变量 Y 的条件概率密度, 记为

$$f_{Y\mid X}(y\mid x)=\frac{f(x,y)}{f_X(x)}.$$

3.1.4 相互独立的随机变量

1. 定义

设二维随机变量 (X,Y) 的分布函数为 $F(x,y)$, 如果对于任意的实数 x,y 都有

$$F(x,y)=F_X(x)F_Y(y),$$

其中 $F_X(x)$, $F_Y(y)$ 分别为随机变量 X,Y 的分布函数, 则称随机变量 X 与 Y 相互独立.

2. 随机变量相互独立的充要条件

定理 1 设 (X,Y) 是二维离散型随机变量, X 与 Y 相互独立的充要条件是: 对于任意的 $i,j=1,2,\cdots$, 都有

$$P\{X=x_i,Y=y_j\}=P\{X=x_i\}P\{Y=y_j\},$$

即

$$p_{ij}=p_{i\cdot}\cdot p_{\cdot j}.$$

定理 2 设 (X,Y) 是二维连续型随机变量, X 与 Y 相互独立的充要条件是: 对于任意的实数 x,y, 都有

$$f(x,y)=f_X(x)f_Y(y).$$

若 X,Y 相互独立, $g(x)$, $h(y)$ 均为连续函数, 则随机变量 $g(X)$ 与 $h(Y)$ 也相互独立.

3.1.5 常见的二维连续型随机变量的分布

1. 二维均匀分布

若 D 是平面上的一个有界区域, 二维连续型随机变量 (X,Y) 的概率密度为

$$f(x,y)=\begin{cases}\dfrac{1}{S_D}, & (x,y)\in D,\\[2mm] 0, & \text{其他},\end{cases}$$

其中 $S_D(S_D>0)$ 是平面区域 D 的面积, 则称随机变量 (X,Y) 服从区域 D 上的均匀分布.

2. 二维正态分布

若二维连续型随机变量 (X,Y) 的概率密度为

$$f(x,y)=\frac{1}{2\pi\sigma_1\sigma_2\sqrt{1-\rho^2}}\exp\left\{-\frac{1}{2(1-\rho^2)}\left[\frac{(x-\mu_1)^2}{\sigma_1^2}-\right.\right.$$

$$\left.\left.\frac{2\rho(x-\mu_1)(y-\mu_2)}{\sigma_1\sigma_2}+\frac{(y-\mu_2)^2}{\sigma_2^2}\right]\right\}, \quad -\infty<x<+\infty, -\infty<y<+\infty,$$

其中 $\mu_1,\mu_2,\sigma_1>0,\sigma_2>0,-1<\rho<1$ 均为常数,则称随机变量 (X,Y) 服从参数为 $\mu_1,\mu_2,\sigma_1,\sigma_2,\rho$ 的二维正态分布,记为

$$(X,Y) \sim N(\mu_1,\mu_2,\sigma_1^2,\sigma_2^2,\rho).$$

若 $(X,Y) \sim N(\mu_1,\mu_2,\sigma_1^2,\sigma_2^2,\rho)$,则

(1) $X \sim N(\mu_1,\sigma_1^2)$,$Y \sim N(\mu_2,\sigma_2^2)$;

(2) X 与 Y 相互独立的充要条件是 $\rho=0$.

若 $X \sim N(\mu_1,\sigma_1^2)$,$Y \sim N(\mu_2,\sigma_2^2)$,且 X 与 Y 相互独立,则

$$aX+bY \sim N(a\mu_1+b\mu_2,a^2\sigma_1^2+b^2\sigma_2^2).$$

3.1.6　二维随机变量的函数的分布

随机变量经连续函数映射的结果仍为随机变量,且一般不改变随机变量的类型.已知随机变量 (X,Y) 的分布以及二元连续函数 $z=g(x,y)$,可以求随机变量 $Z=g(X,Y)$ 的分布.

1. X,Y 均为离散型随机变量

设 (X,Y) 为二维离散型随机变量,则函数 $Z=g(X,Y)$ 仍然是离散型随机变量.求随机变量 Z 的分布律 $P\{Z=z_l\}$ 的步骤如下:

(1) 计算 $Z=g(X,Y)$ 的所有可能取值

$$z_l, \quad l=1,2,\cdots;$$

(2) 计算 $Z=z_l$ 的概率

$$P\{Z=z_l\} = \sum_{g(x_i,y_j)=z_l} p_{ij}, \quad l=1,2,\cdots.$$

2. X,Y 均为连续型随机变量

设 (X,Y) 为二维连续型随机变量,概率密度为 $f(x,y)$,则函数 $Z=g(X,Y)$ 仍然是连续型随机变量.求随机变量 Z 的概率密度 $f_Z(z)$ 的步骤如下:

(1) 计算 $Z=g(X,Y)$ 的分布函数

$$F_Z(z) = P\{Z \le z\} = P\{g(X,Y) \le z\} = \iint\limits_{g(x,y) \le z} f(u,v)\,\mathrm{d}u\mathrm{d}v;$$

(2) 对 Z 的分布函数求导,得 Z 的概率密度 $f_Z(z)=F_Z'(z)$.

3. X 为离散型随机变量,Y 为连续型随机变量

设 X 的分布律为

X	x_1	x_2	$\cdots$
P	p_1	p_2	$\cdots$

Y 为连续型随机变量,求随机变量 $Z=g(X,Y)$ 的分布函数 $F_Z(z)$ 的步骤如下:

(1) 写出分布函数的定义

$$F_Z(z) = P\{Z \le z\} = P\{g(X,Y) \le z\};$$

(2) 针对离散型随机变量,利用全概率公式,得到分布函数

$$F_Z(z) = P\{Z \le z\} = P\{g(X,Y) \le z\}$$

$$= \sum_i P\{X=x_i\} P\{g(x_i,Y) \le z \mid X=x_i\}.$$

4. 常见的二维随机变量的函数的分布

（1）$Z = X + Y$ 的分布

设二维连续型随机变量 (X, Y) 的概率密度为 $f(x, y)$，则 $Z = X + Y$ 的概率密度为

$$f_Z(z) = \int_{-\infty}^{+\infty} f(z - y, y) \, dy \quad \text{或} \quad f_Z(z) = \int_{-\infty}^{+\infty} f(x, z - x) \, dx.$$

当 X, Y 相互独立时，$f_Z(z)$ 为 $f_X(x)$ 与 $f_Y(y)$ 的卷积，即

$$f_Z(z) = f_X(x) * f_Y(y) = \int_{-\infty}^{+\infty} f_X(z - y) f_Y(y) \, dy = \int_{-\infty}^{+\infty} f_X(x) f_Y(z - x) \, dx.$$

（2）$Z = \dfrac{X}{Y}, Z = XY$ 的分布

设 (X, Y) 是二维连续型随机变量，概率密度为 $f(x, y)$，则 $Z_1 = \dfrac{X}{Y}$ 和 $Z_2 = XY$ 仍为连续型随机变量，其概率密度分别为

$$f_{Z_1}(z) = f_{X/Y}(z) = \int_{-\infty}^{+\infty} |y| \, f(yz, y) \, dy,$$

$$f_{Z_2}(z) = f_{XY}(z) = \int_{-\infty}^{+\infty} \frac{1}{|x|} f\left(x, \frac{z}{x}\right) \, dx.$$

若 X, Y 相互独立，$f_X(x), f_Y(y)$ 分别为 (X, Y) 关于 X 和关于 Y 的边缘概率密度，

$$f_{Z_1}(z) = f_{X/Y}(z) = \int_{-\infty}^{+\infty} |y| \, f_X(yz) f_Y(y) \, dy,$$

$$f_{Z_2}(z) = f_{XY}(z) = \int_{-\infty}^{+\infty} \frac{1}{|x|} f_X(x) f_Y\left(\frac{z}{x}\right) \, dx.$$

（3）$M = \max(X, Y)$ 与 $N = \min(X, Y)$ 的分布

设 X, Y 相互独立，其分布函数分别为 $F_X(x), F_Y(y)$，则 $M = \max\{X, Y\}, N = \min\{X, Y\}$ 的分布函数 $F_M(z), F_N(z)$ 分别为

$$F_M(z) = F_X(z) F_Y(z), \quad F_N(z) = 1 - [1 - F_X(z)][1 - F_Y(z)].$$

（4）$Z = X^2 + Y^2$ 的分布

设 (X, Y) 为二维连续型随机变量，其概率密度函数为 $f(x, y)$，则随机变量 $Z = X^2 + Y^2$ 的分布函数为

$$F(z) = \begin{cases} \iint_0^{2\pi} d\theta \int_0^{\sqrt{z}} f(r\cos\theta, r\sin\theta) r \, dr, & z \geq 0, \\ 0, & z < 0, \end{cases}$$

概率密度为

$$f_Z(z) = F_Z'(z) = \begin{cases} \dfrac{1}{2} \int_0^{2\pi} f(\sqrt{z}\cos\theta, \sqrt{z}\sin\theta) \, d\theta, & z \geq 0, \\ 0, & z < 0. \end{cases}$$

3.1.7 n 维随机变量简介

1. 定义

设随机试验 E 的样本空间 $S = \{e\}$,且 $X_1 = X_1(e), X_2 = X_2(e), \cdots, X_n = X_n(e)$ 是定义在 S 上的随机变量,称 n 维向量 $(X_1, X_2, \cdots, X_n)$ 为 n 维随机变量.

2. 分布函数

设 $(X_1, X_2, \cdots, X_n)$ 为 n 维随机变量,对于任意 n 个实数 $x_1, x_2, \cdots, x_n, n$ 元函数

$$F(x_1, x_2, \cdots, x_n) = P\{X_1 \leqslant x_1, X_2 \leqslant x_2, \cdots, X_n \leqslant x_n\}$$

称为 n 维随机变量 $(X_1, X_2, \cdots, X_n)$ 的分布函数.

3. 离散型随机变量的分布律

若 n 维随机变量 $(X_1, X_2, \cdots, X_n)$ 的所有可能取值为 $(x_{1i_1}, x_{2i_2}, \cdots, x_{ni_n})$, $i_j = 1, 2, \cdots, j = 1, 2, \cdots, n$,则

$$P\{X_1 = x_{1i_1}, X_2 = x_{2i_2}, \cdots, X_n = x_{ni_n}\}, \quad i_j = 1, 2, \cdots, j = 1, 2, \cdots, n$$

称为 n 维离散型随机变量 $(X_1, X_2, \cdots, X_n)$ 的分布律.

4. 连续型随机变量及其概率密度函数

设 $F(x_1, x_2, \cdots, x_n)$ 为 n 维随机变量 $(X_1, X_2, \cdots, X_n)$ 的分布函数,若存在非负可积函数 $f(x_1, x_2, \cdots, x_n)$,使得对于任意实数 $x_1, x_2, \cdots, x_n$,都有

$$F(x_1, x_2, \cdots, x_n) = \int_{-\infty}^{x_n} \cdots \int_{-\infty}^{x_2} \int_{-\infty}^{x_1} f(x_1, x_2, \cdots, x_n) \, \mathrm{d}x_1 \mathrm{d}x_2 \cdots \mathrm{d}x_n,$$

则称 $(X_1, X_2, \cdots, X_n)$ 为 n 维连续型随机变量,称函数 $f(x_1, x_2, \cdots, x_n)$ 为 $(X_1, X_2, \cdots, X_n)$ 的概率密度.

5. 边缘分布

设 n 维随机变量 $(X_1, X_2, \cdots, X_n)$ 的分布函数为 $F(x_1, x_2, \cdots, x_n)$,则 $(X_1, X_2, \cdots, X_n)$ 的 $k(1 \leqslant k \leqslant n)$ 维边缘分布就随之确定:

$$F_{X_1}(x_1) = F(x_1, +\infty, +\infty, \cdots, +\infty),$$
$$F_{(X_1, X_2)}(x_1, x_2) = F(x_1, x_2, +\infty, \cdots, +\infty), \cdots.$$

所以,边缘分布律

$$P\{X_1 = x_{1i_1}\} = \sum_{i_2, i_3, \cdots, i_n} P\{X_1 = x_{1i_1}, X_2 = x_{2i_2}, \cdots, X_n = x_{ni_n}\},$$

$$P\{X_1 = x_{1i_1}, X_2 = x_{2i_2}\} = \sum_{i_3, i_4, \cdots, i_n} P\{X_1 = x_{1i_1}, X_2 = x_{2i_2}, \cdots, X_n = x_{ni_n}\}, \cdots.$$

若 $(X_1, X_2, \cdots, X_n)$ 为 n 维连续型随机变量且概率密度为 $f(x_1, x_2, \cdots, x_n)$,则边缘概率密度

$$f_{X_1}(x_1) = \int_{-\infty}^{+\infty} \cdots \int_{-\infty}^{+\infty} \int_{-\infty}^{+\infty} f(x_1, x_2, \cdots, x_n) \, \mathrm{d}x_2 \mathrm{d}x_3 \cdots \mathrm{d}x_n,$$

$$f_{(X_1, X_2)}(x_1, x_2) = \int_{-\infty}^{+\infty} \cdots \int_{-\infty}^{+\infty} \int_{-\infty}^{+\infty} f(x_1, x_2, \cdots, x_n) \, \mathrm{d}x_3 \mathrm{d}x_4 \cdots \mathrm{d}x_n, \cdots.$$

6. 相互独立的随机变量

(1) 定义

设 $F(x_1, x_2, \cdots, x_n)$ 为 $(X_1, X_2, \cdots, X_n)$ 的分布函数, $F_{X_1}(x_1), F_{X_2}(x_2), \cdots, F_{X_n}(x_n)$ 为

$(X_1, X_2, \cdots, X_n)$ 的 n 个一维边缘分布函数,若对于任意的实数 $x_1, x_2, \cdots, x_n$,都有

$$F(x_1, x_2, \cdots, x_n) = F_{X_1}(x_1) F_{X_2}(x_2) \cdots F_{X_n}(x_n),$$

则称随机变量 $X_1, X_2, \cdots, X_n$ 相互独立.

设 $F_1(x_1, x_2, \cdots, x_m)$ 是 $(X_1, X_2, \cdots, X_m)$ 的分布函数,$F_2(y_1, y_2, \cdots, y_n)$ 是 $(Y_1, Y_2, \cdots, Y_n)$ 的分布函数,$F(x_1, x_2, \cdots, x_m, y_1, y_2, \cdots, y_n)$ 是 $(X_1, X_2, \cdots, X_m, Y_1, Y_2, \cdots, Y_n)$ 的分布函数,若

$$F(x_1, x_2, \cdots, x_m, y_1, y_2, \cdots, y_n) = F_1(x_1, x_2, \cdots, x_m) F_2(y_1, y_2, \cdots, y_n),$$

则称 $(X_1, X_2, \cdots, X_m)$ 与 $(Y_1, Y_2, \cdots, Y_n)$ 相互独立.

(2) 性质

1) 若 $X_1, X_2, \cdots, X_n$ 相互独立,则其中任意 $r(2 \leqslant r < n)$ 个随机变量也相互独立.

2) 设 $(X_1, X_2, \cdots, X_m)$ 与 $(Y_1, Y_2, \cdots, Y_n)$ 相互独立,则 $X_i(i=1,2,\cdots,m)$ 与 $Y_j(j=1,2,\cdots,n)$ 相互独立.

3) 设 $(X_1, X_2, \cdots, X_m)$ 与 $(Y_1, Y_2, \cdots, Y_n)$ 相互独立,若 $h(x_1, x_2, \cdots, x_m)$ 与 $g(y_1, y_2, \cdots, y_n)$ 是连续函数,则 $h(X_1, X_2, \cdots, X_m)$ 与 $g(Y_1, Y_2, \cdots, Y_n)$ 相互独立.

3.2 典型例题解析

例1 设随机变量 X 与 Y 相互独立,分布律分别为

X	0	1
P	0.4	0.6

Y	0	1
P	0.4	0.6

则下列式子正确的是(　　).

A. $X = Y$ 　　　　　　　　　　　　B. $P\{X = Y\} = 0$

C. $P\{X = Y\} = 0.52$ 　　　　　　D. $P\{X = Y\} = 1$

分析 由 X 与 Y 相互独立,

$$\begin{aligned} P\{X = Y\} &= P\{X = 0, Y = 0\} + P\{X = 1, Y = 1\} \\ &= P\{X = 0\} P\{Y = 0\} + P\{X = 1\} P\{Y = 1\} \\ &= 0.52. \end{aligned}$$

解 C.

例2 设两个相互独立的随机变量 X 与 Y 分别服从正态分布 $N(0,1)$ 和 $N(2,2)$,则下列结论正确的是(　　).

A. $P\{X + Y \leqslant 0\} = \dfrac{1}{2}$ 　　　　　　B. $P\{X + Y \leqslant 2\} = \dfrac{1}{2}$

C. $P\{X - Y \leqslant 0\} = \dfrac{1}{2}$ 　　　　　　D. $P\{X - Y \leqslant 2\} = \dfrac{1}{2}$

分析 由 X 与 Y 独立,运用卷积公式可得到 $X + Y \sim N(2,3)$,$X - Y \sim N(-2,3)$,因此 $P\{X + Y \leqslant 2\} = \dfrac{1}{2}$.

解   B.

例 3   设随机变量 X 与 Y 相互独立,它们的分布函数分别为 $F_X(x)$ 和 $F_Y(y)$,则 $Z = \max\{X,Y\}$ 的分布函数为(   ).

A. $F_Z(z) = \max\{F_X(z), F_Y(z)\}$ B. $F_Z(z) = \max\{F_X(x), F_Y(y)\}$

C. $F_Z(z) = F_X(z)F_Y(z)$ D. $F_Z(z) = F_X(x)F_Y(y)$

分析   由 X 与 Y 相互独立,

$$F_Z(z) = P\{Z \le z\} = P\{\max\{X,Y\} \le z\}$$
$$= P\{X \le z, Y \le z\} = P\{X \le z\}P\{Y \le z\} = F_X(z)F_Y(z).$$

解   C.

例 4   设 (X,Y) 的概率密度为 $f(x,y) = \begin{cases} \dfrac{1}{\pi}, & x^2+y^2 \le 1, \\ 0, & 其他, \end{cases}$ 则随机变量 X 与 Y 的关系为(   ).

A. 相互独立,有相同的分布函数   B. 相互独立,分布函数不同

C. 不相互独立,但有相同的分布函数   D. 不相互独立,分布函数不同

分析 X 与 Y 的概率密度分别为

$$f_X(x) = \begin{cases} \dfrac{2}{\pi}\sqrt{1-x^2}, & -1 \le x \le 1, \\ 0, & 其他, \end{cases} \qquad f_Y(y) = \begin{cases} \dfrac{2}{\pi}\sqrt{1-y^2}, & -1 \le y \le 1, \\ 0, & 其他. \end{cases}$$

当 $x^2+y^2 \le 1$ 时,$f(x,y) \ne f_X(x)f_Y(y)$,所以 X 与 Y 不相互独立.由随机变量 X 与 Y 的概率密度可知,它们具有相同的分布函数.

解   C.

例 5   设随机变量 (X,Y) 的分布函数为 $F(x,y)$,其边缘分布函数为 $F_X(x)$,$F_Y(y)$,则概率 $P\{X>1, Y>1\}$ 等于(   ).

A. $1-F(1,1)$

B. $1-F_X(1)-F_Y(1)$

C. $F(1,1)-F_X(1)-F_Y(1)+1$

D. $F(1,1)+F_X(1)+F_Y(1)-1$

分析   如图 3-1 所示,

$$P\{X>1, Y>1\}$$
$$= 1-P\{X \le 1\}-P\{Y \le 1\}+P\{X \le 1, Y \le 1\}$$
$$= 1-F_X(1)-F_Y(1)+F(1,1).$$

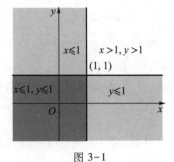

图 3-1

解   C.

例 6   设随机变量 X,Y 相互独立,且都服从区间 $(0,1)$ 上的均匀分布,则 $P\{X^2+Y^2 \le 1\}$ 的值为(   ).

A. $\dfrac{1}{4}$ B. $\dfrac{1}{8}$ C. $\dfrac{\pi}{8}$ D. $\dfrac{\pi}{4}$

分析   如图 3-2 所示,因为

$$f(x,y)=f_X(x)f_Y(y)=\begin{cases}1, & 0<x<1,0<y<1, \\ 0, & \text{其他},\end{cases}$$

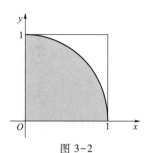

图 3-2

故

$$P\{X^2+Y^2\leqslant 1\}=\iint\limits_{x^2+y^2\leqslant 1}1\mathrm{d}x\mathrm{d}y=\frac{\pi}{4}.$$

解 D.

例 7 设二维随机变量 (X,Y) 的分布律为

Y	X	
	0	1
0	0.4	a
1	b	0.1

已知事件 $\{X=0\}$ 与 $\{X+Y=1\}$ 相互独立,则( ).

　　A. $a=0.2,b=0.3$ 　　　　　　　　B. $a=0.4,b=0.1$

　　C. $a=0.3,b=0.2$ 　　　　　　　　D. $a=0.1,b=0.4$

分析 由分布律以及边缘分布律可知 $a+b=0.5$, $P\{X=0\}=b+0.4$. 因为

$$P\{X+Y=1\}=P\{X=0,Y=1\}+P\{X=1,Y=0\}=b+a,$$

由事件 $\{X=0\}$ 与 $\{X+Y=1\}$ 互相独立,可知

$$P\{X=0,Y=1\}=P\{X=0,X+Y=1\}=P\{X=0\}P\{X+Y=1\},$$

因此 $b=(a+b)(b+0.4)$,解得 $a=0.1,b=0.4$.

解 D.

例 8 设随机变量 (X,Y) 服从二维正态分布,且 X 与 Y 相互独立, $f_X(x),f_Y(y)$ 分别表示 X,Y 的概率密度,则在 $Y=y$ 的条件下, X 的条件概率密度 $f_{X|Y}(x|y)$ 为_____.

　　A. $f_X(x)$ 　　　　B. $f_Y(y)$ 　　　　C. $f_X(x)f_Y(y)$ 　　　　D. $\dfrac{f_X(x)}{f_Y(y)}$

分析 因为二维正态分布不相关与独立性等价,所以可知

$$f(x,y)=f_X(x)f_Y(y),$$

因此

$$f_{X|Y}(x|y)=\frac{f(x,y)}{f_Y(y)}=\frac{f_X(x)f_Y(y)}{f_Y(y)}=f_X(x).$$

解 A.

例 9 设随机变量 X 与 Y 相互独立,且 X 服从标准正态分布 $N(0,1)$, Y 的分布律为

$$P\{Y=0\}=P\{Y=1\}=P\{Y=2\}=\frac{1}{3}.$$

记 $F_Z(z)$ 为随机变量 $Z=XY$ 的分布函数,则 $F_Z(z)$ 的间断点个数为( ).

　　A. 0 　　　　　　B. 1 　　　　　　C. 2 　　　　　　D. 3

分析 由分布函数定义有

$$F_Z(z) = P\{Z \leqslant z\} = P\{XY \leqslant z\}$$
$$= \sum_{i=0}^{2} P\{Y = i\} P\{XY \leqslant z \mid Y = i\}$$
$$= \frac{1}{3} P\{0X \leqslant z \mid Y = 0\} + \frac{1}{3} P\{X \leqslant z \mid Y = 1\} + \frac{1}{3} P\{2X \leqslant z \mid Y = 2\}.$$

因为 X 与 Y 相互独立，可知

$$P\{0X \leqslant z \mid Y = 0\} = P\{0X \leqslant z\},$$
$$P\{X \leqslant z \mid Y = 1\} = P\{X \leqslant z\},$$
$$P\{2X \leqslant z \mid Y = 2\} = P\{2X \leqslant z\}.$$

当 $z < 0$ 时，

$$F_Z(z) = \frac{1}{3} \times 0 + \frac{1}{3} \Phi(z) + \frac{1}{3} \Phi\left(\frac{z}{2}\right);$$

当 $z \geqslant 0$ 时，

$$F_Z(z) = \frac{1}{3} \times 1 + \frac{1}{3} \Phi(z) + \frac{1}{3} \Phi\left(\frac{z}{2}\right),$$

故随机变量 $Z = XY$ 的分布函数为

$$F_Z(z) = \begin{cases} \dfrac{1}{3}\left[\Phi(z) + \Phi\left(\dfrac{z}{2}\right) \right], & z < 0, \\ \dfrac{1}{3}\left[1 + \Phi(z) + \Phi\left(\dfrac{z}{2}\right) \right], & z \geqslant 0. \end{cases}$$

所以 $z = 0$ 为 $F_Z(z)$ 的间断点.

解 B.

例 10 从数 $1, 2, 3, 4$ 中任取一数记为 X，再从 $1 \sim X$ 中任取一数记为 Y，则 $P\{Y = 3\} =$ _____.

分析 由已知，

$$P\{Y = 3\}$$
$$= P\{X = 1, Y = 3\} + P\{X = 2, Y = 3\} + P\{X = 3, Y = 3\} + P\{X = 4, Y = 3\}$$
$$= 0 + 0 + \frac{1}{4} \times \frac{1}{3} + \frac{1}{4} \times \frac{1}{4} = \frac{7}{48}.$$

解 $\dfrac{7}{48}$.

例 11 设 X 与 Y 为两个随机变量，且

$$P\{X \geqslant 0, Y \geqslant 0\} = \frac{3}{7}, \quad P\{X \geqslant 0\} = \frac{4}{7}, \quad P\{Y \geqslant 0\} = \frac{4}{7},$$

则 $P\{\max\{X, Y\} \geqslant 0\} =$ _____.

分析 由已知，

$$P\{\max(X, Y) \geqslant 0\} = 1 - P\{\max(X, Y) < 0\} = 1 - P\{X < 0, Y < 0\}$$
$$= P\{X \geqslant 0\} + P\{Y \geqslant 0\} - P\{X \geqslant 0, Y \geqslant 0\}$$

$$= \frac{4}{7} + \frac{4}{7} - \frac{3}{7} = \frac{5}{7}.$$

解 $\frac{5}{7}$.

例 12 设随机变量 X 与 Y 相互独立,均服从正态分布 $N(0,\sigma^2)$,则 $P\{XY<0\} =$ _____.

分析 由 X 与 Y 相互独立,

$$P\{XY<0\} = P\{X<0,Y>0\} + P\{X>0,Y<0\}$$
$$= P\{X<0\}P\{Y>0\} + P\{X>0\}P\{Y<0\}$$
$$= 2\Phi(0)\Phi(0) = \frac{1}{2}.$$

解 $\frac{1}{2}$.

例 13 在区间 $(0,1)$ 中随机地取两个数,则两数之和小于 $\frac{6}{5}$ 的概率为_____.

分析 设 X,Y 表示在区间 $(0,1)$ 中随机取到的两个数,则可知 X 与 Y 相互独立,且均服从区间 $(0,1)$ 上的均匀分布,(X,Y) 的概率密度为

$$f(x,y) = f_X(x)f_Y(y) = \begin{cases} 1, & 0<x<1,0<y<1, \\ 0, & 其他. \end{cases}$$

由图 3-3 可知,所求概率为

$$P\left\{X+Y<\frac{6}{5}\right\}$$
$$= 1 - P\left\{X+Y \geq \frac{6}{5}\right\} = 1 - \iint\limits_{x+y\geq\frac{6}{5}} f(x,y)\,\mathrm{d}x\mathrm{d}y$$
$$= 1 - \int_{\frac{1}{5}}^{1}\left(\int_{\frac{6}{5}-x}^{1} 1\mathrm{d}y\right)\mathrm{d}x = 1 - \frac{8}{25} = \frac{17}{25}.$$

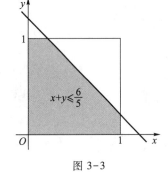

图 3-3

解 $\frac{17}{25}$.

例 14 在区间 $(0,1)$ 中随机地取两个数,则两数之差的绝对值小于 $\frac{1}{4}$ 的概率为_____.

分析 设在区间 $(0,1)$ 中随机地取到数 X,Y,可知 X 与 Y 相互独立,且均服从区间 $(0,1)$ 上的均匀分布,(X,Y) 的概率密度为

$$f(x,y) = f_X(x)f_Y(y) = \begin{cases} 1, & 0<x<1,0<y<1, \\ 0, & 其他. \end{cases}$$

由图 3-4 可知,所求概率为

$$P\left\{|Y-X|<\frac{1}{4}\right\}$$
$$= 1-P\left\{|Y-X| \geq \frac{1}{4}\right\} = 1-2P\left\{Y-X \leq -\frac{1}{4}\right\}$$

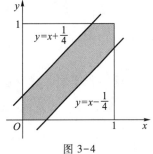

图 3-4

$$= 1 - 2 \iint\limits_{y-x \leqslant -\frac{1}{4}} f(x,y)\mathrm{d}x\mathrm{d}y = 1 - 2 \int_{\frac{1}{4}}^{1} \left(\int_0^{x-\frac{1}{4}} 1\mathrm{d}y \right) \mathrm{d}x$$

$$= 1 - \frac{9}{16} = \frac{7}{16}.$$

也可运用几何概型:$1-2 \times \dfrac{1}{2} \times \dfrac{3}{4} \times \dfrac{3}{4} = \dfrac{7}{16}$.

解　$\dfrac{7}{16}$.

例 15　若随机变量 (X,Y) 的分布函数为

$$F(x,y) = \begin{cases} (1-\mathrm{e}^{-3x})(1-\mathrm{e}^{-4y}), & x>0, y>0, \\ 0, & \text{其他}, \end{cases}$$

则 (X,Y) 的概率密度 $f(x,y) = \underline{\hspace{2cm}}$.

分析　由已知,

$$f(x,y) = \frac{\partial^2 F(x,y)}{\partial x \partial y} = \begin{cases} 12\mathrm{e}^{-(3x+4y)}, & x>0, y>0, \\ 0, & \text{其他}. \end{cases}$$

解　$\begin{cases} 12\mathrm{e}^{-(3x+4y)}, & x>0, y>0, \\ 0, & \text{其他}. \end{cases}$

例 16　设随机变量 X 关于 $Y=y$ 的条件概率密度和随机变量 Y 的概率密度分别为

$$f_{X|Y}(x,y) = \begin{cases} \dfrac{2x}{1-y^2}, & 0 \leqslant y \leqslant x < 1, \\ 0, & \text{其他}, \end{cases} \qquad f_Y(y) = \begin{cases} \dfrac{3}{2}(1-y^2), & 0 \leqslant y < 1, \\ 0, & \text{其他}, \end{cases}$$

则 $P\left\{X > \dfrac{1}{2}\right\} = \underline{\hspace{2cm}}$.

分析　因为

$$f(x,y) = f_{X|Y}(x,y) f_Y(y) = \begin{cases} 3x, & 0 \leqslant y \leqslant x < 1, \\ 0, & \text{其他}, \end{cases}$$

所以

$$f_X(x) = \begin{cases} 3x^2, & 0 \leqslant x < 1, \\ 0, & \text{其他}, \end{cases}$$

故 $P\left\{X > \dfrac{1}{2}\right\} = \int_{\frac{1}{2}}^{1} 3x^2 \mathrm{d}x = \dfrac{7}{8}$.

解　$\dfrac{7}{8}$.

例 17　设平面区域 D 由曲线 $y = \dfrac{1}{x}$ 及直线 $y=0, x=1, x=\mathrm{e}^2$ 所围成,二维随机变量 (X,Y) 在区域 D 上服从均匀分布,则当 $1 \leqslant x \leqslant \mathrm{e}^2$ 时,X 的边缘概率密度 $\underline{\hspace{2cm}}$.

分析　由题意可知,区域 D 的面积为 $\int_1^{\mathrm{e}^2} \dfrac{1}{x} \mathrm{d}x = 2$(如图 3-5 所示),所以 (X,Y) 的概率密度为

$$f(x,y)=\begin{cases}\dfrac{1}{2}, & 1\le x\le e^2, 0\le y\le\dfrac{1}{x},\\[2mm] 0, & \text{其他}.\end{cases}$$

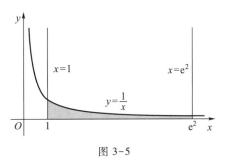

因此

$$f_x(x)=\begin{cases}\displaystyle\int_0^{\frac{1}{x}}f(x,y)\,dy=\dfrac{1}{2x}, & 1\le x\le e^2,\\[2mm] 0, & \text{其他}.\end{cases}$$

图 3-5

解 $\dfrac{1}{2x}$.

例 18 设随机变量 X 与 Y 相互独立,且均服从区间 $[0,3]$ 上的均匀分布,则 $P\{\max\{X,Y\}\le 2\}=$ _____.

分析 由题意可知 X 的概率密度为

$$f_X(x)=\begin{cases}\dfrac{1}{3}, & 0\le x\le 3,\\[2mm] 0, & \text{其他},\end{cases}$$

则

$$P\{\max\{X,Y\}\le 2\}=P\{X\le 2,Y\le 2\}=P\{X\le 2\}P\{Y\le 2\}=(P\{X\le 2\})^2.$$

因为 $P\{X\le 2\}=\displaystyle\int_0^2\dfrac{1}{3}dx=\dfrac{2}{3}$,所以 $P\{\max\{X,Y\}\le 2\}=\dfrac{4}{9}$.

解 $\dfrac{4}{9}$.

例 19 设随机变量 (X,Y) 在以点 $(0,1),(1,0),(1,1)$ 为顶点的三角形区域内服从均匀分布,则随机变量 $Z=Y+Y$ 的概率密度 $f_Z(z)=$ _____.

分析 因为三角形区域可表示为(如图 3-6 所示)

$$G=\{(x,y)\mid 0\le x\le 1, 1-x\le y\le 1\},$$

由此可知 (X,Y) 的概率密度为

$$f(x,y)=\begin{cases}2, & 0\le x\le 1, 1-x\le y\le 1,\\ 0, & \text{其他},\end{cases}$$

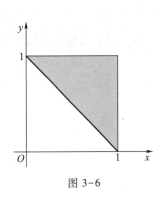

因此

$$f_Z(z)=\int_{-\infty}^{+\infty}f(z-y,y)\,dy=\begin{cases}2(2-z), & 1\le z\le 2,\\ 0, & \text{其他}.\end{cases}$$

图 3-6

解 $f_Z(z)=\begin{cases}2(2-z), & 1\le z\le 2,\\ 0, & \text{其他}.\end{cases}$

例 20 已知相互独立的随机变量 X 与 Y 分别有分布律

X	1	2	3
P	0.2	0.1	0.7

Y	1	2	3	4
P	0.1	0.2	0.3	0.4

求:(1) (X,Y) 的分布律;(2) 分布函数值 $F(2,2)$;(3) $P\{X+Y=4\}$.

解 （1）由 X 与 Y 相互独立可知，(X,Y) 的联合分布律为

$$P\{X=i,Y=j\}=P\{X=i\}P\{Y=j\}, \quad i=1,2,3,j=1,2,3,4,$$

即分布律为

Y	X		
	1	2	3
1	0.02	0.01	0.07
2	0.04	0.02	0.14
3	0.06	0.03	0.21
4	0.08	0.04	0.28

（2）由分布函数的定义，有

$$\begin{aligned}
F(2,2) &= P\{X\leqslant 2,Y\leqslant 2\} \\
&= P\{X=1,Y=1\}+P\{X=1,Y=2\}+P\{X=2,Y=1\}+P\{X=2,Y=2\} \\
&= 0.02+0.04+0.01+0.02=0.09.
\end{aligned}$$

（3）由 (X,Y) 的分布律，

$$\begin{aligned}
P\{X+Y=4\} &= P\{X=1,Y=3\}+P\{X=3,Y=1\}+P\{X=2,Y=2\} \\
&= 0.06+0.07+0.02=0.15.
\end{aligned}$$

例 21 已知二维随机变量 (X,Y) 的概率密度

$$f(x,y)=\begin{cases} ce^{-(3x+4y)}, & x>0,y>0, \\ 0, & \text{其他}, \end{cases}$$

求：（1）常数 c 的值；（2）$P\{X>2,Y>1\}$；（3）随机变量 X 与 Y 是否相互独立？

解 （1）由概率密度性质 $\int_{-\infty}^{+\infty}\int_{-\infty}^{+\infty}f(x,y)\mathrm{d}x\mathrm{d}y=1$ 可知

$$\begin{aligned}
\int_{-\infty}^{+\infty}\int_{-\infty}^{+\infty}f(x,y)\mathrm{d}x\mathrm{d}y &= \int_{0}^{+\infty}\int_{0}^{+\infty}ce^{-(3x+4y)}\mathrm{d}x\mathrm{d}y \\
&= c\left(\int_{-\infty}^{+\infty}e^{-3x}\mathrm{d}x\right)\left(\int_{-\infty}^{+\infty}e^{-4y}\mathrm{d}y\right) \\
&= \frac{c}{12}=1,
\end{aligned}$$

所以 $c=12$.

（2）由（1）知，

$$\begin{aligned}
P\{X>2,Y>1\} &= \iint\limits_{x>2,y>1}f(x,y)\mathrm{d}x\mathrm{d}y=\int_{2}^{+\infty}\int_{1}^{+\infty}12e^{-(3x+4y)}\mathrm{d}x\mathrm{d}y \\
&= \left(\int_{2}^{+\infty}(-3e^{-3x})\mathrm{d}x\right)\left(\int_{1}^{+\infty}(-4e^{-4y})\mathrm{d}y\right) \\
&= e^{-6}\cdot e^{-4}=e^{-10}.
\end{aligned}$$

（3）由边缘密度的定义有

$$f_X(x)=\int_{-\infty}^{+\infty}f(x,y)\mathrm{d}y=\begin{cases} 3e^{-3x}, & x>0, \\ 0, & x\leqslant 0, \end{cases}$$

$$f_Y(y) = \int_{-\infty}^{+\infty} f(x,y)\,dx = \begin{cases} 4e^{-4y}, & y > 0, \\ 0, & y \le 0. \end{cases}$$

由此可知

$$f_X(x)f_Y(y) = \begin{cases} 12e^{-(3x+4y)}, & x>0, y>0, \\ 0, & 其他, \end{cases}$$

故对于任意的 (x,y)，有 $f(x,y) = f_X(x)f_Y(y)$，所以随机变量 X,Y 相互独立.

例 22 设二维随机变量 (X,Y) 的概率密度为

$$f(x,y) = \begin{cases} e^{-x}, & 0<y<x, \\ 0, & 其他, \end{cases}$$

求：(1) 条件概率密度 $f_{Y|X}(y|x)$；(2) 概率 $P\{X \le 1 | Y \le 1\}$.

解 (1) 由 X 的边缘概率密度定义 $f_X(x) = \int_{-\infty}^{+\infty} f(x,y)\,dy$ 可知，若 $x \le 0$，则对于任意的 y 均有 $f(x,y) = 0$，此时

$$f_X(x) = \int_{-\infty}^{+\infty} f(x,y)\,dy = \int_{-\infty}^{+\infty} 0\,dy = 0;$$

若 $x>0$，则对于固定的 x，当 $0<y<x$ 时有 $f(x,y) = e^{-x}$，当 $y \le 0$ 或 $y \ge x$ 时均有 $f(x,y) = 0$，此时

$$f_X(x) = \int_{-\infty}^{+\infty} f(x,y)\,dy = \int_{-\infty}^{0} 0\,dy + \int_{0}^{x} e^{-x}\,dy + \int_{x}^{+\infty} 0\,dy = xe^{-x},$$

所以 X 的边缘概率密度为

$$f_X(x) = \begin{cases} xe^{-x}, & x>0, \\ 0, & x \le 0. \end{cases}$$

当 $x>0$ 时，有 $f_X(x)>0$，在 $X=x$ 的条件下，Y 的条件概率密度为

$$f_{Y|X}(y|x) = \frac{f(x,y)}{f_X(x)} = \begin{cases} \dfrac{1}{x}, & 0<y<x, \\ 0, & 其他. \end{cases}$$

(2) 如图 3-7 所示，因为

$$P\{X \le 1, Y \le 1\} = \iint\limits_{x \le 1, y \le 1} f(x,y)\,dxdy = \int_{0}^{1}\left(\int_{0}^{x} e^{-x}\,dy\right)dx$$

$$= \int_{0}^{1} xe^{-x}\,dx = 1 - 2e^{-1},$$

$$P\{Y \le 1\} = \int_{-\infty}^{1} f_Y(y)\,dy = \int_{-\infty}^{1}\left(\int_{-\infty}^{+\infty} f(x,y)\,dx\right)dy$$

$$= \int_{0}^{1} dy \int_{y}^{+\infty} e^{-x}\,dx = \int_{0}^{1} e^{-y}\,dy = 1 - e^{-1},$$

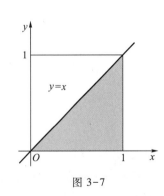

图 3-7

所以

$$P\{X \le 1 | Y \le 1\} = \frac{P\{X \le 1, Y \le 1\}}{P\{Y \le 1\}} = \frac{e-2}{e-1}.$$

例 23 设随机变量 (X,Y) 的分布函数为

$$F(x,y) = A(B+\arctan x)(C+\arctan y), \quad -\infty <x<+\infty, -\infty <y<+\infty,$$

求：

(1) 常数 A,B,C 的值，并判断 X,Y 的独立性；

(2) (X,Y) 的概率密度 $f(x,y)$；

(3) X,Y 的条件概率密度 $f_{X|Y}(x|y),f_{Y|X}(y|x)$.

解 (1) 由分布函数的性质

$$F(-\infty,y)=F(x,-\infty)=F(-\infty,-\infty)=0, \quad F(+\infty,+\infty)=1$$

可得

$$\begin{cases} F(-\infty,y)=A\left(B-\dfrac{\pi}{2}\right)(C+\arctan y)=0, \\[2mm] F(x,-\infty)=A(B+\arctan x)\left(C-\dfrac{\pi}{2}\right)=0, \\[2mm] F(+\infty,+\infty)=A\left(B+\dfrac{\pi}{2}\right)\left(C+\dfrac{\pi}{2}\right)=1, \end{cases}$$

解得 $A=\dfrac{1}{\pi^2},B=C=\dfrac{\pi}{2}$.

(X,Y) 的边缘分布函数为

$$F_X(x)=F(x,+\infty)=\frac{1}{\pi}\left(\frac{\pi}{2}+\arctan x\right),$$

$$F_Y(y)=F(+\infty,y)=\frac{1}{\pi}\left(\frac{\pi}{2}+\arctan y\right).$$

对于任意的 $(x,y),F(x,y)=F_X(x)F_Y(y)$，可知随机变量 X 与 Y 相互独立.

(2) (X,Y) 的概率密度

$$f(x,y)=\frac{\partial^2 F(x,y)}{\partial x\partial y}=\frac{1}{\pi^2(1+x^2)(1+y^2)}.$$

(3) 由 (X,Y) 的概率密度可得边缘密度为

$$f_X(x)=\int_{-\infty}^{+\infty}f(x,y)\mathrm{d}y=\int_{-\infty}^{+\infty}\frac{1}{\pi^2(1+x^2)(1+y^2)}\mathrm{d}y$$

$$=\frac{1}{\pi(1+x^2)}, \quad -\infty<x<+\infty;$$

$$f_Y(y)=\int_{-\infty}^{+\infty}f(x,y)\mathrm{d}y-\int_{-\infty}^{+\infty}\frac{1}{\pi^2(1+x^2)(1+y^2)}\mathrm{d}x$$

$$=\frac{1}{\pi(1+y^2)}, \quad -\infty<y<+\infty.$$

当 $-\infty<y<+\infty$ 时，$f_Y(y)>0$，在 $Y=y$ 的条件下，X 的条件概率密度为

$$f_{X|Y}(x|y)=\frac{f(x,y)}{f_Y(y)}=\frac{1}{\pi(1+x^2)}, \quad -\infty<x<+\infty;$$

当 $-\infty<x<+\infty$ 时，$f_X(x)>0$，在 $X=x$ 的条件下，Y 的条件概率密度为

$$f_{Y|X}(y|x)=\frac{f(x,y)}{f_X(x)}=\frac{1}{\pi(1+y^2)}, \quad -\infty<y<+\infty.$$

例 24 袋中有 5 个编号分别为 1,2,3,4,5 的同种小球,从中任取三个,记 X 表示三个小球中最小号码,Y 表示三个小球中最大号码.求:

(1) X 与 Y 的联合分布律与边缘分布律,并判断 X 与 Y 是否相互独立;

(2) 当 $X=1$ 时,Y 的条件分布律;

(3) $Z=\max\{X,Y\}$ 的分布律;

(4) $P\{X+Y\leqslant 5\}$.

解 (1) X 的所有可能值为 1,2,3,Y 的所有可能取值为 3,4,5,X 与 Y 的联合分布律为

Y	X		
	1	2	3
3	$\dfrac{1}{10}$	0	0
4	$\dfrac{2}{10}$	$\dfrac{1}{10}$	0
5	$\dfrac{3}{10}$	$\dfrac{2}{10}$	$\dfrac{1}{10}$

关于 X 的边缘分布律为

X	1	2	3
P	$\dfrac{3}{5}$	$\dfrac{3}{10}$	$\dfrac{1}{10}$

关于 Y 的边缘分布律为

Y	3	4	5
P	$\dfrac{1}{10}$	$\dfrac{3}{10}$	$\dfrac{3}{5}$

因为

$$P\{X=2,Y=3\}=0\neq P\{X=2\}P\{Y=3\}=\frac{3}{100},$$

所以 X 与 Y 不相互独立.

(2) 当 $X=1$ 时,Y 的条件分布律为

Y	3	4	5
$P\{Y\mid X=1\}$	$\dfrac{1}{6}$	$\dfrac{1}{3}$	$\dfrac{1}{2}$

(3) Z 的所有可能取值为 3,4,5,

$$P\{Z=3\}=P\{X=1,Y=3\}+P\{X=2,Y=3\}+P\{X=3,Y=3\}=\frac{1}{10},$$

$$P\{Z=4\}=P\{X=1,Y=4\}+P\{X=2,Y=4\}+P\{X=3,Y=4\}=\frac{3}{10},$$

$$P\{Z=5\}=P\{X=1,Y=5\}+P\{X=2,Y=5\}+P\{X=3,Y=5\}=\frac{6}{10},$$

即 $Z=\max\{X,Y\}$ 的分布律为

Z	3	4	5
P	$\frac{1}{10}$	$\frac{3}{10}$	$\frac{3}{5}$

（4）$P\{X+Y\leqslant5\}=P\{X=1,Y=3\}+P\{X=1,Y=4\}+P\{X=2,Y=3\}=\frac{3}{10}.$

例 25 设随机变量 X 在区间 $(0,1)$ 上服从均匀分布,在 $X=x(0<x<1)$ 的条件下,随机变量 Y 在区间 $(0,x)$ 上服从均匀分布,求:

（1）随机变量 X 和 Y 的联合概率密度 $f(x,y)$;

（2）Y 的概率密度 $f_Y(y)$;

（3）概率 $P\{X+Y>1\}$.

解 （1）由题意可知 X 的概率密度为

$$f_X(x)=\begin{cases}1, & 0<x<1,\\0, & 其他,\end{cases}$$

当 $0<x<1$ 时,$f_X(x)>0$,在 $X=x$ 的条件下,Y 的条件概率密度为

$$f_{Y|X}(y|x)=\frac{f(x,y)}{f_X(x)}=\begin{cases}\dfrac{1}{x}, & 0<y<x,\\0, & 其他.\end{cases}$$

由此可知随机变量 X 和 Y 的联合概率密度为

$$f(x,y)=f_X(x)f_{Y|X}(y|x)=\begin{cases}\dfrac{1}{x}, & 0<y<x<1,\\0, & 其他.\end{cases}$$

（2）若 $0<y<1$,则对于固定的 y,当 $y<x<1$ 时,有 $f(x,y)=\dfrac{1}{x}$,当 $x\leqslant y$ 或 $x\geqslant1$ 时,有 $f(x,y)=0$,此时

$$f_Y(y)=\int_{-\infty}^{+\infty}f(x,y)\mathrm{d}x=\int_{-\infty}^{y}0\mathrm{d}x+\int_{y}^{1}\frac{1}{x}\mathrm{d}x+\int_{1}^{+\infty}0\mathrm{d}x=-\ln y;$$

若 $y\leqslant0$ 或 $y\geqslant1$,则对于任意的 x 均有 $f(x,y)=0$,此时

$$f_Y(y)=\int_{-\infty}^{+\infty}f(x,y)\mathrm{d}x=\int_{-\infty}^{+\infty}0\mathrm{d}x=0,$$

因此 Y 的概率密度 $f_Y(y)$ 为

$$f_Y(y)=\begin{cases}-\ln y, & 0<y<1,\\0, & 其他.\end{cases}$$

（3）如图 3-8 所示，

$$P\{X+Y>1\} = \iint\limits_{x+y>1} f(x,y)\mathrm{d}x\mathrm{d}y = \int_{\frac{1}{2}}^{1}\left(\int_{1-x}^{x}\frac{1}{x}\mathrm{d}y\right)\mathrm{d}x$$

$$= \int_{\frac{1}{2}}^{1}\left(2-\frac{1}{x}\right)\mathrm{d}x = 1-\ln 2.$$

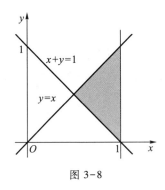

图 3-8

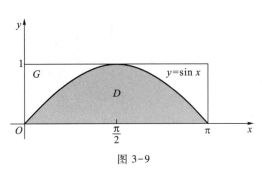

图 3-9

例 26 设随机变量 X 服从区间 $[0,\pi]$ 上的均匀分布，随机变量 Y 服从区间 $[0,1]$ 上的均匀分布，且 X 与 Y 相互独立.对随机点 (X,Y) 进行 n 次独立观察，设落在曲线 $y=\sin x(x\in[0,\pi])$ 与 x 轴所围区域 D 内的次数为 Z，求概率 $P\{Z\geqslant 1\}$.

解 由题意可知，(X,Y) 在区域 $G=\{(x,y)\mid 0\leqslant x\leqslant\pi,0\leqslant y\leqslant 1\}$ 上服从均匀分布（如图 3-9 所示），其概率密度为

$$f(x,y)=\begin{cases}\dfrac{1}{\pi}, & (x,y)\in G,\\[2mm] 0, & 其他,\end{cases}$$

因此，随机点 (X,Y) 落在区域 D 内的概率为

$$P\{(X,Y)\in D\} = \iint\limits_{(x,y)\in D} f(x,y)\mathrm{d}x\mathrm{d}y = \int_{0}^{\pi}\left(\int_{0}^{\sin x}\frac{1}{\pi}\mathrm{d}y\right)\mathrm{d}x = \frac{2}{\pi}.$$

由题意可知，$Z\sim b(n,p)$，其中 $p=\dfrac{2}{\pi}$，故所求概率为

$$P\{Z\geqslant 1\} = 1-P\{Z=0\} = 1-\mathrm{C}_n^0 p^0(1-p)^n = 1-\left(1-\frac{2}{\pi}\right)^n.$$

例 27 设随机变量 X 的概率密度为

$$f_X(x)=\begin{cases}\dfrac{1}{2}, & -1<x<0,\\[2mm] \dfrac{1}{4}, & 0\leqslant x<2,\\[2mm] 0, & 其他.\end{cases}$$

令 $Y=X^2$，$F(x,y)$ 为二维随机变量 (X,Y) 的分布函数. 求：

（1）Y 的概率密 $f_Y(y)$；（2）$F\left(-\dfrac{1}{2},4\right)$.

解 （1）由分布函数的定义,有

$$F_Y(y) = P\{Y \leqslant y\} = P\{X^2 \leqslant y\}.$$

当 $y \leqslant 0$ 时, $F_Y(y) = P\{Y \leqslant y\} = 0$. 当 $y > 0$ 时,

$$F_Y(y) = P\{Y \leqslant y\} = P\{X^2 \leqslant y\} = P\{-\sqrt{y} \leqslant X \leqslant \sqrt{y}\} = \int_{-\sqrt{y}}^{\sqrt{y}} f_X(x)\,\mathrm{d}x.$$

进一步地,在 $y > 0$ 的情况下,当 $0 < y < 1$ 时,有

$$F_Y(y) = \int_{-\sqrt{y}}^{\sqrt{y}} f_X(x)\,\mathrm{d}x = \int_{-\sqrt{y}}^{0} f_X(x)\,\mathrm{d}x + \int_{0}^{\sqrt{y}} f_X(x)\,\mathrm{d}x$$

$$= \int_{-\sqrt{y}}^{0} \frac{1}{2}\mathrm{d}x + \int_{0}^{\sqrt{y}} \frac{1}{4}\mathrm{d}x = \frac{3\sqrt{y}}{4};$$

当 $1 \leqslant y < 4$ 时,有

$$F_Y(y) = \int_{-\sqrt{y}}^{\sqrt{y}} f_X(x)\,\mathrm{d}x = \int_{-\sqrt{y}}^{0} f_X(x)\,\mathrm{d}x + \int_{0}^{\sqrt{y}} f_X(x)\,\mathrm{d}x$$

$$= \int_{-1}^{0} \frac{1}{2}\mathrm{d}x + \int_{0}^{\sqrt{y}} \frac{1}{4}\mathrm{d}x = \frac{1}{2} + \frac{\sqrt{y}}{4};$$

当 $y \geqslant 4$ 时,有

$$F_Y(y) = \int_{-\sqrt{y}}^{\sqrt{y}} f_X(x)\,\mathrm{d}x = \int_{-\sqrt{y}}^{0} f_X(x)\,\mathrm{d}x + \int_{0}^{\sqrt{y}} f_X(x)\,\mathrm{d}x$$

$$= \int_{-1}^{0} \frac{1}{2}\mathrm{d}x + \int_{0}^{2} \frac{1}{4}\mathrm{d}x = \frac{1}{2} + \frac{1}{2},$$

因此可得 Y 的分布函数为

$$F_Y(y) = \begin{cases} 0, & y \leqslant 0, \\[2mm] \dfrac{3\sqrt{y}}{4}, & 0 < y < 1, \\[3mm] \dfrac{1}{2} + \dfrac{\sqrt{y}}{4}, & 1 \leqslant y < 4, \\[3mm] 1, & y \geqslant 4. \end{cases}$$

故 Y 的概率密度 $f_Y(y)$ 为

$$f_Y(y) = F_Y'(y) = \begin{cases} \dfrac{3}{8\sqrt{y}}, & 0 < y < 1, \\[3mm] \dfrac{1}{8\sqrt{y}}, & 1 \leqslant y < 4, \\[3mm] 0, & 其他. \end{cases}$$

（2）由已知，

$$F\left(-\frac{1}{2},4\right)=P\left\{X\leqslant-\frac{1}{2},Y\leqslant4\right\}=P\left\{X\leqslant-\frac{1}{2},X^2\leqslant4\right\}$$

$$=P\left\{X\leqslant-\frac{1}{2},-2\leqslant X\leqslant2\right\}=P\left\{-2\leqslant X\leqslant-\frac{1}{2}\right\}$$

$$=\int_{-2}^{-\frac{1}{2}}f_X(x)\mathrm{d}x=\int_{-1}^{-\frac{1}{2}}\frac{1}{2}\mathrm{d}x=\frac{1}{4}.$$

例 28 设二维随机变量 (X,Y) 的概率密度为

$$f(x,y)=A\mathrm{e}^{-5x^2+2xy-y^2},\quad-\infty<x<+\infty,\ -\infty<y<+\infty,$$

求：（1）常数 A 的值；（2）条件概率密度 $f_{Y|X}(y|x)$.

解 （1）由边缘概率密度的定义 $f_X(x)=\int_{-\infty}^{+\infty}f(x,y)\mathrm{d}y$ 可知

$$f_X(x)=\int_{-\infty}^{+\infty}f(x,y)\mathrm{d}y=\int_{-\infty}^{+\infty}A\mathrm{e}^{-5x^2+2xy-y^2}\mathrm{d}y=A\mathrm{e}^{-4x^2}\int_{-\infty}^{+\infty}\mathrm{e}^{-(y-x)^2}\mathrm{d}y.$$

计算积分 $\int_{-\infty}^{+\infty}\mathrm{e}^{-(y-x)^2}\mathrm{d}y$ ，可令 $y-x=t$ ，则

$$\int_{-\infty}^{+\infty}\mathrm{e}^{-(y-x)^2}\mathrm{d}y=\int_{-\infty}^{+\infty}\mathrm{e}^{-t^2}\mathrm{d}t=\sqrt{\pi},$$

于是

$$f_X(x)=A\sqrt{\pi}\,\mathrm{e}^{-4x^2},\quad-\infty<x<+\infty.$$

再由概率密度的性质有

$$1=\int_{-\infty}^{+\infty}f_X(x)\mathrm{d}x=\int_{-\infty}^{+\infty}A\sqrt{\pi}\,\mathrm{e}^{-4x^2}\mathrm{d}x=A\int_{-\infty}^{+\infty}\frac{\sqrt{\pi}}{2}\mathrm{e}^{-(2x)^2}\mathrm{d}(2x)=\frac{A\pi}{2},$$

所以可得 $A=\dfrac{2}{\pi}$.

（2）由（1）可知

$$f_X(x)=A\sqrt{\pi}\,\mathrm{e}^{-4x^2},\quad-\infty<x<+\infty,$$

且 $f_X(x)>0$ ，于是，在 $X=x$ 的条件下，Y 关于 X 的条件概率密度为

$$f_{Y|X}(y|x)=\frac{f(x,y)}{f_X(x)}=\frac{A\mathrm{e}^{-5x^2+2xy-y^2}}{A\sqrt{\pi}\,\mathrm{e}^{-4x^2}}=\frac{1}{\sqrt{\pi}}\mathrm{e}^{-(x-y)^2},\quad-\infty<y<+\infty.$$

例 29 设二维随机变量 (X,Y) 服从区域 G 上的均匀分布，其中 G 是由 $x-y=0,x+y=2$ 与 $y=0$ 所围成的区域（如图 3-10 所示），求：

（1）边缘概率密度 $f_X(x)$；（2）条件密度函数 $f_{X|Y}(x|y)$.

解 （1）由题意可知，(X,Y) 的概率密度为

$$f(x,y)=\begin{cases}1,&0<y<1,y<x<2-y,\\0,&\text{其他}.\end{cases}$$

由边缘密度定义 $f_X(x)=\int_{-\infty}^{+\infty}f(x,y)\mathrm{d}y$ 可知，若 $0<x<1$ ，对于固定的

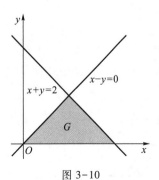

图 3-10

x,当 $0<y<x$ 时有 $f(x,y)=1$,当 $y\leq0$ 或 $y\geq x$ 时有 $f(x,y)=0$,此时

$$f_X(x) = \int_{-\infty}^{+\infty} f(x,y)\,\mathrm{d}y = \int_{-\infty}^{0} 0\,\mathrm{d}y + \int_{0}^{x} 1\,\mathrm{d}y + \int_{x}^{+\infty} 0\,\mathrm{d}y = x;$$

若 $1\leq x<2$,对于固定的 x,当 $0<y<2-x$ 时有 $f(x,y)=1$,当 $y\leq0$ 或 $y\geq2-x$ 时有 $f(x,y)=0$,此时

$$f_X(x) = \int_{-\infty}^{+\infty} f(x,y)\,\mathrm{d}y = \int_{-\infty}^{0} 0\,\mathrm{d}y + \int_{0}^{2-x} 1\,\mathrm{d}y + \int_{2-x}^{+\infty} 0\,\mathrm{d}y = 2 - x;$$

若 $x\leq0$ 或 $x\geq2$,对于任意的 y 均有 $f(x,y)=0$,此时

$$f_X(x) = \int_{-\infty}^{+\infty} f(x,y)\,\mathrm{d}y = \int_{-\infty}^{+\infty} 0\,\mathrm{d}y = 0,$$

所以边缘概率密度 $f_X(x)$ 为

$$f_X(x) = \begin{cases} x, & 0<x<1, \\ 2-x, & 1\leq x<2, \\ 0, & 其他. \end{cases}$$

（2）同理可得 Y 的边缘概率密度 $f_Y(y)$ 为

$$f_Y(y) = \begin{cases} 2-2y, & 0<y<1, \\ 0, & 其他. \end{cases}$$

当 $0<y<1$ 时,$f_Y(y)>0$,在 $Y=y$ 的条件下,X 的条件概率密度为

$$f_{X\mid Y}(x\mid y) = \frac{f(x,y)}{f_Y(y)} = \begin{cases} \dfrac{1}{2-2y}, & y<x<2-y, \\ 0, & 其他. \end{cases}$$

例 30 设随机变量 X 与 Y 相互独立,X 的分布律为

X	-1	0	1
P	$\dfrac{1}{2}$	$\dfrac{1}{4}$	$\dfrac{1}{4}$

Y 的概率密度为

$$f_Y(y) = \begin{cases} 1, & 0<y<1, \\ 0, & 其他. \end{cases}$$

记 $Z=X+Y$,求:（1）$P\left\{Z\leq\dfrac{1}{2}\,\middle|\,X=0\right\}$;（2）$Z$ 的分布函数.

解 （1）由已知,

$$P\left\{Z\leq\frac{1}{2}\,\middle|\,X=0\right\} = P\left\{X+Y\leq\frac{1}{2}\,\middle|\,X=0\right\} = P\left\{Y\leq\frac{1}{2}\,\middle|\,X=0\right\}.$$

因为 X 与 Y 相互独立,所以

$$P\left\{Y\leq\frac{1}{2}\,\middle|\,X=0\right\} = P\left\{Y\leq\frac{1}{2}\right\} = \int_{0}^{\frac{1}{2}} 1\,\mathrm{d}y = \frac{1}{2},$$

故 $P\left\{Z\leq\dfrac{1}{2}\,\middle|\,X=0\right\}=\dfrac{1}{2}$.

（2）设 Z 的分布函数为 $F(z)$,由分布函数的定义以及全概率公式可得

$$F(z) = P\{Z \leqslant z\} = P\{X+Y \leqslant z\}$$
$$= P\{X=-1\}P\{X+Y \leqslant z \mid X=-1\} + P\{X=0\}P\{X+Y \leqslant z \mid X=0\} +$$
$$P\{X=1\}P\{X+Y \leqslant z \mid X=1\}$$
$$= \frac{1}{2}P\{Y \leqslant 1+z\} + \frac{1}{4}P\{Y \leqslant z\} + \frac{1}{4}P\{Y \leqslant z-1\}.$$

当 $z < -1$ 时，

$$F(z) = \frac{1}{2} \times 0 + \frac{1}{4} \times 0 + \frac{1}{4} \times 0 = 0;$$

当 $-1 \leqslant z < 0$ 时，

$$F(z) = \frac{1}{2} \int_0^{1+z} 1 \mathrm{d}y + \frac{1}{4} \times 0 + \frac{1}{4} \times 0 = \frac{1}{2}(1+z);$$

当 $0 \leqslant z < 1$ 时，

$$F(z) = \frac{1}{2} \int_0^1 1 \mathrm{d}y + \frac{1}{4} \int_0^z 1 \mathrm{d}y + \frac{1}{4} \times 0 = \frac{1}{2} + \frac{z}{4};$$

当 $1 \leqslant z < 2$ 时，

$$F(z) = \frac{1}{2} \int_0^1 1 \mathrm{d}y + \frac{1}{4} \int_0^1 1 \mathrm{d}y + \frac{1}{4} \int_0^{z-1} 1 \mathrm{d}y = \frac{1}{2} + \frac{1}{4} + \frac{z-1}{4};$$

当 $z \geqslant 2$ 时，

$$F(z) = \frac{1}{2} \int_0^1 1 \mathrm{d}y + \frac{1}{4} \int_0^1 1 \mathrm{d}y + \frac{1}{4} \int_0^1 1 \mathrm{d}y = \frac{1}{2} + \frac{1}{4} + \frac{1}{4} = 1,$$

即 Z 的分布函数

$$F(z) = \begin{cases} 0, & z < -1, \\ \dfrac{1+z}{2}, & -1 \leqslant z < 0, \\ \dfrac{2+z}{4}, & 0 \leqslant z < 2, \\ 1, & z \geqslant 2. \end{cases}$$

例 31 设二维随机变量 (X,Y) 的概率密度为

$$f(x,y) = \begin{cases} 2-x-y, & 0 < x < 1, 0 < y < 1, \\ 0, & \text{其他}, \end{cases}$$

求：(1) $P\{X > 2Y\}$；(2) $Z = X+Y$ 的概率密度.

解 (1) 由已知，

$$P\{X > 2Y\} = \iint\limits_{x>2y} f(x,y) \mathrm{d}x\mathrm{d}y = \int_0^1 \left(\int_0^{\frac{x}{2}} (2-x-y) \mathrm{d}y \right) \mathrm{d}x$$
$$= \int_0^1 \left(x - \frac{5}{8}x^2 \right) \mathrm{d}x = \frac{7}{24}.$$

(2) 因为 $f_Z(z) = \int_{-\infty}^{+\infty} f(x, z-x) \mathrm{d}x = \int_{-\infty}^{+\infty} f(z-y, y) \mathrm{d}y$. 又因为当 $0 < x < 1$，且 $0 < y = z-x < 1$ 即

$z-1<x<z$ 时，$f(x,z-x)\neq 0$，所以当 $z\leqslant 0$ 时，对于任意的 x，均有 $f(x,z-x)=0$，则

$$f_Z(z)=\int_{-\infty}^{+\infty}f(x,z-x)\,\mathrm{d}x=0;$$

当 $0<z<1$ 时，

$$f_Z(z)=\int_{-\infty}^{+\infty}f(x,z-x)\,\mathrm{d}x=\int_0^z(2-z)\,\mathrm{d}x=z(2-z);$$

当 $1\leqslant z<2$ 时，

$$f_Z(z)=\int_{-\infty}^{+\infty}f(x,z-x)\,\mathrm{d}x=\int_{z-1}^1(2-z)\,\mathrm{d}x=(2-z)^2;$$

当 $z\geqslant 2$ 时，对于任意的 x，均有 $f(x,z-x)=0$，则 $f_Z(z)=0$，即 $Z=X+Y$ 的概率密度为

$$f_Z(z)=\begin{cases}2z-z^2,&0<z<1,\\(2-z)^2,&1\leqslant z<2,\\0,&\text{其他.}\end{cases}$$

例 32 设随机变量 X,Y 相互独立，且都服从区间 $(0,a)$ 上的均匀分布，求 $Z=|X-Y|$ 的分布函数 $F_Z(z)$.

解 由题意可知 X 与 Y 的概率密度为

$$f_X(x)=\begin{cases}\dfrac1a,&0<x<a,\\0,&\text{其他,}\end{cases}\qquad f_Y(y)=\begin{cases}\dfrac1a,&0<y<a,\\0,&\text{其他.}\end{cases}$$

又因为 X 与 Y 独立，可知 X 与 Y 的联合概率密度为

$$f(x,y)=f_X(x)f_Y(y)=\begin{cases}\dfrac1{a^2},&0<x<a,0<y<a,\\0,&\text{其他.}\end{cases}$$

由分布函数的定义可知

$$F_Z(z)=P\{Z\leqslant z\}=P\{|X-Y|\leqslant z\}=\iint\limits_{|x-y|\leqslant z}f(x,y)\,\mathrm{d}x\mathrm{d}y.$$

当 $z\leqslant 0$ 时，$f_Z(z)=0$；当 $0<z<a$ 时，

$$F_Z(z)=P\{|X-Y|\leqslant z\}=1-2\int_z^a\left(\int_0^{x-z}\frac1{a^2}\mathrm{d}y\right)\mathrm{d}x$$

$$=1-\frac{(a-z)^2}{a^2}=\frac{z(2a-z)}{a^2};$$

当 $z\geqslant a$ 时，$F_Z(z)=1$，所以

$$F_Z(z)=\begin{cases}0,&z\leqslant 0,\\\dfrac{z(2a-z)}{a^2},&0<z<a,\\1,&z\geqslant a.\end{cases}$$

例 33 已知二维随机变量 (X,Y) 服从二维正态分布，概率密度为

$$f(x,y)=\frac1{2\pi}\mathrm{e}^{-\frac12(x^2+y^2)},\quad -\infty<x<+\infty,-\infty<y<+\infty,$$

求随机变量 $Z = \dfrac{1}{3}(X^2 + Y^2)$ 的概率密度 $f_Z(z)$.

解 设随机变量 Z 的分布函数为 $F_Z(z)$, 由分布函数的定义有

$$F_Z(z) = P\{Z \leqslant z\} = P\left\{\frac{1}{3}(X^2 + Y^2) \leqslant z\right\} = \iint\limits_{\frac{1}{3}(x^2+y^2) \leqslant z} f(x,y)\,\mathrm{d}x\mathrm{d}y.$$

当 $z \leqslant 0$ 时, 显然有 $F(z) = 0$; 当 $z > 0$ 时, 令

$$\begin{cases} x = r\cos\theta, \\ y = r\sin\theta, \end{cases} \quad 0 \leqslant \theta \leqslant 2\pi, \quad 0 \leqslant r \leqslant z,$$

此时有

$$F_Z(z) = \iint\limits_{\frac{1}{3}(x^2+y^2) \leqslant z} \frac{1}{2\pi}\mathrm{e}^{-\frac{1}{2}(x^2+y^2)}\,\mathrm{d}x\mathrm{d}y = \int_0^{2\pi}\left(\int_0^{\sqrt{3z}} \frac{1}{2\pi}\mathrm{e}^{-\frac{1}{2}r^2} r\mathrm{d}r\right)\mathrm{d}\theta = 1 - \mathrm{e}^{-\frac{3z}{2}},$$

因此, 随机变量 Z 的概率密度为

$$f_Z(z) = F'(z) = \begin{cases} \dfrac{3}{2}\mathrm{e}^{-\frac{3z}{2}}, & z > 0, \\ 0, & z \leqslant 0. \end{cases}$$

例 34 设随机变量 X 与 Y 相互独立, 其中 X 的概率分布为

X	1	2
P	0.3	0.7

Y 的概率密度为 $f_Y(y)$, 求随机变量 $Z = X+Y$ 的概率密度 $f_Z(z)$.

解 设 Y 的分布函数为 $F_Y(y)$, Z 的分布函数为 $F_Z(z)$, 由分布函数的定义有
$$F_Z(z) = P\{Z \leqslant z\} = P\{X+Y \leqslant z\}.$$

由全概率公式可知
$$P\{X+Y \leqslant z\} = P\{X=1\}P\{X+Y \leqslant z \mid X=1\} + P\{X=2\}P\{X+Y \leqslant z \mid X=2\}$$
$$= P\{X=1\}P\{Y \leqslant z-1 \mid X=1\} + P\{X=2\}P\{Y \leqslant z-2 \mid X=2\}.$$

又因为 X 与 Y 相互独立, 所以
$$P\{Y \leqslant z-1 \mid X=1\} = P\{Y \leqslant z-1\}, \quad P\{Y \leqslant z-2 \mid X=2\} = P\{Y \leqslant z-2\}.$$

于是有
$$F_Z(z) = P\{Z \leqslant z\} = 0.3P\{Y \leqslant z-1\} + 0.7P\{Y \leqslant z-2\}$$
$$= 0.3F_Y(z-1) + 0.7F_Y(z-2),$$

由此可得 Z 的概率密度为
$$f_Z(z) = F_Z'(z) = 0.3F_Y'(z-1) + 0.7F_Y'(z-2) = 0.3f_Y(z-1) + 0.7f_Y(z-2).$$

例 35 设二维随机变量 (X, Y) 的概率密度为
$$f(x,y) = \begin{cases} 1, & 0 < x < 1, 0 < y < 2x, \\ 0, & \text{其他}, \end{cases}$$

求:

（1）(X,Y) 的边缘概率密度；

（2）$Z = 2X - Y$ 的概率密度 $f_Z(z)$；

（3）概率 $P\left\{Y \leqslant \dfrac{1}{2} \,\bigg|\, X \leqslant \dfrac{1}{2}\right\}$.

解　（1）由题意可知 $f_X(x) = \displaystyle\int_{-\infty}^{+\infty} f(x,y)\mathrm{d}y$. 若 $0 < x < 1$，对于固定的 x，当 $0 < y < 2x$ 时，有 $f(x,y) = 1$，当 $y \leqslant 0$ 或 $y \geqslant 2x$ 时，有 $f(x,y) = 0$，此时

$$f_X(x) = \int_{-\infty}^{+\infty} f(x,y)\mathrm{d}y = \int_{-\infty}^{0} 0\mathrm{d}y + \int_{0}^{2x} 1\mathrm{d}y + \int_{2x}^{+\infty} 0\mathrm{d}y = 2x;$$

若 $x \leqslant 0$ 或者 $x \geqslant 1$，对于任意的 y，均有 $f(x,y) = 0$，此时

$$f_X(x) = \int_{-\infty}^{+\infty} f(x,y)\mathrm{d}y = \int_{-\infty}^{+\infty} 0\mathrm{d}y = 0,$$

即 X 的边缘概率密度为

$$f_X(x) = \begin{cases} 2x, & 0 < x < 1, \\ 0, & \text{其他.} \end{cases}$$

同理可得 Y 的边缘概率密度为

$$f_Y(y) = \int_{-\infty}^{+\infty} f(x,y)\mathrm{d}x = \begin{cases} 1 - \dfrac{y}{2}, & 0 < y < 2, \\ 0, & \text{其他.} \end{cases}$$

（2）设 Z 的分布函数为 $F_Z(z)$，由分布函数的定义有

$$F_Z(z) = P\{Z \leqslant z\} = P\{2X - Y \leqslant z\} = \iint\limits_{2x-y \leqslant z} f(x,y)\mathrm{d}x\mathrm{d}y.$$

当 $z < 0$ 时，$F_Z(z) = 0$；当 $0 \leqslant z < 2$ 时，

$$F_Z(z) = 1 - P\{2X - Y > z\} = 1 - \iint\limits_{2x-y > z} f(x,y)\mathrm{d}x\mathrm{d}y$$

$$= 1 - \int_{\frac{z}{2}}^{1} \left(\int_{0}^{2x-z} 1\mathrm{d}y \right) \mathrm{d}x = 1 - \left(1 - \dfrac{z}{2}\right)^2;$$

当 $z \geqslant 2$ 时，$F_Z(z) = 1$，所以 Z 的概率密度为

$$f_Z(z) = F_Z'(z) = \begin{cases} 1 - \dfrac{z}{2}, & 0 \leqslant z < 2, \\ 0, & \text{其他.} \end{cases}$$

（3）由已知，

$$P\left\{Y \leqslant \dfrac{1}{2} \,\bigg|\, X \leqslant \dfrac{1}{2}\right\} = \frac{P\left\{X \leqslant \dfrac{1}{2}, Y \leqslant \dfrac{1}{2}\right\}}{P\left\{X \leqslant \dfrac{1}{2}\right\}} = \frac{\displaystyle\iint\limits_{x \leqslant \frac{1}{2}, y \leqslant \frac{1}{2}} f(x,y)\mathrm{d}x\mathrm{d}y}{\displaystyle\iint\limits_{x \leqslant \frac{1}{2}} f(x,y)\mathrm{d}x\mathrm{d}y} = \frac{\dfrac{3}{16}}{\dfrac{1}{4}} = \dfrac{3}{4}.$$

3.3　同步训练题

一、选择题

1. 设 X_1,X_2 是两个相互独立的随机变量,它们概率密度分别为 $f_1(x)$ 和 $f_2(x)$,分布函数分别为 $F_1(x)$ 和 $F_2(x)$,则(　　).

A. $f_1(x)+f_2(x)$ 必为某一随机变量的概率密度

B. $f_1(x)f_2(x)$ 必为某一随机变量的概率密度

C. $F_1(x)+F_2(x)$ 必为某一随机变量的分布函数

D. $F_1(x)F_2(x)$ 必为某一随机变量的分布函数

2. 设二维连续型随机变量 (X,Y) 的分布函数为

$$F(x,y)=\begin{cases}(A-\mathrm{e}^{-3x})(B-\mathrm{e}^{-4y}), & x\geq 0,y\geq 0,\\ 0, & \text{其他},\end{cases}$$

则常数 A,B 的值为(　　).

A. $A=1,B=1$ 　　　　　　　　B. $A=2,B=\dfrac{1}{2}$

C. $A=3,B=\dfrac{1}{3}$ 　　　　　　　　D. $A=3,B=4$

3. 设 X,Y 是相互独立的随机变量,其分布函数分别为 $F_X(x),F_Y(y)$,则 $Z=\min\{X,Y\}$ 的分布函数是(　　).

A. $F_Z(z)=F_X(z)$ 　　　　　　B. $F_Z(z)=F_Y(z)$

C. $F_Z(z)=\min\{F_X(z),F_Y(z)\}$ 　　　D. $F_Z(z)=1-[1-F_X(z)][1-F_Y(z)]$

4. 设随机变量 (X,Y) 的联合概率密度为

$$f(x,y)=\begin{cases}x^2+\dfrac{xy}{3}, & 0\leq x\leq 1,0\leq y\leq 2,\\ 0, & \text{其他},\end{cases}$$

则 $P\{X+Y\geq 1\}=$(　　).

A. $\dfrac{3}{4}$ 　　　B. $\dfrac{19}{27}$ 　　　C. $\dfrac{65}{72}$ 　　　D. $\dfrac{35}{48}$

5. 设随机变量 X 和 Y 相互独立,它们均服从参数为 $1,\dfrac{1}{2}$ 的二项分布,则 $P\{X=Y\}=$(　　).

A. 0 　　　B. $\dfrac{1}{4}$ 　　　C. $\dfrac{1}{2}$ 　　　D. 1

二、填空题

1. 设随机变量 X 与 Y 相互独立,且具有同一分布律

X	1	2
P	0.5	0.5

则随机变量 $U=\min\{X,Y\}$ 的分布律为_____.

2. 设随机变量 (X,Y) 在区域 $D=\{(x,y)\mid 0\leqslant x\leqslant 1,0\leqslant y\leqslant 2\}$ 上服从均匀分布,则 $P\{Y>X^2\}=$_____.

3. 设 X 和 Y 为两个随机变量,且满足 $P\{X\leqslant 0\}=P\{Y\leqslant 0\}=\dfrac{3}{5}$,$P\{X\leqslant 0,Y\leqslant 0\}=\dfrac{2}{5}$,则 $P\{\min\{X,Y\}\leqslant 0\}=$_____.

4. 设随机变量 X 与 Y 相互独立,且 $X\sim N(0,1)$,$Y\sim N(0,1)$,则 $Z=X-Y$ 的概率密度为_____.

5. 设二维随机变量 (X,Y) 的概率密度为

$$f(x,y)=\begin{cases} k(1-\sqrt{x^2+y^2})\,, & x^2+y^2\leqslant 1,\\ 0, & \text{其他}, \end{cases}$$

则 $k=$_____.

三、计算题

1. 甲乙两人进行射击训练,每人独立地射击两次,甲命中的概率为 0.2,乙命中的概率为 0.5,X,Y 分别表示甲乙命中的次数,求 (X,Y) 的分布律.

2. 设随机变量 (X,Y) 在区域 $D=\{(x,y)\mid 0<x<1,|y|<x\}$ 内服从均匀分布,求 (X,Y) 的边缘概率密度 $f_X(x),f_Y(y)$.

3. 随机变量 (X,Y) 的分布函数为

$$F(x,y)=\begin{cases} 1-\mathrm{e}^{-\frac{1}{10}x}-\mathrm{e}^{-\frac{1}{10}y}+\mathrm{e}^{-\frac{1}{10}(x+y)}\,, & x>0,y>0,\\ 0, & \text{其他}, \end{cases}$$

求:(1)X 与 Y 是否相互独立;(2)$P\{X>10,Y>10\}$.

4. 设二维随机变量 (X,Y) 的概率密度为

$$f(x,y)=\begin{cases} 1, & |y|<x,0<x<1,\\ 0 & \text{其他}, \end{cases}$$

求条件概率密度 $f_{X\mid Y}(x\mid y)$,$f_{Y\mid X}(y\mid x)$.

5. 设二维随机变量 (X,Y) 概率密度为

$$f(x,y)=\begin{cases} 2\mathrm{e}^{-(2x+y)}\,, & x>0,y>0,\\ 0, & \text{其他}, \end{cases}$$

求:(1)(X,Y) 的分布函数 $F(x,y)$;(2)概率 $P\{Y\leqslant X\}$.

6. 将一枚硬币抛掷三次,以 X 表示出现正面的次数,以 Y 表示出现正面次数与出现反面次数之差的绝对值.写出 X 与 Y 的联合分布律.

7. 设二维随机变量 (X,Y) 的分布函数为

$$F(x,y) = \begin{cases} \sin x \sin y, & 0 \leqslant x \leqslant \dfrac{\pi}{2}, 0 \leqslant y \leqslant \dfrac{\pi}{2}, \\ 0, & \text{其他}, \end{cases}$$

求概率 $P\left\{0 < X \leqslant \dfrac{\pi}{4}, \dfrac{\pi}{6} < Y \leqslant \dfrac{\pi}{3}\right\}$.

8. 已知随机变量 (X,Y) 联合分布律

Y	X		
	1	2	3
1	$\dfrac{1}{6}$	$\dfrac{1}{9}$	$\dfrac{1}{18}$
2	$\dfrac{1}{3}$	a	b

求:(1) a 与 b 之间的关系;(2) 在 X 与 Y 相互独立的条件下, a,b 的值.

9. 设 X,Y 为相互独立的随机变量,概率密度分别为

$$f_X(x) = \begin{cases} \lambda e^{-\lambda x}, & x > 0, \\ 0, & x \leqslant 0, \end{cases} \qquad f_Y(y) = \begin{cases} \mu e^{-\mu y}, & y > 0, \\ 0, & y \leqslant 0. \end{cases}$$

令 $Z = \begin{cases} 1, & X \leqslant Y, \\ 0, & X > Y, \end{cases}$ 求:(1) 条件概率密度 $f_{X|Y}(x|y)$;(2) Z 的分布律和分布函数.

10. 随机变量 X,Y 相互独立,都服从参数为 n,p 的二项分布,求 $Z = X + Y$ 的概率分布.

11. 已知 (X,Y) 的分布律为

Y	X		
	1	2	3
1	0.2	0	0.2
2	0.2	0.2	0.2

求 $Z = \max\{X,Y\}$ 的分布律.

12. 设二维随机变量 (X,Y) 的概率密度为

$$f(x,y) = \begin{cases} 2e^{-(x+2y)}, & x > 0, y > 0, \\ 0, & \text{其他}, \end{cases}$$

求 $Z = 2X + Y$ 的概率密度 $f_Z(z)$.

13. 设二维随机变量 (X,Y) 的概率密度为

$$f(x,y) = \begin{cases} x e^{-x(1+y)}, & x > 0, y > 0, \\ 0, & \text{其他}, \end{cases}$$

求 $Z = XY$ 的概率密度 $f_Z(z)$.

14. 设随机变量 (X,Y) 的概率密度为

$$f(x,y) = \begin{cases} 3x, & 0<x<1, 0<y<x, \\ 0, & 其他, \end{cases}$$

求 $Z = X - Y$ 的概率密度 $f_Z(z)$.

3.4 同步训练题答案

一、选择题

1. D.   2. A.   3. D.   4. C.   5. C.

二、填空题

1.

U	1	2
P	0.75	0.25

.   2. $\dfrac{5}{6}$.   3. $\dfrac{4}{5}$.   4. $\dfrac{1}{2\sqrt{\pi}}e^{-\frac{z^2}{4}}$.   5. $\dfrac{3}{\pi}$.

三、计算题

1.

Y	X		
	0	1	2
0	0.16	0.32	0.16
1	0.08	0.16	0.08
2	0.01	0.02	0.01

2. $f_X(x) = \begin{cases} 2x, & 0<x<1, \\ 0, & 其他, \end{cases}$ $f_Y(y) = \begin{cases} 1-|y|, & -1<y<1, \\ 0, & 其他. \end{cases}$

3. (1) X 与 Y 不相互独立; (2) e^{-2}.

4. $f_{Y|X}(y|x) = \begin{cases} \dfrac{1}{2x}, & |y|<x<1, \\ 0, & 其他, \end{cases}$ $f_{X|Y}(x|y) = \begin{cases} \dfrac{1}{1-|y|}, & |y|<x<1, \\ 0, & 其他. \end{cases}$

5. (1) $F(x,y) = \begin{cases} (1-e^{-2x})(1-e^{-y}) & x>0, y>0, \\ 0, & 其他; \end{cases}$ (2) $P\{X \leqslant Y\} = \dfrac{1}{3}$.

6.

Y	X			
	0	1	2	3
1	0	$\dfrac{3}{8}$	$\dfrac{3}{8}$	0
3	$\dfrac{1}{8}$	0	0	$\dfrac{1}{8}$

7. $\dfrac{\sqrt{2}}{4}(\sqrt{3}-1)$.　　8. (1) $a+b=\dfrac{1}{3}$; (2) $a=\dfrac{2}{9},b=\dfrac{1}{9}$.

9. (1) $f_{X\mid Y}(x\mid y)=f_X(x)$; (2)

Z	0	1
P	$\dfrac{\mu}{\lambda+\mu}$	$\dfrac{\lambda}{\lambda+\mu}$

$F_Z(z)=\begin{cases}0, & z<0,\\[2mm]\dfrac{\mu}{\lambda+\mu}, & 0\leqslant z<1,\\[2mm]1, & z\geqslant 1.\end{cases}$

10. $P\{Z=k\}=\mathrm{C}_{2n}^k p^k(1-p)^{2n-k},k=0,1,\cdots,2n$.　　11.

Z	1	2	3
P	0.2	0.4	0.4

12. $f_Z(z)=\begin{cases}1+2\mathrm{e}^{-\frac{z}{2}}+3\mathrm{e}^{-z}, & z>0,\\[2mm]0, & z\leqslant 0.\end{cases}$　　13. $f_Z(z)=\begin{cases}\mathrm{e}^{-z}, & z>0,\\[2mm]0, & z\leqslant 0.\end{cases}$

14. $f_Z(z)=\begin{cases}\dfrac{3}{2}(1-z^2), & z>0,\\[2mm]0, & z\leqslant 0.\end{cases}$

第4章　随机变量的数字特征

本章学习随机变量的数字特征,主要包括数学期望、方差、协方差、相关系数以及协方差矩阵与矩等内容.

本章知识点要求:

1. 理解随机变量的数学期望和方差的概念,掌握数学期望和方差的性质与计算;
2. 熟练掌握二项分布、泊松分布、均匀分布、指数分布和正态分布的数学期望和方差;
3. 了解矩、协方差和相关系数的概念和性质,并会计算两个随机变量的协方差和相关系数.

4.1　知识点概述

4.1.1　数学期望

1. 离散型随机变量的数学期望

设离散型随机变量 X 的分布律为 $P\{X=x_k\}=p_k, k=1,2,\cdots$,若级数 $\sum\limits_{k=1}^{+\infty}|x_k|p_k<+\infty$,则称级数 $\sum\limits_{k=1}^{+\infty}x_kp_k$ 为随机变量 X 的数学期望,记为 $E(X)$,即

$$E(X)=\sum_{k=1}^{+\infty}x_kp_k.$$

2. 连续型随机变量的数学期望

设连续型随机变量 X 的概率密度函数为 $f(x)$,若积分 $\int_{-\infty}^{+\infty}|x|f(x)\mathrm{d}x<+\infty$,则称积分 $\int_{-\infty}^{+\infty}xf(x)\mathrm{d}x$ 的值为随机变量 X 的数学期望,记为 $E(X)$,即

$$E(X)=\int_{-\infty}^{+\infty}xf(x)\mathrm{d}x.$$

3. 随机变量函数的期望

(1) 已知 X 的分布,设 Y 是随机变量 X 的函数,即 $Y=g(X)$,其中 $g(x)$ 是连续函数,则有如下结论:

1) X 是离散型随机变量,分布律为 $P\{X=x_k\}=p_k, k=1,2,\cdots$,若 $\sum\limits_{k=1}^{+\infty}|g(x_k)|p_k<+\infty$,则有

$$E(Y)=E[g(X)]=\sum_{k=1}^{+\infty}g(x_k)p_k;$$

2) X 是连续型随机变量,概率密度函数为 $f(x)$,若 $\int_{-\infty}^{+\infty}|g(x)|f(x)\mathrm{d}x<+\infty$,则有

$$E(Y)=E[g(X)]=\int_{-\infty}^{+\infty}g(x)f(x)\mathrm{d}x.$$

（2）已知二维随机变量 (X,Y) 的分布,设 Z 是随机变量 (X,Y) 的函数,即 $Z=g(X,Y)$,其中 $g(x,y)$ 是二元连续函数,则有如下结论:

1) 若 (X,Y) 是二维离散型随机变量,分布律为

$$P\{X=x_i,Y=y_j\}=p_{ij},\quad i=1,2,\cdots,j=1,2,\cdots,$$

而级数 $\displaystyle\sum_{i=1}^{+\infty}\sum_{j=1}^{+\infty}|g(x_i,y_j)|p_{ij}<+\infty$,则

$$E(Z)=E[g(X,Y)]=\sum_{i=1}^{+\infty}\sum_{j=1}^{+\infty}g(x_i,y_j)p_{ij};$$

2) 若 (X,Y) 是二维连续型随机变量,概率密度函数为 $f(x,y)$,而积分 $\int_{-\infty}^{+\infty}\int_{-\infty}^{+\infty}|g(x,y)|f(x,y)\mathrm{d}x\mathrm{d}y<+\infty$,则

$$E(Z)=E[g(X,Y)]=\int_{-\infty}^{+\infty}\int_{-\infty}^{+\infty}g(x,y)f(x,y)\mathrm{d}x\mathrm{d}y.$$

特别地,若 (X,Y) 为连续型随机变量（离散型的类似）,概率密度函数为 $f(x,y)$,则

$$E(X)=\int_{-\infty}^{+\infty}\int_{-\infty}^{+\infty}xf(x,y)\mathrm{d}x\mathrm{d}y,\quad E(Y)=\int_{-\infty}^{+\infty}\int_{-\infty}^{+\infty}yf(x,y)\mathrm{d}x\mathrm{d}y.$$

4. 数学期望的性质

随机变量的数学期望具有如下性质（假设性质中所涉及的数学期望均存在）:

（1）设 C 是常数,则 $E(C)=C$;

（2）设 X 是一个随机变量,C 是常数,则 $E(CX)=CE(X)$;

（3）设 X,Y 是两个随机变量,则

$$E(X+Y)=E(X)+E(Y),$$

这一性质可以推广到任意有限个随机变量之和的情况,即

$$E(X_1+X_2+\cdots+X_n)=E(X_1)+E(X_2)+\cdots+E(X_n);$$

（4）设 X,Y 是相互独立的随机变量,则

$$E(XY)=E(X)E(Y),$$

这一性质可以推广到任意有限个相互独立的随机变量之积的情况,即设 $X_1,X_2,\cdots,X_n$ 是 n 个相互独立的随机变量,则

$$E(X_1X_2\cdots X_n)=E(X_1)E(X_2)\cdots E(X_n).$$

4.1.2 方差

1. 方差的定义

对随机变量 X ,若 $E\{[X-E(X)]^2\}$ 存在,则称其为 X 的方差,记为 $D(X)$ 或 $\mathrm{Var}(X)$,即

$$D(X)=\mathrm{Var}(X)=E\{[X-E(X)]^2\},$$

并称 $\sqrt{D(X)}$ 为 X 的标准差或均方差,记为 $\sigma(X)$,即 $\sigma(X)=\sqrt{D(X)}$.

2. 方差的计算

（1）若 X 是离散型随机变量，分布律为 $P\{X=x_k\}=p_k,k=1,2,\cdots$，则

$$D(X)=\sum_{k=1}^{+\infty}\left[x_k-E(X)\right]^2p_k.$$

（2）若 X 是连续型随机变量，概率密度函数为 $f(x)$，则

$$D(X)=\int_{-\infty}^{+\infty}\left[x-E(X)\right]^2f(x)\mathrm{d}x.$$

为了计算方便，一般情况下利用下面的方差计算公式来计算：

$$D(X)=E(X^2)-\left[E(X)\right]^2.$$

3. 方差的性质

随机变量的方差具有如下性质（假设性质中所涉及的方差均存在）：

（1）设 C 是常数，则 $D(C)=0$；

（2）设 X 是随机变量，C 是常数，则 $D(CX)=C^2D(X)$；

（3）设 X,Y 是两个随机变量，则

$$D(X\pm Y)=D(X)+D(Y)\pm 2E\{\left[X-E(X)\right]\left[Y-E(Y)\right]\};$$

特别地，若 X,Y 相互独立，则

$$D(X\pm Y)=D(X)+D(Y),\quad D(aX+b)=a^2D(X),$$

其中 a,b 为任意常数；这一性质可以推广到任意有限多个相互独立的随机变量之和的情况，即设 $X_1,X_2,\cdots,X_n$ 是 n 个相互独立的随机变量，则

$$D(X_1+X_2+\cdots+X_n)=D(X_1)+D(X_2)+\cdots+D(X_n);$$

（4）$D(X)=0$ 的充要条件是 $P\{X=E(X)\}=1$，说明当方差为 0 时，随机变量以概率 1 取值集中在数学期望这一点上.

4.1.3 一些重要分布的数学期望与方差

分布	分布律或概率密度	数学期望	方差
（0—1）分布 $X\sim b(1,p)$	$P\{X=k\}=p^k(1-p)^{1-k}$, $k=0,1$	p	$p(1-p)$
二项分布 $X\sim b(n,p)$	$P\{X=k\}=\mathrm{C}_n^kp^k(1-p)^{1-k}$, $k=0,1,2,\cdots,n$	np	$np(1-p)$
泊松分布 $X\sim P(\lambda)$	$P\{X=k\}=\dfrac{\lambda^k\mathrm{e}^{-\lambda}}{k!}$, $k=0,1,2,\cdots,\lambda>0$	λ	λ
均匀分布 $X\sim U(a,b)$	$f(x)=\begin{cases}\dfrac{1}{b-a}, & a<x<b, \\ 0, & 其他\end{cases}$	$\dfrac{a+b}{2}$	$\dfrac{(b-a)^2}{12}$

分布	分布律或概率密度	数学期望	方差
指数分布 $X \sim E(\lambda)$	$f(x) = \begin{cases} \lambda e^{-\lambda x}, & x>0, \\ 0, & \text{其他} \end{cases}$	$\dfrac{1}{\lambda}$	$\dfrac{1}{\lambda^2}$
正态分布 $X \sim N(\mu, \sigma^2)$	$f(x) = \dfrac{1}{\sqrt{2\pi}\,\sigma} e^{-(x-\mu)^2/(2\sigma^2)}$	μ	σ^2

4.1.4 随机变量的标准化

设随机变量 X 的数学期望 $E(X)$ 和方差 $D(X)$ 存在, 且 $D(X)>0$, 则称

$$X^* = \frac{X-E(X)}{\sqrt{D(X)}}$$

为 X 的标准化随机变量.

4.1.5 多维随机变量的数字特征

1. 协方差的定义

设 (X,Y) 是一个二维随机变量, 若 $E\{[X-E(X)][Y-E(Y)]\}$ 存在, 则称 $E\{[X-E(X)][Y-E(Y)]\}$ 为随机变量 X 与 Y 的协方差, 记为 $\mathrm{Cov}(X,Y)$, 即

$$\mathrm{Cov}(X,Y) = E\{[X-E(X)][Y-E(Y)]\}.$$

由协方差的定义可知, $D(X \pm Y) = D(X)+D(Y) \pm 2\mathrm{Cov}(X,Y)$, 且协方差是二维随机变量 (X,Y) 的函数 $g(X,Y) = [X-E(X)][Y-E(Y)]$ 的数学期望, 所以可以利用求二维随机变量函数的数学期望的方法来求协方差:

(1) 若 (X,Y) 是二维离散型随机变量, 分布律为

$$P\{X=x_i, Y=y_j\} = p_{ij}, \quad i,j = 1,2,\cdots,$$

则

$$\mathrm{Cov}(X,Y) = \sum_{i=1}^{+\infty} \sum_{j=1}^{+\infty} [x_i-E(X)][y_j-E(Y)]p_{ij};$$

(2) 若 (X,Y) 是二维连续型随机变量, 概率密度函数为 $f(x,y)$, 则

$$\mathrm{Cov}(X,Y) = \int_{-\infty}^{+\infty} \int_{-\infty}^{+\infty} [x-E(X)][y-E(Y)]f(x,y)\,\mathrm{d}x\mathrm{d}y.$$

为了计算方便, 一般采用如下协方差计算公式来计算:

$$\mathrm{Cov}(X,Y) = E(XY) - E(X)E(Y).$$

2. 协方差的性质

随机变量的协方差具有如下性质 (假设性质中所涉及的协方差均存在):

(1) $\mathrm{Cov}(X,Y) = \mathrm{Cov}(Y,X)$, $\mathrm{Cov}(X,X) = D(X)$;

(2) $\mathrm{Cov}(C,X) = 0$, 其中 C 为任意常数;

(3) $\mathrm{Cov}(aX,bY) = ab\mathrm{Cov}(X,Y)$;

（4）$\mathrm{Cov}(X \pm Y, Z) = \mathrm{Cov}(X, Z) \pm \mathrm{Cov}(Y, Z)$；

（5）若 X 与 Y 相互独立，则 $\mathrm{Cov}(X, Y) = 0$.

3. 相关系数

设二维随机变量 (X, Y) 满足 $D(X) > 0, D(Y) > 0$，则

$$\rho_{XY} = \frac{\mathrm{Cov}(X, Y)}{\sqrt{D(X)}\ \sqrt{D(Y)}}$$

称为随机变量 X 和 Y 的**相关系数**.

4. 相互独立与不相关的关系

由随机变量 X 与 Y 相互独立能推出以下四条等价的结论：

（1）$E(XY) = E(X)E(Y)$；

（2）$D(X+Y) = D(X) + D(Y)$；

（3）$\mathrm{Cov}(X, Y) = 0$；

（4）$\rho_{XY} = 0$，此时称 X, Y 不相关，

但由这四条结论不能推出 X 与 Y 相互独立.

特殊情况：当随机变量 (X, Y) 服从二维正态分布，即 $(X, Y) \sim N(\mu_1, \mu_2, \sigma_1^2, \sigma_2^2, \rho)$ 时，参数 ρ 为 X, Y 的相关系数，且 $\rho = 0$ 等价于 X, Y 相互独立，即此时 X, Y 相互独立与不相关是等价的.

5. 矩的概念

设 X, Y 是随机变量，

（1）若 $E(X^k)$，$k = 1, 2, \cdots$ 存在，则称它为 X 的 k 阶原点矩，简称 k 阶矩；

（2）若 $E\{[X - E(X)]^k\}$，$k = 2, 3, \cdots$ 存在，则称它为 X 的 k 阶中心矩；

（3）若 $E(X^k Y^l)$，$k, l = 1, 2, \cdots$ 存在，则称它为 X 和 Y 的 $(k+l)$ 阶混合矩；

（4）若 $E\{[X - E(X)]^k [Y - E(Y)]^l\}$，$k, l = 1, 2, \cdots$ 存在，则称它为 X 和 Y 的 $(k+l)$ 阶混合中心矩.

X 的一阶原点矩即为 X 的数学期望，二阶中心矩即为 X 的方差；X, Y 的二阶混合中心矩即为 (X, Y) 的协方差.

6. 协方差矩阵

（1）设二维随机变量 (X_1, X_2) 的四个二阶中心矩都存在，分别记为

$$c_{11} = E\{[X_1 - E(X_1)]^2\} = D(X_1),$$
$$c_{12} = E\{[X_1 - E(X_1)][X_2 - E(X_2)]\} = \mathrm{Cov}(X_1, X_2),$$
$$c_{21} = E\{[X_2 - E(X_2)][X_1 - E(X_1)]\} = \mathrm{Cov}(X_2, X_1),$$
$$c_{22} = E\{[X_2 - E(X_2)]^2\} = D(X_2),$$

则称矩阵 $\boldsymbol{C} = \begin{bmatrix} c_{11} & c_{12} \\ c_{21} & c_{22} \end{bmatrix}$ 为随机变量 (X_1, X_2) 的协方差矩阵.

（2）设 n 维随机变量 $(X_1, X_2, \cdots, X_n)$ 的二阶混合中心矩：

$$c_{ij} = \mathrm{Cov}(X_i, X_j) = E\{[X_i - E(X_i)][X_j - E(X_j)]\} \quad (i, j = 1, 2, \cdots, n)$$

都存在，则称矩阵

$$C = \begin{pmatrix} c_{11} & c_{12} & \cdots & c_{1n} \\ c_{21} & c_{22} & \cdots & c_{2n} \\ \vdots & \vdots & & \vdots \\ c_{n1} & c_{n2} & \cdots & c_{nn} \end{pmatrix}$$

为 n 维随机变量 $(X_1, X_2, \cdots, X_n)$ 的协方差矩阵.

例如若二维随机变量 (X,Y) 服从二维正态分布 $N(\mu_1, \mu_2, \sigma_1^2, \sigma_2^2, \rho)$,则 (X,Y) 的协方差矩阵

为 $C = \begin{pmatrix} \sigma_1^2 & \rho\sigma_1\sigma_2 \\ \rho\sigma_1\sigma_2 & \sigma_2^2 \end{pmatrix}$.

4.2 典型例题解析

例 1 设随机变量 X 的分布律为 $P\{X=k\} = \dfrac{C}{k!}, k=0,1,\cdots$,其中 C 为未知的常数,则 $E(X^2) = $ _____.

分析 先求出随机变量 X 分布律中的未知数 C,再分别计算 $E(X)$ 和 $D(X)$,然后根据 $E(X^2) = D(X) + [E(X)]^2$ 求出 $E(X^2)$.

根据随机变量分布律的性质 $\sum\limits_{k=0}^{+\infty} P\{X=k\} = 1$,有 $\sum\limits_{k=0}^{+\infty} \dfrac{C}{k!} = 1$,即

$$C \sum_{k=0}^{+\infty} \frac{1}{k!} = 1.$$

由 $\sum\limits_{k=0}^{+\infty} \dfrac{1}{k!} = \mathrm{e}$ 可得 $C = \mathrm{e}^{-1}$,则随机变量 X 的分布律为

$$P\{X=k\} = \frac{\mathrm{e}^{-1}}{k!}, \quad k=0,1,\cdots.$$

由此可以看出 X 服从参数为 1 的泊松分布,所以

$$E(X) = 1, \quad D(X) = 1, \quad E(X^2) = D(X) + [E(X)]^2 = 2.$$

解 2.

例 2 设二维随机变量 (X,Y) 服从正态分布 $N(\mu, \mu, \sigma^2, \sigma^2, 0)$,则 $E(XY^2) = $ _____.

分析 由 $(X,Y) \sim N(\mu, \mu, \sigma^2, \sigma^2, 0)$ 得

$$E(X) = E(Y) = \mu, \quad D(X) = D(Y) = \sigma^2,$$

且 X 与 Y 不相关.由于对二维正态随机变量 (X,Y) 而言,X 与 Y 不相关和 X 与 Y 相互独立等价,则 X 与 Y 相互独立,X 与 Y^2 也相互独立,那么

$$E(XY^2) = E(X)E(Y^2) = E(X)\{D(Y) + [E(Y)]^2\} = \mu(\sigma^2 + \mu^2).$$

解 $\mu(\sigma^2 + \mu^2)$.

例 3 设随机变量 X 服从参数为 λ 的指数分布,则 $P\{X > \sqrt{D(X)}\} = $ _____.

分析 由于 X 服从参数为 λ 的指数分布,则 X 的概率密度为

$$f(x) = \begin{cases} \lambda e^{-\lambda x}, & x > 0, \\ 0, & x \leqslant 0, \end{cases}$$

且 $E(X) = \dfrac{1}{\lambda}, D(X) = \dfrac{1}{\lambda^2}$,那么

$$P\{X > \sqrt{D(X)}\} = P\left\{X > \frac{1}{\lambda}\right\} = \int_{\frac{1}{\lambda}}^{+\infty} \lambda e^{-\lambda x} dx = \frac{1}{e}.$$

解 $\dfrac{1}{e}$.

例 4 设随机变量 X 服从参数为 1 的泊松分布,则 $P\{X = E(X^2)\} = $ _____.

分析 因为 X 服从参数为 1 的泊松分布,所以 $E(X) = D(X) = 1$,从而
$$E(X^2) = D(X) + [E(X)]^2 = 2,$$

因此

$$P\{X = E(X^2)\} = P\{X = 2\} = \frac{1}{2e}.$$

解 $\dfrac{1}{2e}$.

例 5 设随机变量 $X \sim N(0,1), Y \sim N(1,4)$,且相关系数 $\rho_{XY} = 1$,则( ).

A. $P\{Y = -2X - 1\} = 1$ B. $P\{Y = 2X - 1\} = 1$

C. $P\{Y = -2X + 1\} = 1$ D. $P\{Y = 2X + 1\} = 1$

分析 由相关系数的性质得 $\rho_{XY} = 1$,则
$$P\{Y = aX + b\} = 1,$$

其中 $a > 0$,即随机变量 X 与 Y 正相关,那么排除选项 A 和 C.由于 $X \sim N(0,1), Y \sim N(1,4)$,因此
$$E(X) = 0, D(X) = 1, \quad E(Y) = 1, D(Y) = 4.$$

而 $E(Y) = E(aX + b) = aE(X) + b = b$,解得 $b = 1$,应选 D.

解 D.

例 6 设随机变量 X 的分布函数 $F(x) = 0.3\Phi(x) + 0.7\Phi\left(\dfrac{x-1}{2}\right)$,其中 $\Phi(x)$ 为标准正态分布,则 $E(X) = $ ( ).

A. 0   B. 0.3   C. 0.7   D. 1

分析 由已知 $F(x) = 0.3\Phi(x) + 0.7\Phi\left(\dfrac{x-1}{2}\right)$,因此 X 的概率密度为

$$f(x) = F'(x) = 0.3\Phi'(x) + 0.35\Phi'\left(\frac{x-1}{2}\right),$$

其中 $\Phi'(x) = \dfrac{1}{\sqrt{2\pi}} e^{-x^2/2}$ 为标准正态随机变量的概率密度,所以

$$E(X) = \int_{-\infty}^{+\infty} x F'(x) dx = \int_{-\infty}^{+\infty} x \left[0.3\Phi'(x) + 0.35\Phi'\left(\frac{x-1}{2}\right)\right] dx$$

$$= 0.3 \int_{-\infty}^{+\infty} x \Phi'(x) dx + 0.35 \int_{-\infty}^{+\infty} x \Phi'\left(\frac{x-1}{2}\right) dx.$$

而 $\int_{-\infty}^{+\infty} x\Phi'(x)\mathrm{d}x = \int_{-\infty}^{+\infty} x\dfrac{1}{\sqrt{2\pi}}e^{-x^2/2}\mathrm{d}x = 0$，若令 $\dfrac{x-1}{2}=u$，则

$$E(X) = 0.35\int_{-\infty}^{+\infty} x\Phi'\left(\frac{x-1}{2}\right)\mathrm{d}x = 0.7\int_{-\infty}^{+\infty}(2u+1)\Phi'(u)\mathrm{d}u$$

$$= 1.4\int_{-\infty}^{+\infty} u\Phi'(u)\mathrm{d}u + 0.7\int_{-\infty}^{+\infty}\Phi'(u)\mathrm{d}u$$

$$= 0.7.$$

解 C.

例 7 设随机变量 X 与 Y 相互独立，且 $E(X)$ 与 $E(Y)$ 存在，记 $U=\max\{X,Y\}$，$V=\min\{X,Y\}$，则 $E(UV)=($ $)$.

    A. $E(U)E(V)$ B. $E(X)E(Y)$ C. $E(U)E(Y)$ D. $E(X)E(V)$

分析 由等式

$$U=\max\{X,Y\}=\frac{1}{2}(X+Y+|X-Y|),\quad V=\min\{X,Y\}=\frac{1}{2}(X+Y-|X-Y|)$$

可知

$$E(UV)=E\left[\frac{1}{2}(X+Y+|X-Y|)\cdot\frac{1}{2}(X+Y-|X-Y|)\right]$$

$$=\frac{1}{4}E\left[(X+Y)^2-|X-Y|^2\right]$$

$$=\frac{1}{4}E(4XY)=E(XY).$$

由于 X 与 Y 相互独立，所以 $E(XY)=E(X)E(Y)$，即 $E(UV)=E(X)E(Y)$.

解 B.

例 8 设随机变量 X,Y 的方差存在，若 $E(XY)=E(X)E(Y)$，则(   ).

    A. $D(XY)=D(X)D(Y)$ B. $D(X+Y)=D(X)+D(Y)$

    C. X,Y 相互独立   D. X,Y 不相互独立

分析 若 X,Y 相互独立，则一定有 $E(XY)=E(X)E(Y)$，反之则未必成立，因此选项 C，D 不正确. 又由于

$$D(X+Y)=D(X)+D(Y)+2[E(XY)-E(X)E(Y)]$$

因此 $D(X+Y)=D(X)+D(Y)$. 至于选项 A，因为

$$D(XY)=E[(XY)^2]-[E(XY)]^2,$$

而

$$D(X)D(Y)=\{E(X^2)-[E(X)]^2\}\{E(Y^2)-[E(Y)]^2\}$$

$$=E(X^2)E(Y^2)-E(X^2)[E(Y)]^2-E(Y^2)[E(X)]^2+[E(X)]^2[E(Y)]^2,$$

因此选项 A 也不成立.

解 B.

例 9 设随机变量 X,Y 的方差存在且不等于 0，则 $D(X+Y)=D(X)+D(Y)$ 是 $X,Y($).

    A. 不相关的充分条件，但不是必要条件

B. 相互独立的充分条件,但不是必要条件

C. 不相关的充要条件

D. 相互独立的充要条件

分析 若 X,Y 相互独立,则一定有 $D(X+Y)=D(X)+D(Y)$,反之未必成立,因此选项 B 不正确,从而选项 D 也不正确.又若 X,Y 不相关,即 $\mathrm{Cov}(X,Y)=0$,则

$$D(X+Y)=D(X)+D(Y);$$

反之由 $D(X+Y)=D(X)+D(Y)$ 必有 $\mathrm{Cov}(X,Y)=0$ 和 $\rho_{XY}=0$,从而是 X,Y 不相关的充要条件,因此选 C.

解 C.

例 10 将一枚硬币重复掷 n 次,以 X 和 Y 分别表示正面向上和反面向上的次数,则 X 和 Y 的相关系数等于( ).

A. -1 B. 0 C. $\dfrac{1}{2}$ D. 1

分析 因为 $X+Y=n$,所以 $Y=-X+n$,由相关系数定义,此时 X 与 Y 负相关,选 A.或者由

$$X\sim b\left(n,\frac{1}{2}\right),\qquad Y\sim b\left(n,\frac{1}{2}\right)$$

得 $E(X)=\dfrac{n}{2},D(X)=\dfrac{n}{4},E(Y)=\dfrac{n}{2},D(Y)=\dfrac{n}{4}$,所以

$$\mathrm{Cov}(X,Y)=E(XY)-E(X)E(Y)=E(nX-X^2)-\frac{n^2}{4}$$

$$=nE(X)-E(X^2)-\frac{n^2}{4}=nE(X)-\{D(X)+[E(X)]^2\}-\frac{n^2}{4}$$

$$=-\frac{n}{4},$$

因此

$$\rho_{XY}=\frac{\mathrm{Cov}(X,Y)}{\sqrt{D(X)}\sqrt{D(Y)}}=-1.$$

解 A.

例 11 设随机变量 X 与 Y 独立同分布,且 X 的分布律为

X	1	2
P	$\dfrac{2}{3}$	$\dfrac{1}{3}$

记 $U=\max\{X,Y\},V=\min\{X,Y\}$,求:

(1) 求 (U,V) 的联合分布律;

(2) 求 U,V 的协方差 $\mathrm{Cov}(U,V)$.

解 (1) 由于 X,Y 是离散型随机变量,且可能的取值只有 1 和 2,那么 (U,V) 可能的取值为 $(1,1),(1,2),(2,1),(2,2)$,且

$$P\{U=1,V=1\}=P\{X=1,Y=1\}=P\{X=1\}P\{Y=1\}=\frac{4}{9},$$

$$P\{U=1,V=2\}=0,$$

$$P\{U=2,V=2\}=P\{X=2,Y=2\}=P\{X=2\}P\{Y=2\}=\frac{1}{9},$$

$$P\{U=2,V=1\}=P\{X=1,Y=2\}+P\{X=2,Y=1\}=\frac{4}{9},$$

所以 (U,V) 的分布律为

V	U	
	1	2
1	$\frac{4}{9}$	$\frac{4}{9}$
2	0	$\frac{1}{9}$

（2）由上述 (U,V) 的分布律可求得

U	1	2		V	1	2		UV	1	2	4
P	$\frac{4}{9}$	$\frac{5}{9}$		P	$\frac{8}{9}$	$\frac{1}{9}$		P	$\frac{4}{9}$	$\frac{4}{9}$	$\frac{1}{9}$

从而

$$E(U)=\frac{14}{9},\quad E(V)=\frac{10}{9},\quad E(UV)=\frac{16}{9},$$

$$\mathrm{Cov}(U,V)=E(UV)-E(U)E(V)=\frac{4}{81}.$$

例 12 箱内有 6 个球,其中红、白、黑球的个数分别为 1,2,3.现从箱子中随机地取出 2 个球, 设 X 为取出红球的个数, Y 为取出白球的个数,求:

（1）随机变量 (X,Y) 的联合分布律;　　（2） $\mathrm{Cov}(X,Y)$.

分析 此题为综合题,涉及第 1 章的古典概型、第 3 章的二维离散型随机变量以及第 4 章 的协方差的相关知识.首先利用古典概型求出随机变量 (X,Y) 的联合分布律,由于 (X,Y) 是离 散型随机变量,需要求出 (X,Y) 所有可能的取值及相应概率,然后根据 (X,Y) 的联合分布律求 $\mathrm{Cov}(X,Y)$.

解 （1）根据题意, (X,Y) 所有可能的取值只有

$$(0,0),(0,1),(0,2),(1,0),(1,1),$$

其中 $\{X=0,Y=0\}$ 表示从箱子中随机取出的 2 个球都是黑色,则

$$P\{X=0,Y=0\}=\frac{C_3^2}{C_6^2}=\frac{1}{5}.$$

同理可求出 (X,Y) 的联合分布律为

Y	X		$p_{\cdot j}$
	0	1	
0	$\dfrac{1}{5}$	$\dfrac{1}{5}$	$\dfrac{2}{5}$
1	$\dfrac{2}{5}$	$\dfrac{2}{15}$	$\dfrac{8}{15}$
2	$\dfrac{1}{15}$	0	$\dfrac{1}{15}$
$p_{i\cdot}$	$\dfrac{2}{3}$	$\dfrac{1}{3}$	1

（2）由上表，通过各数字特征的定义可得

$$E(X) = \frac{1}{3}, \quad E(Y) = \frac{2}{3}, \quad E(XY) = \frac{2}{15},$$

$$\mathrm{Cov}(X, Y) = E(XY) - E(X)E(Y) = -\frac{4}{45}.$$

例 13 设随机变量 X 与 Y 的分布律分别为

X	-1	0	1
P	$\dfrac{1}{3}$	$\dfrac{1}{3}$	$\dfrac{1}{3}$

Y	0	1
P	$\dfrac{1}{3}$	$\dfrac{2}{3}$

且 $P\{X^2 = Y^2\} = 1$. 求

（1）(X, Y) 的联合分布律；

（2）$Z = XY$ 的分布律；

（3）X 与 Y 的相关系数 ρ_{XY}.

解 （1）由于 $P\{X^2 = Y^2\} = 1$，得到 $P\{X^2 \neq Y^2\} = 0$，因此

$$P\{X = 1, Y = 0\} = P\{X = -1, Y = 0\} = P\{X = 0, Y = 1\} = 0.$$

又由于

$$P\{X = 1\} = P\{X = 1, Y = 0\} + P\{X = 1, Y = 1\} = \frac{1}{3},$$

所以 $P\{X = 1, Y = 1\} = \dfrac{1}{3}$. 同理可得 (X, Y) 的联合分布律为

Y	X			$p_{\cdot j}$
	-1	0	1	
0	0	$\dfrac{1}{3}$	0	$\dfrac{1}{3}$
1	$\dfrac{1}{3}$	0	$\dfrac{1}{3}$	$\dfrac{2}{3}$
$p_{i\cdot}$	$\dfrac{1}{3}$	$\dfrac{1}{3}$	$\dfrac{1}{3}$	1

（2）由于 $Z=XY$，所以 Z 的取值为 $-1,0,1$，因此

$$P\{Z=-1\}=P\{XY=-1\}=P\{X=-1,Y=1\}=\frac{1}{3},$$

$$P\{Z=0\}=P\{XY=0\}$$
$$=P\{X=0,Y=0\}+P\{X=0,Y=1\}+$$
$$P\{X=-1,Y=0\}+P\{X=1,Y=0\}=\frac{1}{3},$$

$$P\{Z=1\}=P\{XY=1\}=P\{X=1,Y=1\}=\frac{1}{3},$$

所以 Z 的分布律为

Z	-1	0	1
P	$\frac{1}{3}$	$\frac{1}{3}$	$\frac{1}{3}$

（3）由（1）和（2），分别计算可得

$$E(X)=0,\quad E(Y)=\frac{2}{3},\quad E(XY)=0,\quad D(X)=\frac{2}{3},\quad D(Y)=\frac{2}{9},$$

$$\rho_{XY}=\frac{E(XY)-E(X)E(Y)}{\sqrt{D(X)}\sqrt{D(Y)}}=0.$$

例 14 设 X,Y,Z 是两两相互独立的随机变量，数学期望均为 0，方差都是 1，求 $X-Y$ 和 $Y-Z$ 的相关系数.

解 由题意可知
$$D(X-Y)=D(X)+D(Y)=2,\quad D(Y-Z)=D(Y)+D(Z)=2,$$
且
$$\mathrm{Cov}(X-Y,Y-Z)=\mathrm{Cov}(X,Y)-\mathrm{Cov}(X,Z)+\mathrm{Cov}(Y,Z)-\mathrm{Cov}(Y,Y)$$
$$=-D(Y)=-1,$$
所以 $X-Y$ 和 $Y-Z$ 的相关系数
$$\rho=\frac{\mathrm{Cov}(X-Y,Y-Z)}{\sqrt{D(X-Y)}\sqrt{D(Y-Z)}}=-\frac{1}{2}.$$

例 15 设随机变量 (X,Y) 的概率密度为 $f(x,y)=\begin{cases}1,&|y|<x,0<x<1,\\0,&其他,\end{cases}$ 求 $E(X),E(Y)$，$\mathrm{Cov}(X,Y)$.

解 由题意可知
$$E(X)=\int_{-\infty}^{+\infty}\int_{-\infty}^{+\infty}xf(x,y)\,\mathrm{d}x\mathrm{d}y=\int_0^1\int_{-x}^x x\,\mathrm{d}y\mathrm{d}x=\frac{2}{3},$$
$$E(Y)=\int_{-\infty}^{+\infty}\int_{-\infty}^{+\infty}yf(x,y)\,\mathrm{d}x\mathrm{d}y=\int_0^1\int_{-x}^x y\,\mathrm{d}y\mathrm{d}x=0,$$
$$E(XY)=\int_{-\infty}^{+\infty}\int_{-\infty}^{+\infty}xyf(x,y)\,\mathrm{d}x\mathrm{d}y=\int_0^1\int_{-x}^x xy\,\mathrm{d}y\mathrm{d}x=0.$$

因此 $\mathrm{Cov}(X,Y)=E(XY)-E(X)E(Y)=0.$

例 16 设随机变量 Y 服从指数分布 $E(1)$，而 $X_k=\begin{cases}0, & Y\leqslant k, \\ 1, & Y>k\end{cases}$ $(k=1,2)$，求：

(1) X_1,X_2 的联合分布律；(2) $E(X_1+X_2)$.

解 (1) 由题意可知，Y 的分布函数

$$F(y)=\begin{cases}1-\mathrm{e}^{-y}, & y>0, \\ 0, & y\leqslant 0,\end{cases}$$

而 (X_1,X_2) 的可能取值为 $(0,0),(0,1),(1,0),(1,1)$，因此

$$P\{X_1=0,X_2=0\}=P\{Y\leqslant 1,Y\leqslant 2\}=P\{Y\leqslant 1\}=1-\mathrm{e}^{-1},$$
$$P\{X_1=0,X_2=1\}=P\{Y\leqslant 1,Y>2\}=0,$$
$$P\{X_1=1,X_2=0\}=P\{Y>1,Y\leqslant 2\}=P\{1<Y\leqslant 2\}=\mathrm{e}^{-1}-\mathrm{e}^{-2},$$
$$P\{X_1=1,X_2=1\}=P\{Y>1,Y>2\}=P\{Y>2\}=\mathrm{e}^{-2},$$

即 (X_1,X_2) 的联合分布律为

X_2	X_1	
	0	1
0	$1-\mathrm{e}^{-1}$	$\mathrm{e}^{-1}-\mathrm{e}^{-2}$
1	0	e^{-2}

(2) 由上表，$E(X_1+X_2)=E(X_1)+E(X_2)=\mathrm{e}^{-1}+\mathrm{e}^{-2}.$

例 17 假设随机变量 U 服从区间 $[-2,2]$ 上的均匀分布，随机变量

$$X=\begin{cases}-1, & U\leqslant -1, \\ 1, & U>-1,\end{cases}\qquad Y=\begin{cases}-1, & U\leqslant 1, \\ 1, & U>1,\end{cases}$$

求：(1) X 和 Y 的联合分布律；(2) $D(X+Y)$.

解 (1) 由题意可知，随机变量 (X,Y) 可能取值为 $(-1,-1),(-1,1),(1,-1),(1,1)$，因此

$$P\{X=-1,Y=-1\}=P\{U\leqslant -1,U\leqslant 1\}=\frac{1}{4},$$
$$P\{X=-1,Y=1\}=P\{U\leqslant -1,U>1\}=0,$$
$$P\{X=1,Y=-1\}=P\{U>-1,U\leqslant 1\}=\frac{1}{2},$$
$$P\{X=1,Y=1\}=P\{U>-1,U>1\}=\frac{1}{4},$$

于是得 X 和 Y 的联合分布律为

Y	X	
	-1	1
-1	$\dfrac{1}{4}$	$\dfrac{1}{2}$
1	0	$\dfrac{1}{4}$

（2）又由上表可知，

$$E(X) = \frac{1}{2}, \quad D(X) = \frac{3}{4}, \quad E(Y) = -\frac{1}{2}, \quad D(Y) = \frac{3}{4}, \quad E(XY) = 0,$$

因此

$$D(X+Y) = D(X) + D(Y) + 2\mathrm{Cov}(X,Y)$$
$$= D(X) + D(Y) + 2[E(XY) - E(X)E(Y)]$$
$$= 2.$$

例 18 设二维随机变量 (X,Y) 在以 $(0,0),(0,1),(1,0)$ 为顶点的三角形区域 D 上服从二维均匀分布，求 $\mathrm{Cov}(X,Y),\rho_{XY}$.

解 由题意可知，三角形的面积为 $S_D = \frac{1}{2}$，则 (X,Y) 的概率密度为

$$f(x,y) = \begin{cases} 2, & (x,y) \in D, \\ 0, & \text{其他.} \end{cases}$$

因此

$$E(X) = \iint\limits_D xf(x,y)\,\mathrm{d}x\mathrm{d}y = \int_0^1 \mathrm{d}x \int_0^{1-x} x \cdot 2\mathrm{d}y = \frac{1}{3},$$

$$E(X^2) = \iint\limits_D x^2 f(x,y)\,\mathrm{d}x\mathrm{d}y = \int_0^1 \mathrm{d}x \int_0^{1-x} 2x^2 \mathrm{d}y = \frac{1}{6},$$

从而

$$D(X) = E(X^2) - [E(X)]^2 = \frac{1}{6} - \left(\frac{1}{3}\right)^2 = \frac{1}{18}.$$

同理 $E(Y) = \frac{1}{3}, D(Y) = \frac{1}{18}$.

又由

$$E(XY) = \iint\limits_D xyf(x,y)\,\mathrm{d}x\mathrm{d}y = \iint\limits_D 2xy\mathrm{d}x\mathrm{d}y = \int_0^1 \mathrm{d}x \int_0^{1-x} 2xy\mathrm{d}y = \frac{1}{12},$$

所以

$$\mathrm{Cov}(X,Y) = E(XY) - E(X)E(Y) = \frac{1}{12} - \frac{1}{3} \times \frac{1}{3} = -\frac{1}{36}.$$

从而

$$\rho_{XY} = \frac{\mathrm{Cov}(X,Y)}{\sqrt{D(X)}\sqrt{D(Y)}} = \frac{-\dfrac{1}{36}}{\sqrt{\dfrac{1}{18}} \times \sqrt{\dfrac{1}{18}}} = -\frac{1}{2}.$$

例 19 设随机变量 (X,Y) 的联合分布律为

X	Y		$p_{i\cdot}$
	0	1	
-1		0.64	
0	0.04		
$p_{\cdot j}$		0.8	1

（1）请将上表空格处补全；

（2）分别求 $E(X), E(Y), D(X), D(Y)$；

（3）求协方差 $\mathrm{Cov}(X, Y)$ 以及相关系数 ρ_{XY}，并判断 X, Y 是否不相关，是否相互独立；

（4）记 $Z = X + Y$，求 Z 的分布律，并求 $P\{X = Z\}$.

解 （1）由题意可知

X	Y		$p_{i\cdot}$
	0	1	
-1	0.16	0.64	0.8
0	0.04	0.16	0.2
$p_{\cdot j}$	0.2	0.8	1

（2）由（1），

$$E(X) = -0.8, \quad E(Y) = 0.8, \quad D(X) = 0.16, \quad D(Y) = 0.16.$$

（3）由

$$\mathrm{Cov}(X, Y) = E(XY) - E(X)E(Y) = -0.64 - (-0.8) \cdot (0.8) = 0$$

知

$$\rho_{XY} = \frac{\mathrm{Cov}(X, Y)}{\sqrt{DX}\sqrt{DY}} = 0,$$

所以随机变量 X, Y 不相关. 又 (X, Y) 联合分布律中满足 $p_{ij} = p_{i\cdot} \cdot p_{\cdot j}$，因此 X, Y 相互独立.

（4）$Z = X + Y$ 可能的取值为 $-1, 0, 1$，分布律为

Z	-1	0	1
P	0.16	0.68	0.16

且 $P\{X = Z\} = P\{Y = 0\} = 0.2$.

例 20 假设某机器在一天内发生故障的概率为 0.2，发生故障时全天停止工作. 若一周 5 个工作日内无一次故障可获利 10 万元，发生一次故障仍可获利 5 万元，发生两次故障获利 0 万元，发生三次或三次以上故障则亏损 2 万元. 用 X 表示一周内获得的利润（单位：万元），并求数学期望 $E(X)$.

解 由题意可知，随机变量 X 可能的取值为 $10, 5, 0, -2$，若用 Y 表示一周内机器发生故障次数，则 $Y \sim B(5, 0.2)$，此时

$$P\{X=-2\}=P\{Y\geqslant 3\}=P\{Y=3\}+P\{Y=4\}+P\{Y=5\}$$
$$=C_5^3(0.2)^3(0.8)^2+C_5^4(0.2)^4(0.8)^1+C_5^5(0.2)^5(0.8)^0\approx 0.057\ 9,$$
$$P\{X=0\}=P\{Y=2\}=C_5^2(0.2)^2(0.8)^3=0.204\ 8,$$

同理

$$P\{X=10\}=P\{Y=0\}=(0.8)^5\approx 0.327\ 7,\quad P\{X=5\}=P\{Y=1\}=0.409\ 6,$$

则 X 的分布律为

X	10	5	0	-2
P	0.327 7	0.409 6	0.204 8	0.057 9

因此 $E(X)\approx 5.209\ 2$(万元).

例 21 假设公共汽车起点站在每小时的 10 分,30 分,50 分发车,一位不知发车时间的乘客,到达车站的时刻是随机的,求该乘客在车站等车时间的数学期望.

解 设每小时内乘客到达车站的时刻为 X 分,等车时间为 Y 分,于是随机变量 X 服从 $[0,60]$ 上的均匀分布,且有

$$Y=g(X)=\begin{cases}10-X, & 0<X\leqslant 10,\\ 30-X, & 10<X\leqslant 30,\\ 50-X, & 30<X\leqslant 50,\\ 60-X, & 50<X\leqslant 60,\end{cases}$$

因此

$$E(Y)=E[g(X)]=\int_0^{10}(10-x)\cdot\frac{1}{60}\mathrm{d}x+\int_{10}^{30}(30-x)\cdot\frac{1}{60}\mathrm{d}x+$$
$$\int_{30}^{50}(50-x)\cdot\frac{1}{60}\mathrm{d}x+\int_{50}^{60}(60-x)\cdot\frac{1}{60}\mathrm{d}x=\frac{25}{3}(\text{分}).$$

例 22 设 A,B 是两个随机事件,定义随机变量

$$X=\begin{cases}1, & A\text{ 出现},\\ -1, & A\text{ 不出现},\end{cases}\qquad Y=\begin{cases}1, & B\text{ 出现},\\ -1, & B\text{ 不出现},\end{cases}$$

证明:随机变量 X,Y 不相关的充要条件是 A 与 B 相互独立.

证明 记 $P(A)=p_1,P(B)=p_2,P(AB)=p_{12}$,由数学期望的定义,
$$E(X)=P(A)-P(\overline{A})=2p_1-1,\quad E(Y)=2p_2-1.$$
又由于 XY 只有两个可能值 1 和 -1,则
$$P\{XY=1\}=P(AB)+P(\overline{A}\ \overline{B})=2p_{12}-p_1-p_2+1,$$
$$P\{XY=-1\}=1-P\{XY=1\}=p_1+p_2-2p_{12},$$
$$E(XY)=P\{XY=1\}-P\{XY=-1\}=4p_{12}-2p_1-2p_2+1,$$
从而
$$\mathrm{Cov}(X,Y)=E(XY)-E(X)E(Y)=4p_{12}-4p_1p_2.$$
因此,$\mathrm{Cov}(X,Y)=0$ 当且仅当 $p_{12}=p_1p_2$,即 X 和 Y 不相关当且仅当 A 和 B 相互独立.

例 23 设随机变量 X 的分布律为 $P\left\{X=(-1)^{k+1}\cdot\dfrac{3^k}{k}\right\}=\dfrac{2}{3^k}$, $k=1,2,\cdots$, 证明: X 的数学期望 $E(X)$ 不存在.

证明 由于

$$\sum_{k=1}^{+\infty}|x_kp_k|=\sum_{k=1}^{+\infty}\left|(-1)^{k+1}\cdot\frac{3^k}{k}\cdot\frac{2}{3^k}\right|=\sum_{k=1}^{+\infty}\frac{2}{k}=+\infty,$$

所以级数 $\displaystyle\sum_{k=1}^{+\infty}|x_kp_k|$ 发散, 进而 $\displaystyle\sum_{k=1}^{+\infty}x_kp_k$ 非绝对收敛, 由数学期望的定义可知数学期望 $E(X)$ 不存在.

例 24 证明: 在一次试验中, 事件 A 发生的次数 X 的方差 $D(X)\leqslant\dfrac{1}{4}$.

证明 设事件 A 在一次试验中发生的概率为 p, 则不发生的概率为 $1-p$, 用 X 表示事件 A 在一次试验中发生的次数, 则 X 的分布律为

X	0	1
P	$1-p$	p

因此

$$D(X)=p(1-p)=p-p^2=\frac{1}{4}-\left(\frac{1}{2}-p\right)^2\leqslant\frac{1}{4}.$$

4.3 同步训练题

一、选择题

1. 设随机变量 X 和 Y 相互独立且同分布, 记 $U=X-Y$, $V=X+Y$, 则随机变量 U 和 V 必然 ( ).

    A. 独立   B. 不独立   C. 相关系数不为零   D. 相关系数为零

2. 设 X_1,X_2,X_3 相互独立同服从参数 $\lambda=3$ 的泊松分布, 令 $Y=\dfrac{1}{3}(X_1+X_2+X_3)$, 则 $E(Y^2)=$ ( ).

    A. 1   B. 9   C. 10   D. 6

3. 设 $X\sim P(\lambda)$, 且 $E[(X-1)(X-2)]=1$, 则 $\lambda=$ ( ).

    A. 1   B. 2   C. 3   D. 0

4. 掷一颗均匀的骰子 600 次, 那么出现 "一点" 次数的数学期望为 ( ).

    A. 50   B. 100   C. 120   D. 150

5. 将长度为 1 m 的木棒随机地截成两段, 则两段长度的相关系数为 ( ).

A. 1   B. $\dfrac{1}{2}$ C. $-\dfrac{1}{2}$ D. -1

6. 设两个相互独立的随机变量 $X \sim N(0,1)$ 和 $Y \sim N(1,1)$,则( ).

  A. $P\{X+Y \leqslant 0\} = \dfrac{1}{2}$ B. $P\{X+Y \leqslant 1\} = \dfrac{1}{2}$

  C. $P\{X-Y \leqslant 0\} = \dfrac{1}{2}$ D. $P\{X-Y \leqslant 1\} = \dfrac{1}{2}$

7. 设随机变量 X 与 Y 都服从正态分布,且它们不相关,则下列结论正确的是( ).

  A. X 与 Y 一定相互独立   B. (X,Y) 服从二维正态分布

  C. X 与 Y 未必相互独立   D. $X+Y$ 服从一维正态分布

二、填空题

1. 已知随机变量 $X \sim N(-2, 0.4^2)$,则 $E[(X+3)^2] = $ _____.

2. 设随机变量 $X \sim N(10, 0.6)$,$Y \sim N(1,2)$,且 X 与 Y 相互独立,则 $D(3X-Y) = $ _____.

3. 设随机变量 X_1, X_2, X_3 相互独立,其中 X_1 服从 $[0,6]$ 上的均匀分布,X_2 服从正态分布 $N(0, 2^2)$,X_3 服从参数为 $\lambda = 3$ 的泊松分布,$Y = X_1 - 2X_2 + 3X_3$,则 $D(Y) = $ _____.

4. 设 $D(X) = 25$,$D(Y) = 36$,$\rho_{XY} = 0.4$,则 $D(X+Y) = $ _____.

5. 若随机变量 X 服从参数为 1 的指数分布,则 $E(X + \mathrm{e}^{-2X}) = $ _____.

6. 设 X 表示 10 次独立重复射击命中目标的次数,每次射中目标的概率为 0.4,则 X^2 的数学期望 $E(X^2) = $ _____.

7. 设 X 的概率密度为 $f(x) = \dfrac{1}{\sqrt{\pi}} \mathrm{e}^{-x^2}$,则 $E(X) = $ _____,$D(X) = $ _____.

8. 设 $E(X) = 1$,$E(Y) = 2$,$D(X) = 1$,$D(Y) = 4$,$\rho_{XY} = 0.6$,则 $E(2X-Y+1)^2 = $ _____.

9. 设随机变量 X 服从参数为 λ 的泊松分布,且 $P\{X=1\} = P\{X=2\}$,则 $E(X) = $ _____,$D(X) = $ _____.

10. 设随机变量 X 服从二项分布 $b(n,p)$,且 $E(X) = 6$,$D(X) = 3.6$,则 $n = $ _____,$p = $ _____.

三、计算题

1. 设 X 的密度函数为 $f(x) = \begin{cases} 2x, & 0 \leqslant x \leqslant 1, \\ 0, & \text{其他}, \end{cases}$ 求 $E(X)$,$D(X)$.

2. 设连续型随机变量 X 的分布函数为

$$F(X) = \begin{cases} 0, & x < -1, \\ a + b\arcsin x, & -1 \leqslant x \leqslant 1, \\ 1, & x > 1, \end{cases}$$

求 a,b,$E(X)$,$D(X)$.

3. 设随机变量 (X,Y) 的分布律为

Y	X		
	1	2	3
-1	0.2	0.1	0
0	0.1	0	0.3
1	0.1	0.1	0.1

（1）求 $E(X)$，$E(Y)$；（2）设 $Z=\dfrac{Y}{X}$，求 $E(Z)$；（3）设 $U=(X-Y)^2$，求 $E(U)$.

4. 设随机变量 (X,Y) 的概率密度为

$$f(x,y)=\begin{cases} 24xy, & 0\leqslant x\leqslant 1,0\leqslant y\leqslant 1,x+y\leqslant 1, \\ 0, & \text{其他}, \end{cases}$$

求 $E(X)$，$E(Y)$，$E(XY)$.

5. 设随机变量 (X,Y) 的概率密度为

$$f(x,y)=\begin{cases} \dfrac{1}{2}, & |y|<2x,0<x<1, \\ 0, & \text{其他}, \end{cases}$$

验证 X 和 Y 是不相关的，但 X 和 Y 不是相互独立的.

6. X 的密度函数为 $f(x)=\dfrac{1}{2}\mathrm{e}^{-|x|}(-\infty<x<+\infty)$.

（1）求 $E(X)$，$D(X)$；

（2）求 $\mathrm{Cov}(X,|X|)$，并判断 X 与 $|X|$ 是否相关；

（3）判断 X 与 $|X|$ 是否相互独立.

7. 设随机变量 X 和 Y 的联合分布律为

Y	X		
	-1	0	1
-1	$\dfrac{1}{8}$	$\dfrac{1}{8}$	$\dfrac{1}{8}$
0	$\dfrac{1}{8}$	0	$\dfrac{1}{8}$
1	$\dfrac{1}{8}$	$\dfrac{1}{8}$	$\dfrac{1}{8}$

验证 X,Y 不相关，但 X,Y 不相互独立.

8. 设二维随机变量 (X,Y) 的概率密度

$$f(x,y)=\begin{cases} x+y, & 0\leqslant x\leqslant 1,0\leqslant y\leqslant 1, \\ 0, & \text{其他}, \end{cases}$$

求 $E(X)$，$E(Y)$，$D(X)$，$D(Y)$，$E(XY)$，$\mathrm{Cov}(X,Y)$，ρ_{XY}.

9. 已知随机变量 X,Y 不相关,且数学期望都为 0,方差都为 1,令 $U=X,V=X+Y$,试求 ρ_{UV}.

四、应用题

1. 已知甲、乙两箱中装有同种产品,其中甲箱中装有 3 件合格品和 3 件次品,乙箱中仅装有 3 件合格品,从甲箱中任取 3 件产品放入乙箱后,求:

(1) 乙箱中次品件数 X 的数学期望;

(2) 从乙箱中任取一件产品是次品的概率.

2. 设某种商品每周的需求量(单位:件)是服从区间 $[10,30]$ 上均匀分布的随机变量,而商店进货数量为区间 $[10,30]$ 中的某一整数.商店每销售 1 件商品可获利 500 元,若供大于求,则降价处理,每处理 1 件商品亏损 100 元;若供不应求,则可从外部调剂供应,此时每单位商品仅获利 300 元.为使商店所获利期望值不少于 9 280 元,试确定最少进货量.

3. 盒中有 7 个球,其中 4 个白球,3 个黑球,从中任意抽取 3 个球,求抽到白球的个数 X 的数学期望 $E(X)$ 和方差 $D(X)$.

4. 有 n 把外观相同的钥匙,其中只有一把能打开门上的锁,用它们去试开门上的锁,并设抽取钥匙是相互独立的、等可能性的.若每把钥匙仅试开一次,试求试开次数 X 的数学期望.

4.4 同步训练题答案

一、选择题

1. D.　　2. C.　　3. A.　　4. B.　　5. D.　　6. B.　　7. C.

二、填空题

1. 1.16.　　2. 7.4.　　3. 46.　　4. 85.　　5. $\frac{4}{3}$.　　6. 18.4.　　7. $0,\frac{1}{2}$.　　8. 4.2.

9. 2,2.　　10. 15,0.4.

三、计算题

1. $E(X)=\frac{2}{3},D(X)=\frac{1}{18}$.　　2. $a=\frac{1}{2},b=\frac{1}{\pi},E(X)=0,D(X)=\frac{1}{2}$.

3. (1) $E(X)=2,E(Y)=0$;(2) $E(Z)=-\frac{1}{15}$;(3) $E(U)=5$.

4. $E(X)=\frac{2}{5},E(Y)=\frac{2}{5},E(XY)=\frac{2}{15}$.　　5. 略.

6. (1) $E(X)=0,D(X)=2$;(2) $\text{Cov}(X,|X|)=0$,不相关;(3) 不相互独立.　　7.略.

8. $E(X)=E(Y)=\frac{7}{12},D(X)=D(Y)=\frac{11}{144},E(XY)=\frac{1}{3},\text{Cov}(X,Y)=-\frac{1}{144},\rho_{XY}=-\frac{1}{11}$.

9. $\rho_{UV} = \dfrac{1}{\sqrt{2}}$.

四、应用题

1. (1) $E(X) = \dfrac{3}{2}$;(2) $\dfrac{1}{4}$.   2. 21 件.   3. $E(X) = \dfrac{12}{7}, D(X) = \dfrac{24}{49}$.

4. $E(X) = \dfrac{n+1}{2}$.

第5章 大数定律及中心极限定理

本章学习概率论中的极限定理,主要包括大数定律和中心极限定理等内容,这些定理在理论研究和应用中具有重要的作用.

本章知识点要求:

1. 掌握切比雪夫不等式的计算和证明;

2. 了解随机变量依概率收敛的概念,理解切比雪夫大数定律、伯努利大数定律和辛钦大数定律(独立同分布随机变量序列的大数定律);

3. 掌握棣莫弗—拉普拉斯中心极限定理(二项分布以正态分布为极限分布)和林德伯格—莱维中心极限定理(独立同分布随机变量序列的中心极限定理).

5.1 知识点概述

5.1.1 切比雪夫不等式

1. 切比雪夫不等式

设随机变量 X 的数学期望 $E(X)$ 和方差 $D(X)$ 都存在,则对于任意的 $\varepsilon>0$,有

$$P\{|X-E(X)|\geqslant\varepsilon\}\leqslant\frac{D(X)}{\varepsilon^2}$$

或

$$P\{|X-E(X)|<\varepsilon\}\geqslant1-\frac{D(X)}{\varepsilon^2}$$

成立.

2. 依概率收敛

对随机变量序列 $X_1,X_2,\cdots,X_n,\cdots$,若存在常数 a,使得对任意的 $\varepsilon>0$,有

$$\lim_{n\to+\infty}P\{|X_n-a|<\varepsilon\}=1$$

成立,则称序列 $X_1,X_2,\cdots,X_n,\cdots$ 依概率收敛于 a,记为 $X_n\xrightarrow{P}a$.

3. 依概率收敛的性质

(1) 若 $X_n\xrightarrow{P}a$,$g(x)$ 在点 $x=a$ 处连续,则 $g(X_n)\xrightarrow{P}g(a)$.

(2) 若 $X_n\xrightarrow{P}a$,$Y_n\xrightarrow{P}b$,$g(x,y)$ 在点 (a,b) 处连续,则 $g(X_n,Y_n)\xrightarrow{P}g(a,b)$.

5.1.2 大数定律

1. 大数定律的定义

设 $X_1, X_2, \cdots$ 是随机变量序列,令 $Y_n = \dfrac{1}{n}\sum_{k=1}^{n}X_k$,若存在常数序列 $a_1, a_2, \cdots$,对于任意的 $\varepsilon > 0$,有

$$\lim_{n \to +\infty} P\{|Y_n - a_n| < \varepsilon\} = 1,$$

则称序列 $\{X_n\}$ 服从大数定律.

2. 切比雪夫大数定律

设 $\{X_k\}(k = 1, 2, \cdots)$ 为一列两两相互独立的随机变量序列,且数学期望 $E(X_k)$ 存在,方差 $D(X_k) \leqslant c(k = 1, 2, \cdots)$,则对于任意的 $\varepsilon > 0$,有

$$\lim_{n \to +\infty} P\{|Y_n - E(Y_n)| < \varepsilon\} = 1.$$

式中 $Y_n = \dfrac{1}{n}\sum_{k=1}^{n}X_k$,$c$ 为常数.

更一般地,设随机变量 $X_1, X_2, \cdots$ 两两相互独立且同分布,数学期望 $E(X_k) = \mu$,方差 $D(X_k) = \sigma^2(k = 1, 2, \cdots)$,令 $Y_n = \dfrac{1}{n}\sum_{k=1}^{n}X_k$,则对于任意的 $\varepsilon > 0$,有

$$\lim_{n \to +\infty} P\{|Y_n - \mu| < \varepsilon\} = 1,$$

即 $Y_n \xrightarrow{P} \mu$.

3. 伯努利大数定律

设在 n 次独立重复试验中,每次试验事件 A 发生的概率均为 p,且 n 次试验中事件 A 发生了 m 次,则对于任意的 $\varepsilon > 0$,有

$$\lim_{n \to \infty} P\left\{\left|\frac{m}{n} - p\right| < \varepsilon\right\} = 1,$$

即 $\dfrac{m}{n} \xrightarrow{P} p$.

4. 辛钦大数定律

设 $X_1, X_2, \cdots$ 是独立同分布的随机变量序列,若数学期望 $E(X_k) = \mu$ 存在,则有 $\dfrac{1}{n}\sum_{k=1}^{n}X_k \xrightarrow{P} \mu$.

5.1.3 中心极限定理

1. 中心极限定理的实质

设大量相互独立的随机变量 $X_1, X_2, \cdots, X_n, \cdots$,无论每个随机变量服从何种分布,但在某种条件下,$X = X_1 + X_2 + \cdots + X_n = \sum_{i=1}^{n}X_i$ 都近似服从正态分布.

2. 林德伯格—莱维中心极限定理(独立同分布)

设相互独立的随机变量 $X_1, X_2, \cdots, X_n, \cdots$ 服从同一分布,且有数学期望 $E(X_k) = \mu$ 和方差 $D(X_k) = \sigma^2 \neq 0 (k = 1, 2, \cdots)$,记

$$Y_n = \frac{\sum_{k=1}^{n} X_k - E\left(\sum_{k=1}^{n} X_k\right)}{\sqrt{D\left(\sum_{k=1}^{n} X_k\right)}} = \frac{\sum_{k=1}^{n} X_k - n\mu}{\sqrt{n}\,\sigma},$$

则对于任意的实数 x,有

$$\lim_{n \to +\infty} P\{Y_n \leq x\} = \frac{1}{\sqrt{2\pi}} \int_{-\infty}^{x} e^{-t^2/2} dt = \Phi(x).$$

3. 李雅普诺夫中心极限定理

设随机变量 $X_1, X_2, \cdots, X_n, \cdots$ 相互独立,且有数学期望 $E(X_k) = \mu_k$ 和方差 $D(X_k) = \sigma_k^2 \neq 0$ $(k = 1, 2, \cdots)$,若存在 $\delta > 0$,使得

$$\lim_{n \to +\infty} \frac{1}{S_n^{2+\delta}} \sum_{k=1}^{n} E\{|X_k - \mu_k|^{2+\delta}\} = 0,$$

其中 $S_n^2 = \sum_{k=1}^{n} \sigma_k^2$,设随机变量

$$Y_n = \frac{\sum_{k=1}^{n} X_k - E\left(\sum_{k=1}^{n} X_k\right)}{\sqrt{D\left(\sum_{k=1}^{n} X_k\right)}} = \frac{\sum_{k=1}^{n} X_k - \sum_{k=1}^{n} \mu_k}{S_n},$$

则对于任意的实数 x,有

$$\lim_{n \to +\infty} P\{Y_n \leq x\} = \frac{1}{\sqrt{2\pi}} \int_{-\infty}^{x} e^{-t^2/2} dt = \Phi(x).$$

4. 棣莫弗—拉普拉斯中心极限定理

设随机变量 $\eta_n (n = 1, 2, \cdots)$ 服从参数为 $n, p (0 < p < 1)$ 的二项分布,即 $\eta_n \sim b(n, p)$,则对于任意的实数 x,有

$$\lim_{n \to +\infty} P\left\{\frac{\eta_n - np}{\sqrt{np(1-p)}} \leq x\right\} = \frac{1}{\sqrt{2\pi}} \int_{-\infty}^{x} e^{-t^2/2} dt = \Phi(x).$$

5.2 典型例题解析

例 1 一颗骰子连续掷 4 次,点数总和记为 X,用切比雪夫不等式估计 $P\{10 < X < 18\}$ ————.

分析 设 X_i 表示每次掷的点数,则 $X = \sum_{i=1}^{4} X_i$,

$$E(X_i) = 1 \times \frac{1}{6} + 2 \times \frac{1}{6} + 3 \times \frac{1}{6} + 4 \times \frac{1}{6} + 5 \times \frac{1}{6} + 6 \times \frac{1}{6} = \frac{7}{2},$$

$$E(X_i^2) = 1^2 \times \frac{1}{6} + 2^2 \times \frac{1}{6} + 3^2 \times \frac{1}{6} + 4^2 \times \frac{1}{6} + 5^2 \times \frac{1}{6} + 6^2 \times \frac{1}{6} = \frac{91}{6},$$

从而

$$D(X_i) = E(X_i^2) - \left[E(X_i) \right]^2 = \frac{91}{6} - \left(\frac{7}{2} \right)^2 = \frac{35}{12}.$$

又 X_1, X_2, X_3, X_4 独立同分布,因此

$$E(X) = E\left(\sum_{i=1}^{4} X_i \right) = \sum_{i=1}^{4} E(X_i) = 4 \times \frac{7}{2} = 14,$$

$$D(X) = D\left(\sum_{i=1}^{4} X_i \right) = \sum_{i=1}^{4} D(X_i) = 4 \times \frac{35}{12} = \frac{35}{3},$$

所以

$$P\{10 < X < 18\} = P\{ |X - 14| < 4 \} \geqslant 1 - \frac{1}{4^2} \cdot \frac{35}{3} \approx 0.271.$$

解 $\geqslant 0.271$.

例 2 设随机变量 X 和 Y 的数学期望都是 2,方差分别为 1 和 4,而相关系数为 0.5,则由切比雪夫不等式估计 $P\{ |X-Y| \geqslant 6 \}$ _____.

分析 令 $Z = X - Y$,则 $E(Z) = 0$,

$$D(Z) = D(X-Y) = D(X) + D(Y) - 2\rho_{XY}\sqrt{D(X)}\sqrt{D(Y)} = 3,$$

因此

$$P\{ |Z - E(Z)| \geqslant 6 \} = P\{ |X-Y| \geqslant 6 \} \leqslant \frac{D(X-Y)}{6^2} = \frac{1}{12}.$$

解 $\leqslant \frac{1}{12}$.

例 3 设随机变量 X 的数学期望 $E(X) = 10$,方差 $D(X) = 4$,且有 $P\{ |X-10| \geqslant k \} \leqslant 0.04$,则根据切比雪夫不等式估计 k 的最小值为 _____.

分析 由切比雪夫不等式

$$P\{ |X-10| \geqslant k \} \leqslant \frac{D(X)}{k^2} = \frac{4}{k^2},$$

因此只要满足 $\frac{4}{k^2} \leqslant 0.04$ 即可,此时 $k \geqslant 10$.

解 10.

例 4 将一枚均匀硬币独立地重复投掷 100 次,根据中心极限定理估计正面出现的次数在 45 到 55 之间的概率为 _____.(已知 $\Phi(1) \approx 0.841$,$\Phi(2) \approx 0.977$,其中 $\Phi(x)$ 为标准正态分布函数.)

分析 设正面次数为 X,则 $X \sim b(100, 0.5)$,又由中心极限定理,二项分布的极限分布为正态分布,因此

$$P\{45 \leqslant X \leqslant 55\} = P\left\{\frac{45-50}{5} \leqslant X \leqslant \frac{55-50}{5}\right\}$$

$$\approx \Phi(1) - \Phi(-1) = 2\Phi(1) - 1 \approx 0.682.$$

解 0.682.

例 5 设随机变量 X 服从参数为 2 的指数分布，$X_1, X_2, \cdots, X_n$ 与随机变量 X 独立同分布，则当 $n \to +\infty$ 时，$Y_n = \frac{1}{n} \sum\limits_{i=1}^{n} X_i^2$ 依概率收敛于 _____.

分析 由大数定律可知，

$$Y_n = \frac{1}{n} \sum_{i=1}^{n} X_i^2 \xrightarrow{P} E(Y_n),$$

而

$$E(Y_n) = E\left(\frac{1}{n} \sum_{i=1}^{n} X_i^2\right) = E(X^2) = D(X) + [E(X)]^2 = \frac{1}{2}.$$

解 $\frac{1}{2}$.

例 6 设随机变量 X 服从参数为 n, p 的二项分布，利用切比雪夫不等式估计 $P\{|X-np| \geqslant \sqrt{n}\} \leqslant ($).

A. $\dfrac{p(1-p)}{n}$ B. $\dfrac{p(1-p)}{n^2}$ C. $p(1-p)$ D. $np(1-p)$

分析 由 $X \sim b(n, p)$，则 $E(X) = np$，$D(X) = np(1-p)$，因此由切比雪夫不等式，

$$P\{|X-np| \geqslant \sqrt{n}\} \leqslant \frac{D(X)}{n} = p(1-p).$$

解 C.

例 7 设 $X_1, X_2, \cdots, X_{16}$ 为独立同分布的随机变量，$E(X_i) = 1$，$D(X_i) = 1$，$i = 1, 2, \cdots, 16$. 设 $S_{16} = \sum\limits_{i=1}^{16} X_i$，则对任意 $\varepsilon > 0$，由切比雪夫不等式直接可得（   ）.

A. $P\left\{\left|\dfrac{1}{16}S_{16} - 1\right| < \varepsilon\right\} \geqslant 1 - \dfrac{16}{\varepsilon^2}$ B. $P\{|S_{16} - 16| < \varepsilon\} \geqslant 1 - \dfrac{16}{\varepsilon^2}$

C. $P\left\{\left|\dfrac{1}{16}S_{16} - 1\right| < \varepsilon\right\} \geqslant 1 - \dfrac{1}{\varepsilon^2}$ D. $P\{|S_{16} - 16| < \varepsilon\} \geqslant 1 - \dfrac{1}{\varepsilon^2}$

分析 由题意可知

$$E(S_{16}) = E\left(\sum_{i=1}^{16} X_i\right) = 16, \quad D(S_{16}) = D\left(\sum_{i=1}^{16} X_i\right) = 16,$$

$$E\left(\frac{1}{16}S_{16}\right) = E\left(\frac{1}{16}\sum_{i=1}^{16} X_i\right) = 1, \quad D\left(\frac{1}{16}S_{16}\right) = D\left(\frac{1}{16}\sum_{i=1}^{16} X_i\right) = \frac{1}{16},$$

则

$$P\left\{\left|\frac{1}{16}S_{16} - 1\right| < \varepsilon\right\} \geqslant 1 - \frac{D\left(\frac{1}{16}S_{16}\right)}{\varepsilon^2} = 1 - \frac{1}{16\varepsilon^2},$$

因此选项 A 和 C 都不对,而

$$P\{|S_{16}-16|<\varepsilon\} \geqslant 1-\frac{D(S_{16})}{\varepsilon^2}=1-\frac{16}{\varepsilon^2},$$

只有选项 B 正确.

解 B.

例 8 设 $X_1,X_2,\cdots,X_n,\cdots$ 是独立同分布的随机变量序列,且都服从参数为 $\lambda(\lambda>1)$ 的指数分布,记 $\Phi(x)$ 为标准正态分布函数,则必有(　　).

A. $\lim\limits_{n\to+\infty} P\left\{\dfrac{\lambda\sum\limits_{i=1}^{n}X_i-n}{\sqrt{n}}\leqslant x\right\}=\Phi(x)$　　　B. $\lim\limits_{n\to+\infty} P\left\{\dfrac{\sum\limits_{i=1}^{n}X_i-n}{\sqrt{n}}\leqslant x\right\}=\Phi(x)$

C. $\lim\limits_{n\to+\infty} P\left\{\dfrac{\sum\limits_{i=1}^{n}X_i-n}{\lambda\sqrt{n}}\leqslant x\right\}=\Phi(x)$　　　D. $\lim\limits_{n\to+\infty} P\left\{\dfrac{\sum\limits_{i=1}^{n}X_i-n}{\sqrt{\lambda n}}\leqslant x\right\}=\Phi(x)$

分析 由题意可知

$$E(X_i)=\frac{1}{\lambda},\ D(X_i)=\frac{1}{\lambda^2},\quad E\left(\sum_{i=1}^{n}X_i\right)=\frac{n}{\lambda},\ D\left(\sum_{i=1}^{n}X_i\right)=\frac{n}{\lambda^2}.$$

由中心极限定理得

$$\lim_{n\to+\infty} P\left\{\dfrac{\sum\limits_{i=1}^{n}X_i-\dfrac{n}{\lambda}}{\sqrt{\dfrac{n}{\lambda^2}}}\leqslant x\right\}=\lim_{n\to+\infty} P\left\{\dfrac{\lambda\sum\limits_{i=1}^{n}X_i-n}{\sqrt{n}}\leqslant x\right\}=\Phi(X),$$

因此选项 A 成立.

解 A.

例 9 设 $X_1,X_2,\cdots,X_n,\cdots$ 是独立同分布的随机变量序列,且都服从参数为 $\lambda(\lambda>0)$ 的泊松分布,记 $\Phi(x)$ 为标准正态分布函数,则以下论断正确的是(　　).

A. $\lim\limits_{n\to+\infty} P\left\{\dfrac{\sum\limits_{i=1}^{n}X_i-n\lambda}{\sqrt{n\lambda}}\leqslant x\right\}=\Phi(x)$

B. 当 n 充分大时,$\sum\limits_{i=1}^{n}X_i$ 近似服从标准正态分布

C. 当 n 充分大时,$\sum\limits_{i=1}^{n}X_i$ 近似服从正态分布

D. 当 n 充分大时,$P\left\{\sum\limits_{i=1}^{n}X_i\leqslant x\right\}=\Phi(x)$

分析 由题意可知

$$E(X_i)=\lambda,\ D(X_i)=\lambda,\quad E\left(\sum_{i=1}^{n}X_i\right)=n\lambda,\ D\left(\sum_{i=1}^{n}X_i\right)=n\lambda.$$

由中心极限定理得

$$\sum_{i=1}^{n} X_i \sim N(n\lambda, n\lambda),$$

因此选项 C 成立.

解 C.

例 10 一船舶在某海区航行,已知每遭受一次波浪的冲击,纵摇角大于 6° 的概率为 $p = \dfrac{1}{3}$.若船舶遭受到 90 000 次波浪冲击,问纵摇角大于 6° 的次数大于 29 500 且小于 30 500 的概率为多少?

解 设在 90 000 次波浪冲击中,纵摇角大于 6° 的次数为 X,则 $X \sim b\left(90\ 000, \dfrac{1}{3}\right)$,且

$$E(X) = 90\ 000 \times \frac{1}{3} = 30\ 000, \quad D(X) = 90\ 000 \times \frac{1}{3} \times \frac{2}{3} = 20\ 000.$$

又由中心极限定理可知,二项分布的极限分布是正态分布,因此可近似认为

$$X \sim N(30\ 000, 20\ 000),$$

所以

$$P\{29\ 500 < X < 30\ 500\} = P\left\{\frac{-500}{\sqrt{20\ 000}} < X < \frac{500}{\sqrt{20\ 000}}\right\}$$

$$\approx 2\Phi(3.536) - 1 \approx 0.999\ 6.$$

例 11 某生产线生产的产品成箱包装,每箱的质量是随机的,假设每箱平均质量为 50 kg,标准差为 5 kg.若用最大载重量为 5 000 kg 的汽车载运,试利用中心极限定理说明每辆车最多可以装多少箱,才能保证不超载的概率大于 0.977.(已知 $\Phi(2) \approx 0.977$,其中 $\Phi(x)$ 为标准正态分布函数.)

解 设 $X_i\ (i = 1, 2, \cdots, n)$ 表示第 i 箱的质量(单位:kg),n 表示所求的箱数,则 $X_1, X_2, \cdots, X_n$ 是独立同分布的,总质量为

$$T_n = X_1 + X_2 + \cdots + X_n.$$

因为 $E(X_i) = 50, D(X_i) = 25$,所以 $E(T_n) = 50n, D(T_n) = 25n$,由中心极限定理,可近似认为 $T_n \sim N(50n, 25n)$,即

$$P\{T_n \leqslant 5\ 000\} = P\left\{\frac{T_n - 50n}{\sqrt{25n}} \leqslant \frac{5\ 000 - 50n}{5\sqrt{n}}\right\}$$

$$\approx \Phi\left(\frac{1\ 000 - 10n}{\sqrt{n}}\right) > 0.977 = \Phi(2).$$

因此 $\dfrac{1\ 000 - 10n}{\sqrt{n}} > 2$,解得 $n < 98.019\ 9$,所以最多可以装 98 箱.

例 12 某保险公司多年的统计资料表明,在索赔用户中被盗索赔户占 20%.以 X 表示在随机抽查的 100 个索赔户中因被盗向保险公司索赔的用户,根据中心极限定理,求被盗索赔户不少于 14 户且不多于 30 户的概率.(已知 $\Phi(2.5) \approx 0.993\ 8, \Phi(1.5) \approx 0.933\ 2$,其中 $\Phi(x)$ 为标准正态分布函数.)

解 设随机变量

$$X_i = \begin{cases} 0, & \text{第 } i \text{ 个索赔户不是被盗索赔户,} \\ 1, & \text{第 } i \text{ 个索赔户是被盗索赔户,} \end{cases} \quad i = 1, 2, \cdots, 100,$$

则

$$X = \sum_{i=1}^{100} X_i \sim b(100, 0.2),$$

且有 $E(X) = 20, D(X) = 16$. 又由中心极限定理, X 近似服从正态分布 $N(20, 16)$, 因此

$$P\{14 \leqslant X \leqslant 30\} = P\left\{\frac{14-20}{4} \leqslant \frac{X-20}{4} \leqslant \frac{30-20}{4}\right\}$$

$$\approx \Phi\left(\frac{30-20}{4}\right) - \Phi\left(\frac{14-20}{4}\right) = \Phi(2.5) - \Phi(-1.5)$$

$$= \Phi(2.5) + \Phi(1.5) - 1 \approx 0.927.$$

例 13 假设某一年龄段女孩的平均身高是 130 cm, 标准差是 8 cm, 现在从该年龄段女孩中随机抽取 5 名女孩, 测其身高, 利用切比雪夫不等式估计她们的平均身高在 120 cm 与 140 cm 之间的概率.

解 设 X_i 表示第 i 名被测的女孩的身高(单位:cm), 显然 $X_i (i = 1, 2, \cdots, 5)$ 独立同分布, 且

$$E(X_i) = 130, \quad D(X_i) = 64.$$

又由 $\overline{X} = \dfrac{1}{5}\sum_{i=1}^{5} X_i$, 因此

$$E(\overline{X}) = 130, \quad D(\overline{X}) = \frac{64}{5} = 12.8,$$

则

$$P\{120 < \overline{X} < 140\} = P\{|\overline{X} - 130| < 10\} \geqslant 1 - \frac{D(\overline{X})}{100} = 0.872.$$

例 14 设 X 为连续型随机变量, C 为任意常数, 试证明:对于任意的正数 ε, 有 $P\{|X-C| \geqslant \varepsilon\} \leqslant \dfrac{E|X-C|}{\varepsilon}$.

证明 设 X 的概率密度为 $f(x)$, 因此

$$P\{|X-C| \geqslant \varepsilon\} = \int_{|X-C| \geqslant \varepsilon} f(x)\,\mathrm{d}x \leqslant \int_{|X| \geqslant \varepsilon} \frac{|x-C|}{\varepsilon} f(x)\,\mathrm{d}x$$

$$\leqslant \frac{1}{\varepsilon}\int_{-\infty}^{+\infty} |x-C| f(x)\,\mathrm{d}x = \frac{E|X-C|}{\varepsilon}.$$

例 15 设 $X_1, X_2, \cdots, X_n$ 为独立同分布的随机变量序列, 且期望 $E(X_i) = \mu$, 方差 $D(X_i) = \sigma^2 (i = 1, 2, \cdots, n)$, 记 $\overline{X} = \dfrac{1}{n}\sum_{i=1}^{n} X_i$, $\Phi(x)$ 为标准正态分布函数, 根据中心极限定理证明:

$$P\{|\overline{X} - \mu| < \varepsilon\} \approx 2\Phi\left(\frac{\sqrt{n}\,\varepsilon}{\sigma}\right) - 1.$$

证明 因为 $\overline{X} = \dfrac{1}{n}\sum_{i=1}^{n} X_i$, 因此由中心极限定理, 可近似认为

$$\overline{X} \sim N\left(\mu, \frac{\sigma^2}{n}\right),$$

则

$$P\{|\overline{X}-\mu|<\varepsilon\} = P\{-\varepsilon<\overline{X}-\mu<\varepsilon\} = P\left\{\frac{-\varepsilon}{\sigma/\sqrt{n}} < \frac{\overline{X}-\mu}{\sigma/\sqrt{n}} < \frac{\varepsilon}{\sigma/\sqrt{n}}\right\}$$

$$\approx \Phi\left(\frac{\sqrt{n}\varepsilon}{\sigma}\right) - \Phi\left(-\frac{\sqrt{n}\varepsilon}{\sigma}\right) = 2\Phi\left(\frac{\sqrt{n}\varepsilon}{\sigma}\right) - 1.$$

5.3 同步训练题

一、选择题

1. 设随机变量 X 的概率密度 $f(x) = \begin{cases} \lambda e^{-\lambda}, & x>0, \\ 0, & x \leq 0, \end{cases}$ 其中 $\lambda>0$,利用切比雪夫不等式估计 X 在区间 $\left(-\frac{2}{\lambda}, \frac{4}{\lambda}\right)$ 内的概率不小于(   ).

A. $\frac{8}{9}$ B. $\frac{1}{9}$ C. $\frac{2}{3}$ D. $\frac{1}{3}$

2. 设随机变量 X 服从参数为 $n, \frac{1}{2}$ 的二项分布,利用切比雪夫不等式估计 $P\left\{\left|X-\frac{p}{2}\right| \geq \sqrt{2n}\right\} \leq$ (   ).

A. $\frac{1}{2}$ B. $\frac{1}{4}$ C. $\frac{1}{8}$ D. $\frac{1}{16}$

3. 设随机变量 X 满足 $P\{|X-E(X)| \geq 2\} = \frac{1}{16}$,则根据切比雪夫不等式必有(   ).

A. $D(X) = \frac{1}{4}$ B. $D(X) \geq \frac{1}{4}$

C. $D(X) < \frac{1}{4}$ D. $P\{|X-E(X)|<2\} > \frac{15}{16}$

4. 设 $X_1, X_2, \cdots, X_n$ 是独立同分布的随机变量序列,都服从区间 $[a,b]$ 上的均匀分布,则(   ).

A. 当 n 充分大时,$\dfrac{2\sum\limits_{i=1}^{n} X_i - n(a+b)}{(b-a)\sqrt{n}}$ 近似服从 $N(0,1)$

B. 当 n 充分大时,$\sum\limits_{i=1}^{n} X_i$ 近似服从 $N(n(a+b), n(b-a)^2)$

C. 当 n 充分大时，$\dfrac{1}{n}\displaystyle\sum_{i=1}^{n}X_i$ 近似服从 $N((a+b),(b-a)^2)$

D. 当 n 充分大时，$\dfrac{1}{n}\displaystyle\sum_{i=1}^{n}X_i$ 近似服从 $N\left(\dfrac{a+b}{2},\dfrac{(b-a)^2}{12n}\right)$

5. 根据以往的经验，某电子元件的寿命服从均值为 100 h 的指数分布，现随机地取出 16 只，设它们的寿命是相互独立的，则这 16 只元件的寿命总和大于 1 920 h 的概率近似为（　　）.

    A. $\Phi(0.8)$　　　　　B. $1-\Phi(0.8)$　　　　　C. $\Phi(0.6)$　　　　　D. $1-\Phi(0.6)$

二、填空题

1. 设随机变量 X 的数学期望为 11，方差为 9，利用切比雪夫不等式估计 $P\{5<X<17\}\geqslant$ _____.

2. 设随机变量 X 和 Y 的数学期望分别为 -2 和 2，方差分别为 1 和 4，而相关系数为 -0.5，则根据切比雪夫不等式估计 $P\{|X+Y|\geqslant 6\}\leqslant$ _____.

3. 设随机变量 X 的方差为 0.009，且满足 $P\{|X-E(X)|<k\}\geqslant 0.9$，则根据切比雪夫不等式估计 k 的最小值为 _____.

4. 现有一大批种子，其中良种占 $\dfrac{1}{6}$，从中任取 6 000 粒，试用切比雪夫不等式估计，在 6 000 粒种子中，良种所占的比例与 $\dfrac{1}{6}$ 之差的绝对值不小于 0.01 的概率不大于 _____.

5. 某炮兵部队对敌方阵地进行了 100 次炮击，每次炮击命中的炮弹数为 $X_i(i=1,2,\cdots,100)$，已知 $E(X_i)=4$ 及 $D(X_i)=1$，利用中心极限定理计算在 100 次炮击中有 380～420 颗炮弹击中目标的概率为 _____.（已知 $\Phi(1)\approx 0.841$，$\Phi(2)\approx 0.977$，其中 $\Phi(x)$ 为标准正态分布函数.）

三、计算题

1. 一个复杂的系统由 100 个相互独立起作用的部件组成，在整个运行期间每个部件损坏的概率为 0.1，为了使整个系统起作用，须至少有 85 个部件正常工作，利用中心极限定理计算整个系统起作用的概率.（已知 $\Phi(1.67)\approx 0.952\,5$，$\Phi(3.3)\approx 0.999\,5$，其中 $\Phi(x)$ 为标准正态分布函数.）

2. 某单位设置一部电话机（总机），共有 200 台分机，每台分机是否使用外线通话是相互独立的，设任一时刻每个分机有 5% 的概率使用外线通话.利用中心极限定理确定该单位总机至少需要安装多少条外线，才能以 90% 以上的概率保证每台分机需要使用外线时不占线？（已知 $\Phi(1.29)\approx 0.901\,5$，$\Phi(1.28)\approx 0.899\,7$，其中 $\Phi(x)$ 为标准正态分布函数.）

3. 某车间有 400 台车床，它们都各自独立工作，每台车床的开工率均为 0.8，车床工作时需耗电 1 kW，问供电所至少要供给这个车间多少电能才能以 99.9% 的概率保证这个车间不会因为供电不足而影响生产.（已知 $\Phi(3.1)\approx 0.999\,0$，其中 $\Phi(x)$ 为标准正态分布函数.）

4. 一个供电网内共有 10 000 盏功率相同的灯，夜晚每一盏灯开着的概率是 0.5，假设各盏灯开、关彼此独立，求夜晚同时开着的灯数在 4 900 到 5 100 之间的概率.（已知 $\Phi(2)\approx 0.977\,2$，其

中 $\Phi(x)$ 为标准正态分布函数.)

5. 随机掷 6 颗骰子,利用切比雪夫不等式估计 6 颗骰子点数之和大于 14 小于 28 的概率至少为多少?

四、证明题

1. 设在一次试验中,事件 A 发生在概率为 0.5,利用切比雪夫不等式证明:有大于 0.97 的概率确信,在 1 000 次独立重复试验中事件 A 发生的次数在 400 到 600 之间.

2. 设 X 为非负连续型随机变量,试证明:对于任意的正数 ε,有

$$P\{X<\varepsilon\} \geqslant 1 - \frac{E(X)}{\varepsilon}.$$

5.4 同步训练题答案

一、选择题

1. A.   2. C.   3. B.   4. D.   5. B.

二、填空题

1. $\frac{3}{4}$.   2. $\frac{1}{12}$.   3. 0.3.   4. $\frac{25}{108}$.   5. 0.954.

三、计算题

1. 0.952 0.   2. 14.   3. 345.   4. 0.954 4.   5. $\frac{9}{14}$.

四、证明题

1. 略.   2. 略.

第6章　数理统计的基本概念

本章学习数理统计的基本概念,主要包括总体、个体、简单随机样本、统计量、样本均值、样本方差、样本矩、三大抽样分布(X^2分布、t分布、F分布)、分位点以及正态总体的常用抽样分布等内容.

本章知识点要求:
1. 理解总体、个体、简单随机样本、统计量、样本均值、样本方差和样本矩的概念;
2. 了解三大抽样分布(X^2分布、t分布、F分布)的定义和性质,及对应的上 α 分位点,会查表进行相关计算;
3. 掌握正态总体的常见抽样分布.

6.1　知识点概述

6.1.1　总体和样本

1. 总体
统计问题中把研究对象的某一个数量指标的全部可能观察值称为总体,记为随机变量 X.
2. 总体分布
总体随机变量 X 的分布称为总体分布.
3. 个体
总体中每一个可能的观察值称为个体.
4. 总体容量
总体中包含的个体个数称为总体容量,容量为有限的称为有限总体,容量为无限的称为无限总体.
5. 样本
从总体中随机抽取的一部分个体称为样本.样本中个体的个数称为样本容量.从总体中抽取样本容量为 n 的一组样本,就是对总体 X 进行 n 次观察,分别记为 $X_1, X_2, \cdots, X_n$.把观察得到的一组实数记为 $x_1, x_2, \cdots, x_n$,称为样本值.
6. 简单随机样本
满足以下特点的样本称为简单随机样本:
(1)代表性:$X_1, X_2, \cdots, X_n$ 与总体 X 同分布;
(2)独立性:$X_1, X_2, \cdots, X_n$ 相互独立.

7. 样本的联合分布

（1）样本的联合分布函数

设总体 X 的分布函数为 $F(x)$，则样本 $X_1,X_2,\cdots,X_n$ 的联合分布函数为

$$F(x_1,x_2,\cdots,x_n)=\prod_{i=1}^{n}F(x_i).$$

（2）样本的联合分布律

设总体 X 为离散型随机变量，其分布律为 $P\{X=a_i\}=p_i,i=1,2,\cdots$，则样本 $X_1,X_2,\cdots,X_n$ 的联合分布律为

$$P\{X_1=x_1,X_2=x_2,\cdots,X_n=x_n\}=\prod_{i=1}^{n}P\{X=x_i\},$$

其中 $(x_1,x_2,\cdots,x_n)$ 为 $(X_1,X_2,\cdots,X_n)$ 的任一组可能的观察值.

（3）样本的联合概率密度

设总体 X 为连续型随机变量，其密度函数为 $f(x)$，则样本 $(X_1,X_2,\cdots,X_n)$ 的联合概率密度为

$$f(x_1,x_2,\cdots,x_n)=\prod_{i=1}^{n}f(x_i).$$

6.1.2 统计量

1. 统计量

设 $X_1,X_2,\cdots,X_n$ 为来自总体 X 的样本，若样本的函数 $T=T(X_1,X_2,\cdots,X_n)$ 中不含任何未知参数，则称 T 为统计量.

2. 常用统计量

（1）样本均值：$\overline{X}=\dfrac{1}{n}\displaystyle\sum_{i=1}^{n}X_i$；

（2）样本方差：$S^2=\dfrac{1}{n-1}\displaystyle\sum_{i=1}^{n}(X_i-\overline{X})^2=\dfrac{1}{n-1}\left(\sum_{i=1}^{n}X_i^2-n\,\overline{X}^2\right)$；

（3）样本标准差：$S=\sqrt{\dfrac{1}{n-1}\displaystyle\sum_{i=1}^{n}(X_i-\overline{X})^2}$；

（4）样本 k 阶（原点）矩：$A_k=\dfrac{1}{n}\displaystyle\sum_{i=1}^{n}X_i^k,k=1,2,\cdots$；

（5）样本 k 阶中心矩：$B_k=\dfrac{1}{n}\displaystyle\sum_{i=1}^{n}(X_i-\overline{X})^k,k=1,2,\cdots$.

特别地，$\overline{X}=A_1,S^2=\dfrac{n}{n-1}B_2$.

3. 常用统计量的数字特征

设 $X_1,X_2,\cdots,X_n$ 是来自总体 X 的一个样本，若总体 X 的 k 阶原点矩存在，设 $E(X^k)=\mu_k$，$E(X)=\mu,D(X)=\sigma^2$，则

（1）$E(\overline{X}) = \mu, D(\overline{X}) = \dfrac{\sigma^2}{n}$；

（2）$E(S^2) = \sigma^2, E(B_2) = \dfrac{n-1}{n}\sigma^2$；

（3）$E(A_k) = \mu_k$.

6.1.3 抽样分布

1. χ^2 分布

（1）定义

设随机变量 $X_1, X_2, \cdots, X_n$ 相互独立且都服从 $N(0,1)$，则随机变量

$$\chi^2 = X_1^2 + X_2^2 + \cdots + X_n^2 = \sum_{i=1}^{n} X_i^2$$

的分布称为自由度为 n 的 χ^2 分布，记为 $\chi^2 \sim \chi^2(n)$.

（2）概率密度

$\chi^2(n)$ 分布的概率密度函数为

$$f_{\chi^2}(x) = \begin{cases} \dfrac{x^{\frac{n}{2}-1}\mathrm{e}^{-\frac{x}{2}}}{2^{\frac{n}{2}}\Gamma\left(\dfrac{n}{2}\right)}, & x > 0, \\ 0, & x \leqslant 0, \end{cases}$$

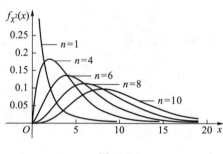

图 6-1

式中 $\Gamma(r) = \displaystyle\int_0^{+\infty} \mathrm{e}^{-x} x^{r-1} \mathrm{d}x \, (r>0)$ 为伽马函数. $\chi^2(n)$ 分布的概率密度函数的图形如图 6-1 所示.

（3）性质

1）设 $\chi^2 \sim \chi^2(n)$，则 $E(\chi^2) = n, D(\chi^2) = 2n$；

2）设 $Y_1 \sim \chi^2(n_1), Y_2 \sim \chi^2(n_2)$，且 Y_1, Y_2 相互独立，则有 $Y_1 + Y_2 \sim \chi^2(n_1 + n_2)$；

3）$\chi^2 \sim \chi^2(n)$，当 $n \to +\infty$ 时，χ^2 分布近似于 $N(n, 2n)$.

（4）上 α 分位点

设 $\chi^2 \sim \chi^2(n)$，对于任意给定的 $\alpha \in (0,1)$，满足条件

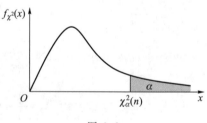

图 6-2

$$P\{\chi^2 > \chi_\alpha^2(n)\} = \alpha$$

的点 $\chi_\alpha^2(n)$ 称为 $\chi^2(n)$ 分布的上 α 分位点，如图 6-2 所示.

2. t 分布

（1）定义

设 $X \sim N(0,1), Y \sim \chi^2(n)$，且 X, Y 相互独立，则随机变量

$$T = \dfrac{X}{\sqrt{Y/n}}$$

服从自由度为 n 的 t 分布,或称学生氏分布,记为 $T \sim t(n)$.

（2）概率密度

t 分布的概率密度函数为

$$f_t(x) = \frac{\Gamma\left(\dfrac{n+1}{2}\right)}{\sqrt{\pi n}\,\Gamma\left(\dfrac{n}{2}\right)}\left(1 + \frac{x^2}{n}\right)^{-\frac{n+1}{2}}, \quad -\infty < x < +\infty.$$

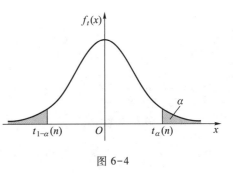

图 6-3

t 分布的概率密度函数的图形如图 6-3 所示.

（3）性质

1) t 分布的概率密度函数 $f_t(x)$ 是偶函数,对于任意的 $x_0 > 0$,有 $P\{T < -x_0\} = P\{T > x_0\}$;

2) 设 $T \sim t(n)$,则 $E(T) = 0\,(n>1)$,$D(T) = \dfrac{n}{n-2}\,(n>2)$;

3) $\lim\limits_{n \to +\infty} f_t(x) = \dfrac{1}{\sqrt{2\pi}}\mathrm{e}^{-\frac{x^2}{2}}$,所以当 n 足够大时,t 分布近似于 $N(0,1)$.

（4）上 α 分位点

设 $T \sim t(n)$,对于任意给定的 $\alpha \in (0,1)$,满足条件

$$P\{T > t_\alpha(n)\} = \alpha$$

的点 $t_\alpha(n)$ 称为 $t(n)$ 分布的上 α 分位点,如图 6-4 所示.

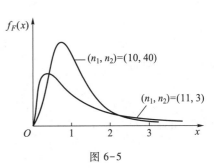

图 6-4

由于 t 分布的概率密度函数是偶函数,所以

$$t_{1-\alpha}(n) = -t_\alpha(n).$$

3. F 分布

（1）定义

设 $X \sim \chi^2(n_1)$,$Y \sim \chi^2(n_2)$,且 X,Y 相互独立,则随机变量

$$F = \frac{X/n_1}{Y/n_2}$$

服从自由度为 n_1, n_2 的 F 分布,记为 $F \sim F(n_1, n_2)$.

（2）概率密度

F 分布的概率密度函数为

$$f_F(x) = \begin{cases} \dfrac{\Gamma\left(\dfrac{n_1+n_2}{2}\right)\left(\dfrac{n_1}{n_2}\right)^{\frac{n_1}{2}}}{\Gamma\left(\dfrac{n_1}{2}\right)\Gamma\left(\dfrac{n_2}{2}\right)} x^{\frac{n_1}{2}-1}\left(1 + \frac{n_1}{n_2}x\right)^{-\frac{n_1+n_2}{2}}, & x > 0, \\ 0, & x \leqslant 0. \end{cases}$$

图 6-5

$(n_1, n_2) = (10, 40)$

$(n_1, n_2) = (11, 3)$

F 分布的概率密度函数的图形如图 6-5 所示.

（3）性质

1）设 $F \sim F(n_1, n_2)$，则 $\dfrac{1}{F} \sim F(n_2, n_1)$；

2）设 $X \sim t(n)$，则 $X^2 \sim F(1, n)$.

（4）上 α 分位点

设 $F \sim F(n_1, n_2)$，对于任意给定的 $\alpha \in (0, 1)$，满足条件

$$P\{F > F_\alpha(n_1, n_2)\} = \alpha$$

的点 $F_\alpha(n_1, n_2)$ 称为 $F(n_1, n_2)$ 分布的上 α 分位点，如图 6-6 所示. 由 F 分布的性质知

$$F_\alpha(n_1, n_2) = \frac{1}{F_{1-\alpha}(n_2, n_1)}.$$

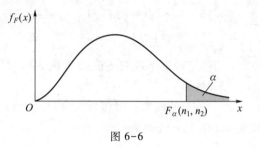

图 6-6

6.1.4 正态总体下的常用抽样分布

1. 单个正态总体

设总体 X 服从正态分布 $N(\mu, \sigma^2)$，$X_1, X_2, \cdots, X_n$ 为来自 X 的简单随机样本，样本均值 $\overline{X} = \dfrac{1}{n} \sum\limits_{i=1}^{n} X_i$，样本方差 $S^2 = \dfrac{1}{n-1} \sum\limits_{i=1}^{n} (X_i - \overline{X})^2$，则有

（1）$\overline{X} \sim N\left(\mu, \dfrac{\sigma^2}{n}\right)$，$\dfrac{\sqrt{n}(\overline{X} - \mu)}{\sigma} \sim N(0, 1)$；

（2）$\overline{X}$ 与 S^2 相互独立；

（3）$\dfrac{(n-1)S^2}{\sigma^2} = \dfrac{1}{\sigma^2} \sum\limits_{i=1}^{n} (X_i - \overline{X})^2 \sim \chi^2(n-1)$；

（4）$\dfrac{1}{\sigma^2} \sum\limits_{i=1}^{n} (X_i - \mu)^2 \sim \chi^2(n)$；

（5）$\dfrac{\sqrt{n}(\overline{X} - \mu)}{S} \sim t(n-1)$.

2. 两个正态总体

设 $X_1, X_2, \cdots, X_{n_1}$ 和 $Y_1, Y_2, \cdots, Y_{n_2}$ 分别为来自正态总体 $X \sim N(\mu_1, \sigma_1^2)$ 和 $Y \sim N(\mu_2, \sigma_2^2)$ 的样本，样本均值分别为

$$\overline{X} = \frac{1}{n_1} \sum_{i=1}^{n_1} X_i, \quad \overline{Y} = \frac{1}{n_2} \sum_{i=1}^{n_2} Y_i,$$

样本方差分别为

$$S_1^2 = \frac{1}{n_1 - 1} \sum_{i=1}^{n_1} (X_i - \overline{X})^2, \quad S_2^2 = \frac{1}{n_2 - 1} \sum_{i=1}^{n_2} (Y_i - \overline{Y})^2,$$

且这两个样本相互独立，则有

（1）$\overline{X} - \overline{Y} \sim N\left(\mu_1 - \mu_2, \dfrac{\sigma_1^2}{n_1} + \dfrac{\sigma_2^2}{n_2}\right)$，$\dfrac{(\overline{X} - \overline{Y}) - (\mu_1 - \mu_2)}{\sqrt{\dfrac{\sigma_1^2}{n_1} + \dfrac{\sigma_2^2}{n_2}}} \sim N(0,1)$；

（2）$\dfrac{S_1^2/\sigma_1^2}{S_2^2/\sigma_2^2} \sim F(n_1 - 1, n_2 - 1)$；

（3）当 $\sigma_1^2 = \sigma_2^2 = \sigma^2$ 时，

$$\frac{(\overline{X} - \overline{Y}) - (\mu_1 - \mu_2)}{S_W \sqrt{\dfrac{1}{n_1} + \dfrac{1}{n_2}}} \sim t(n_1 + n_2 - 2)，$$

其中 $S_W = \sqrt{\dfrac{(n_1 - 1)S_1^2 + (n_2 - 1)S_2^2}{n_1 + n_2 - 2}}$．

6.2 典型例题解析

例 1 设 N 个产品中有 M 个次品．进行 n 次有放回抽样，记

$$X_i = \begin{cases} 1, & \text{第 } i \text{ 次取得次品,} \\ 0, & \text{第 } i \text{ 次取得正品,} \end{cases}$$

求：（1）总体 X 的分布律；（2）样本 $X_1, X_2, \cdots, X_n$ 的联合分布律．

解 （1）总体 X 服从（0—1）分布，分布律为

$$P\{X = 1\} = \frac{M}{N}, \quad P\{X = 0\} = 1 - \frac{M}{N},$$

也可写为

$$P\{X = x\} = \left(\frac{M}{N}\right)^x \left(1 - \frac{M}{N}\right)^{1-x}, \quad x = 0,1.$$

（2）样本 $X_1, X_2, \cdots, X_n$ 的联合分布律为

$$P\{X_1 = x_1, X_2 = x_2, \cdots, X_n = x_n\} = \prod_{i=1}^{n} P\{X_i = x_i\} = \prod_{i=1}^{n} \left(\frac{M}{N}\right)^{x_i} \left(1 - \frac{M}{N}\right)^{1-x_i}$$

$$= \left(\frac{M}{N}\right)^{\sum\limits_{i=1}^{n} x_i} \left(1 - \frac{M}{N}\right)^{n - \sum\limits_{i=1}^{n} x_i}, \quad x_i = 0,1.$$

例 2 某工厂生产的电子元件的寿命服从参数为 λ 的指数分布，任意抽取 n 件产品进行实际检测，设它们的寿命 $X_1, X_2, \cdots, X_n$ 是总体的一个简单随机样本，求样本的联合概率密度函数．

解 总体 X 为电子元件的寿命，其概率密度函数为

$$f(x) = \begin{cases} \lambda e^{-\lambda x}, & x > 0, \\ 0, & \text{其他,} \end{cases}$$

则样本的联合概率密度函数为

$$f(x_1, x_2, \cdots, x_n) = \prod_{i=1}^{n} f(x_i).$$

当 $x_i > 0 (i = 1, 2, \cdots, n)$ 时,

$$f(x_1, x_2, \cdots, x_n) = \prod_{i=1}^{n} f(x_i) = \prod_{i=1}^{n} \lambda e^{-\lambda x_i} = \lambda^n e^{-\lambda \sum_{i=1}^{n} x_i},$$

当 x_i 为其他值时, $f(x_1, x_2, \cdots, x_n) = 0$. 综上, 样本的联合概率密度函数

$$f(x_1, x_2, \cdots, x_n) = \begin{cases} \lambda^n e^{-\lambda \sum_{i=1}^{n} x_i}, & x_i > 0 (i = 1, 2, \cdots, n), \\ 0, & \text{其他}. \end{cases}$$

例 3 设总体 X 服从均匀分布 $U(0, \theta)$, $X_1, X_2, \cdots, X_n$ 是来自此总体的一个简单随机样本, $\overline{X}$ 为样本均值, S^2 为样本方差. 求:

(1) 样本的联合概率密度函数; (2) $E(\overline{X})$, $D(\overline{X})$ 和 $E(S^2)$.

解 (1) X 服从均匀分布 $U(0, \theta)$, 其概率密度函数为

$$f(x) = \begin{cases} \dfrac{1}{\theta}, & 0 < x < \theta, \\ 0, & \text{其他}, \end{cases}$$

则样本的联合概率密度函数为

$$f(x_1, x_2, \cdots, x_n) = \prod_{i=1}^{n} f(x_i) = \begin{cases} \dfrac{1}{\theta^n}, & 0 < x_i < \theta (i = 1, 2, \cdots, n), \\ 0, & \text{其他}. \end{cases}$$

(2) $E(\overline{X}) = E(X) = \dfrac{\theta}{2}$, $D(\overline{X}) = \dfrac{D(X)}{n} = \dfrac{\theta^2}{12n}$, $E(S^2) = D(X) = \dfrac{\theta^2}{12}$.

例 4 设总体 $X \sim N(\mu, \sigma^2)$, X_1, X_2, X_3 为来自 X 的一个样本. 试求:

(1) 样本 (X_1, X_2, X_3) 的联合概率密度 $f(x_1, x_2, x_3)$;

(2) 样本均值 $\overline{X}$ 的概率密度函数 $f_{\overline{X}}(x)$.

解 (1) 由于总体概率密度函数为

$$f(x) = \frac{1}{\sqrt{2\pi}\,\sigma} e^{-\frac{(x-\mu)^2}{2\sigma^2}}, \quad -\infty < x < +\infty,$$

故样本的联合概率密度为

$$f(x_1, x_2, x_3) = f(x_1) f(x_2) f(x_3) = \frac{1}{(\sqrt{2\pi}\,\sigma)^3} e^{-\frac{1}{2\sigma^2} \sum_{i=1}^{3} (x_i - \mu)^2}, \quad -\infty < x_i < +\infty, i = 1, 2, 3.$$

(2) $\overline{X} \sim N\left(\mu, \dfrac{\sigma^2}{3}\right)$, 所以 $\overline{X}$ 的概率密度函数为

$$f_{\overline{X}}(x) = \frac{1}{\sqrt{2\pi} \cdot \dfrac{\sigma}{\sqrt{3}}} e^{-\frac{(x-\mu)^2}{2 \cdot \sigma^2/3}} = \frac{\sqrt{3}}{\sqrt{2\pi}\,\sigma} e^{-\frac{3(x-\mu)^2}{2\sigma^2}}, \quad -\infty < x < +\infty.$$

例 5 设总体 $X \sim b(1, p)$，$X_1, X_2, \cdots, X_n$ 为来自总体 X 的样本，记 $\overline{X} = \dfrac{1}{n} \sum\limits_{i=1}^{n} X_i$，求 $P\left\{ \overline{X} = \dfrac{k}{n} \right\}$，其中 $k = 0, 1, 2, \cdots, n$.

解 由于 $\overline{X} = \dfrac{1}{n} \sum\limits_{i=1}^{n} X_i$，则 $n\overline{X} = \sum\limits_{i=1}^{n} X_i$，又由于 $X_1, X_2, \cdots, X_n$ 是相互独立的且都服从 $b(1, p)$ 的随机变量，则 $\sum\limits_{i=1}^{n} X_i \sim b(n, p)$，即 $n\overline{X} \sim b(n, p)$，故

$$P\left\{ \overline{X} = \frac{k}{n} \right\} = P\{ n\overline{X} = k \} = C_n^k p^k (1-p)^{n-k}, \quad k = 0, 1, 2, \cdots, n.$$

例 6 设总体 X 服从二项分布 $b(1, p)$，$X_1, X_2, \cdots, X_{100}$ 是来自 X 的一个简单随机样本，$\overline{X}$ 为样本均值，试求 $\overline{X}$ 的渐近分布.(渐近分布是指样本容量较大时的近似分布.)

解 由于 $E(X_i) = p$，$D(X_i) = p(1-p)$，根据中心极限定理，$\sum\limits_{i=1}^{100} X_i$ 近似服从 $N(100p, 100p(1-p))$，则样本均值 $\overline{X} = \dfrac{1}{100} \sum\limits_{i=1}^{100} X_i$ 的渐近分布为 $N\left(p, \dfrac{p(1-p)}{100} \right)$.

例 7 设总体 X 的概率密度为

$$f(x) = \begin{cases} |x|, & |x| < 1, \\ 0, & \text{其他}, \end{cases}$$

$X_1, X_2, \cdots, X_{50}$ 为样本. 试求：

（1）$\overline{X}$ 的数学期望与方差，样本方差 S^2 和样本二阶中心矩 B_2 的数学期望；

（2）$P\{ |\overline{X}| > 0.02 \}$.

解 （1）样本容量 $n = 50$，

$$E(\overline{X}) = E(X) = \int_{-1}^{1} x \cdot |x| \, \mathrm{d}x = 0,$$

$$E(X^2) = \int_{-1}^{1} x^2 \cdot |x| \, \mathrm{d}x = \frac{1}{2}, \quad D(X) = E(X^2) - [E(X)]^2 = \frac{1}{2},$$

$$D(\overline{X}) = \frac{D(X)}{n} = \frac{1}{2 \times 50} = \frac{1}{100}, \quad E(S^2) = D(X) = \frac{1}{2},$$

$$E(B_2) = E\left(\frac{n-1}{n} \cdot S^2 \right) = \frac{n-1}{n} E(S^2) = \frac{50-1}{50} \cdot \frac{1}{2} = \frac{49}{100}.$$

（2）由中心极限定理可知，当样本容量较大时，$\overline{X}$ 可近似看成服从正态分布.又由于 $E(\overline{X}) = 0$，$D(\overline{X}) = \dfrac{1}{100}$，因此 $\overline{X}$ 近似服从 $N\left(0, \dfrac{1}{100} \right)$，所以

$$P\{ |\overline{X}| > 0.02 \} = 1 - P\{ |\overline{X}| \leqslant 0.02 \} = 1 - P\left\{ \left| \frac{\overline{X}}{1/10} \right| \leqslant 0.2 \right\}$$

$$\approx 2 - 2\Phi(0.2) \approx 0.841\ 4.$$

例 8 设 X_1, X_2, X_3, X_4 是来自正态总体 $X \sim N(0, 2^2)$ 的一个简单随机样本，令 $Y =$

$a(X_1-2X_2)^2+b(3X_3+4X_4)^2$, 则当 $a=$ _____, $b=$ _____ 时, 统计量 Y 服从 χ^2 分布, 其自由度为 _____.

解　由于 $X_i \sim N(0,2^2)$ $(i=1,2,3,4)$ 且相互独立, 则

$$E(X_1-2X_2)=0, \quad D(X_1-2X_2)=D(X_1)+4D(X_2)=20,$$
$$E(3X_3+4X_4)=0, \quad D(3X_3+4X_4)=9D(X_3)+16D(X_4)=100,$$

从而

$$X_1-2X_2 \sim N(0,20), \quad 3X_3+4X_4 \sim N(0,100),$$
$$\frac{X_1-2X_2}{\sqrt{20}} \sim N(0,1), \quad \frac{3X_3+4X_4}{\sqrt{100}} \sim N(0,1),$$

则 $\left(\dfrac{X_1-2X_2}{\sqrt{20}}\right)^2+\left(\dfrac{3X_3+4X_4}{\sqrt{100}}\right)^2 \sim \chi^2(2)$, 即

$$\frac{1}{20}(X_1-2X_2)^2+\frac{1}{100}(3X_3+4X_4)^2 \sim \chi^2(2).$$

与统计量 Y 对应得, $a=\dfrac{1}{20}$, $b=\dfrac{1}{100}$, 且 Y 服从自由度为 2 的 χ^2 分布.

例9　设 X_1, X_2, X_3, X_4 是来自正态总体 $N(0,\sigma^2)$ 的简单随机样本, 若统计量 $Z=\dfrac{C(X_1+X_2)}{\sqrt{X_3^2+X_4^2}}$

服从 t 分布, 求常数 C 以及该 t 分布的自由度.

解　由于 $X_i \sim N(0,\sigma^2)$, $i=1,2,3,4$ 且相互独立, 则

$$X_1+X_2 \sim N(0,2\sigma^2), \quad 即 \quad \frac{X_1+X_2}{\sqrt{2}\sigma} \sim N(0,1),$$

而 $\dfrac{X_3}{\sigma} \sim N(0,1)$, $\dfrac{X_4}{\sigma} \sim N(0,1)$ 且相互独立, 由 χ^2 分布的定义知

$$\left(\frac{X_3}{\sigma}\right)^2+\left(\frac{X_4}{\sigma}\right)^2 \sim \chi^2(2), \quad 即 \quad \frac{X_3^2+X_4^2}{\sigma^2} \sim \chi^2(2).$$

又因为 $\dfrac{X_1+X_2}{\sqrt{2}\sigma}$, $\dfrac{X_3^2+X_4^2}{\sigma^2}$ 相互独立, 根据 t 分布的定义知

$$\frac{\dfrac{X_1+X_2}{\sqrt{2}\sigma}}{\sqrt{\dfrac{X_3^2+X_4^2}{2\sigma^2}}} \sim t(2), \quad 整理得 \quad \frac{X_1+X_2}{\sqrt{X_3^2+X_4^2}} \sim t(2),$$

故 $C=1$ 且该 t 分布的自由度为 2.

例10　设 $X_1, X_2, \cdots, X_5$ 是来自正态总体 $N(0,1)$ 的一个简单随机样本, 试证:

$$(1) \ \frac{\sqrt{3}(X_1+X_2)}{\sqrt{2(X_3^2+X_4^2+X_5^2)}} \sim t(3); \quad (2) \ \frac{\sqrt{3}(X_1+X_2)}{\sqrt{2}|X_3+X_4+X_5|} \sim t(1);$$

（3）$\dfrac{3\,(X_1+X_2)^2}{2(X_3^2+X_4^2+X_5^2)}\sim F(1,3)$.

证明 （1）因为 $X_i\sim N(0,1)(i=1,2,\cdots,5)$ 且相互独立，所以

$$X_1+X_2\sim N(0,2)，\quad 即\quad \frac{X_1+X_2}{\sqrt{2}}\sim N(0,1)，$$

而 $X_3^2+X_4^2+X_5^2\sim\chi^2(3)$，且 $\dfrac{X_1+X_2}{\sqrt{2}}$ 与 $X_3^2+X_4^2+X_5^2$ 相互独立. 由 t 分布的定义知

$$\frac{\dfrac{X_1+X_2}{\sqrt{2}}}{\sqrt{\dfrac{X_3^2+X_4^2+X_5^2}{3}}}\sim t(3)，\quad 即\quad \frac{\sqrt{3}\,(X_1+X_2)}{\sqrt{2(X_3^2+X_4^2+X_5^2)}}\sim t(3).$$

（2）因为 $X_i\sim N(0,1)(i=1,2,\cdots,5)$ 且相互独立，所以

$$X_3+X_4+X_5\sim N(0,3)，\quad 即\quad \frac{X_3+X_4+X_5}{\sqrt{3}}\sim N(0,1)，$$

则 $\left(\dfrac{X_3+X_4+X_5}{\sqrt{3}}\right)^2\sim\chi^2(1)$. 又 $\dfrac{X_1+X_2}{\sqrt{2}}\sim N(0,1)$，且 $\dfrac{X_1+X_2}{\sqrt{2}}$ 与 $\left(\dfrac{X_3+X_4+X_5}{\sqrt{3}}\right)^2$ 相互独立，由 t 分布的定义知

$$\frac{\dfrac{X_1+X_2}{\sqrt{2}}}{\sqrt{\left(\dfrac{X_3+X_4+X_5}{\sqrt{3}}\right)^2}}\sim t(1)，\quad 即\quad \frac{\sqrt{3}\,(X_1+X_2)}{\sqrt{2}\,|X_3+X_4+X_5|}\sim t(1).$$

（3）由（1）得，$\dfrac{X_1+X_2}{\sqrt{2}}\sim N(0,1)$，$\left(\dfrac{X_1+X_2}{\sqrt{2}}\right)^2\sim\chi^2(1)$. 又 $X_3^2+X_4^2+X_5^2\sim\chi^2(3)$，且 $\left(\dfrac{X_1+X_2}{\sqrt{2}}\right)^2$ 与 $X_3^2+X_4^2+X_5^2$ 相互独立，由 F 分布的定义知

$$\frac{\left(\dfrac{X_1+X_2}{\sqrt{2}}\right)^2}{\dfrac{X_3^2+X_4^2+X_5^2}{3}}\sim F(1,3)，\quad 即\quad \frac{3\,(X_1+X_2)^2}{2(X_3^2+X_4^2+X_5^2)}\sim F(1,3).$$

例 11 设 $X_1,X_2,\cdots,X_n$ 是来自正态总体 $N(\mu,\sigma^2)$ 的简单随机样本，$\overline{X}$ 为样本均值，S^2 为样本方差，证明：$\dfrac{\sqrt{n(n-1)}\,(\overline{X}-\mu)}{\sqrt{\sum\limits_{i=1}^{n}(X_i-\overline{X})^2}}$ 服从自由度为 $n-1$ 的 t 分布.

证明 由于 $\dfrac{\overline{X}-\mu}{\sigma/\sqrt{n}}\sim N(0,1)$，所以

$$\frac{(n-1)S^2}{\sigma^2} \sim \chi^2(n-1), \quad 即 \quad \frac{\sum\limits_{i=1}^{n}(X_i-\overline{X})^2}{\sigma^2} \sim \chi^2(n-1).$$

又由于 $\overline{X}$ 与 S^2 相互独立,所以 $\dfrac{\overline{X}-\mu}{\sigma/\sqrt{n}}$ 与 $\dfrac{\sum\limits_{i=1}^{n}(X_i-\overline{X})^2}{\sigma^2}$ 相互独立,由 t 分布的定义知

$$\frac{\dfrac{\overline{X}-\mu}{\sigma/\sqrt{n}}}{\sqrt{\dfrac{\sum\limits_{i=1}^{n}(X_i-\overline{X})^2}{\sigma^2}\bigg/ n-1}} = \frac{\sqrt{n(n-1)}(\overline{X}-\mu)}{\sqrt{\sum\limits_{i=1}^{n}(X_i-\overline{X})^2}} \sim t(n-1).$$

例 12 设总体 $X \sim N(\mu_1,\sigma^2)$, $Y \sim N(\mu_2,\sigma^2)$, X 与 Y 相互独立, $X_1, X_2, \cdots, X_n$ 与 $Y_1, Y_2, \cdots,$ Y_m 分别是来自 X 与 Y 的简单随机样本, $\overline{X}, \overline{Y}$ 分别是两个样本的样本均值, $S^2 = \dfrac{1}{n-1}\sum\limits_{i=1}^{n}(X_i-\overline{X})^2$,证明:统计量 $Z = \dfrac{\overline{X}-\overline{Y}-(\mu_1-\mu_2)}{S\sqrt{\dfrac{1}{n}+\dfrac{1}{m}}}$ 服从自由度为 $n-1$ 的 t 分布.

证明 依题意 $\overline{X} \sim N\left(\mu_1,\dfrac{\sigma^2}{n}\right)$, $\overline{Y} \sim N\left(\mu_2,\dfrac{\sigma^2}{m}\right)$,且 $\overline{X}, \overline{Y}$ 相互独立,则

$$\overline{X}-\overline{Y} \sim N\left(\mu_1-\mu_2,\left(\frac{1}{n}+\frac{1}{m}\right)\sigma^2\right), \quad 即 \quad \frac{\overline{X}-\overline{Y}-(\mu_1-\mu_2)}{\sigma\sqrt{\dfrac{1}{n}+\dfrac{1}{m}}} \sim N(0,1).$$

又 $\dfrac{(n-1)S^2}{\sigma^2} \sim \chi^2(n-1)$,且 $\dfrac{\overline{X}-\overline{Y}-(\mu_1-\mu_2)}{\sigma\sqrt{\dfrac{1}{n}+\dfrac{1}{m}}}$ 与 $\dfrac{(n-1)S^2}{\sigma^2}$ 相互独立,根据 t 分布的定义,

$$\frac{\dfrac{\overline{X}-\overline{Y}-(\mu_1-\mu_2)}{\sigma\sqrt{\dfrac{1}{n}+\dfrac{1}{m}}}}{\sqrt{\dfrac{(n-1)S^2}{\sigma^2(n-1)}}} \sim t(n-1), \quad 即 \quad Z = \frac{\overline{X}-\overline{Y}-(\mu_1-\mu_2)}{S\sqrt{\dfrac{1}{n}+\dfrac{1}{m}}} \sim t(n-1).$$

例 13 设 $X_1, X_2, \cdots, X_8$ 和 $Y_1, Y_2, \cdots, Y_{10}$ 为分别来自两个正态分布总体 $N(-1,2^2)$ 及 $N(2,5^2)$ 的简单随机样本,且相互独立,S_1^2 与 S_2^2 分别为两个样本方差,试证明:统计量 $\dfrac{25S_1^2}{4S_2^2}$ 服从参数为 7,9 的 F 分布.

证明 由于 $\dfrac{(n-1)S^2}{\sigma^2} \sim \chi^2(n-1)$,故

$$\frac{7S_1^2}{4} \sim \chi^2(7), \quad \frac{9S_2^2}{25} \sim \chi^2(9).$$

因为 $\dfrac{7S_1^2}{4}$ 与 $\dfrac{9S_2^2}{25}$ 相互独立,由 F 分布的定义知

$$\frac{\dfrac{7S_1^2}{4}\Big/7}{\dfrac{9S_2^2}{25}\Big/9} \sim F(7,9), \quad 即 \quad \frac{25S_1^2}{4S_2^2} \sim F(7,9).$$

例 14 设 $X_1, X_2, \cdots, X_n$ 是来自正态总体 $N(\mu, \sigma^2)$ 的简单随机样本,若 $\overline{X}$ 表示样本均值,S^2 表示样本方差,记 $Y = n\left(\dfrac{\overline{X}-\mu}{S}\right)^2$,证明:$Y \sim F(1, n-1)$.

证明 由于 $\dfrac{\overline{X}-\mu}{\sigma/\sqrt{n}} \sim N(0,1)$,所以

$$\left(\frac{\overline{X}-\mu}{\sigma/\sqrt{n}}\right)^2 = \frac{n}{\sigma^2}(\overline{X}-\mu)^2 \sim \chi^2(1).$$

又由于 $\dfrac{(n-1)S^2}{\sigma^2} \sim \chi^2(n-1)$,且由 $\overline{X}$ 与 S^2 相互独立知 $\left(\dfrac{\overline{X}-\mu}{\sigma/\sqrt{n}}\right)^2$ 与 $\dfrac{(n-1)S^2}{\sigma^2}$ 相互独立,根据 F 分布的定义,

$$\frac{\left(\dfrac{\overline{X}-\mu}{\sigma/\sqrt{n}}\right)^2}{\dfrac{(n-1)S^2}{\sigma^2}\Big/(n-1)} = n\left(\frac{\overline{X}-\mu}{S}\right)^2 \sim F(1, n-1).$$

例 15 设总体 X 服从正态分布 $N(\mu, \sigma^2)$,从该总体中抽取容量为 $2n$ 的简单随机样本 $X_1, X_2, \cdots, X_{2n}(n \geq 2)$,其样本均值为 $\overline{X} = \dfrac{1}{2n}\sum_{i=1}^{2n} X_i$,求统计量 $Y = \sum_{i=1}^{n}(X_i + X_{n+i} - 2\overline{X})^2$ 的数学期望 $E(Y)$.

解 方法一:$E(Y) = E\left[\sum_{i=1}^{n}(X_i + X_{n+i} - 2\overline{X})^2\right] = \sum_{i=1}^{n} E[(X_i + X_{n+i} - 2\overline{X})^2]$

$$= \sum_{i=1}^{n}\{D(X_i + X_{n+i} - 2\overline{X}) + [E(X_i + X_{n+i} - 2\overline{X})]^2\},$$

其中

$$E(X_i + X_{n+i} - 2\overline{X}) = E(X_i) + E(X_{n+i}) - 2E(\overline{X}) = \mu + \mu - 2\mu = 0.$$

而由方差的加法性质可知,需要把 $X_i + X_{n+i} - 2\overline{X}$ 整理成独立的随机变量的代数和形式,故

$$X_i + X_{n+i} - 2\overline{X} = X_i + X_{n+i} - 2 \cdot \frac{1}{2n}\sum_{i=1}^{2n} X_i$$

$$= X_i - \frac{1}{n}X_i + X_{n+i} - \frac{1}{n}X_{n+i} - \frac{1}{n}\sum_{\substack{1 \leqslant j \leqslant 2n \\ j \neq i, n+i}} X_j$$

$$= \left(1 - \frac{1}{n}\right)X_i + \left(1 - \frac{1}{n}\right)X_{n+i} - \frac{1}{n}\sum_{\substack{1 \leqslant j \leqslant 2n \\ j \neq i, n+i}} X_j,$$

那么

$$D(X_i + X_{n+i} - 2\overline{X}) = D\left[\left(1 - \frac{1}{n}\right)X_i + \left(1 - \frac{1}{n}\right)X_{n+i} - \frac{1}{n}\sum_{\substack{1 \leqslant j \leqslant 2n \\ j \neq i, n+i}} X_j\right]$$

$$= \left(1 - \frac{1}{n}\right)^2 D(X_i) + \left(1 - \frac{1}{n}\right)^2 D(X_{n+i}) + \frac{1}{n^2}(2n-2)D(X)$$

$$= \frac{(n-1)^2\sigma^2}{n^2} + \frac{(n-1)^2\sigma^2}{n^2} + \frac{(2n-2)\sigma^2}{n^2}$$

$$= \frac{2(n-1)\sigma^2}{n},$$

则

$$E(Y) = \sum_{i=1}^{n}\left\{D(X_i + X_{n+i} - 2\overline{X}) + \left[E(X_i + X_{n+i} - 2\overline{X})\right]^2\right\}$$

$$= \sum_{i=1}^{n}\left[\frac{2(n-1)\sigma^2}{n} + 0\right] = n \cdot \frac{2(n-1)\sigma^2}{n} = 2(n-1)\sigma^2.$$

方法二：将样本构造成 $X_1 + X_{n+1}, X_2 + X_{n+2}, \cdots, X_n + X_{2n}$，它们可看作取自总体 $Z \sim N(2\mu, 2\sigma^2)$ 的简单随机样本，则新样本的均值为

$$\frac{1}{n}\sum_{i=1}^{n}(X_i + X_{n+i}) = \frac{1}{n}\sum_{i=1}^{2n}X_i = 2\overline{X},$$

新样本方差为

$$S^2 = \frac{1}{n-1}\sum_{i=1}^{n}(X_i + X_{n+i} - 2\overline{X})^2 = \frac{1}{n-1}Y.$$

因为 $E(S^2) = D(Z) = 2\sigma^2$，所以 $E\left(\frac{1}{n-1}Y\right) = 2\sigma^2$，得 $E(Y) = 2(n-1)\sigma^2$.

例 16　设 $X_1, X_2, \cdots, X_7$ 为总体 $X \sim N(0, 0.5^2)$ 的一个样本，求 $P\left\{\sum_{i=1}^{7}X_i^2 > 4\right\}$.

解　因为 $X_i \sim N(0, 0.5^2)$，所以 $\dfrac{X_i}{0.5} = 2X_i \sim N(0,1)$，即 $\sum_{i=1}^{7}4X_i^2 \sim \chi^2(7)$，于是

$$P\left\{\sum_{i=1}^{7}X_i^2 > 4\right\} = P\left\{4\sum_{i=1}^{7}X_i^2 > 16\right\} = P\{\chi^2(7) > 16\}.$$

由 $\chi^2(n)$ 分布的上 α 分位点的定义，查表可知 $\chi^2_{0.025}(7) \approx 16.012$，故 $P\left\{\sum_{i=1}^{7}X_i^2 > 4\right\} \approx 0.025$.

例 17　设总体 $X \sim N(\mu, \sigma^2)$，$X_1, X_2, \cdots, X_{10}$ 是来自总体 X 的随机样本，求：

（1）$P\left\{0.3\sigma^2 \leq \dfrac{1}{10}\sum\limits_{i=1}^{10}(X_i-\mu)^2 \leq 2.1\sigma^2\right\}$ ；

（2）$P\left\{0.3\sigma^2 \leq \dfrac{1}{10}\sum\limits_{i=1}^{10}(X_i-\overline{X})^2 \leq 2.1\sigma^2\right\}$.

解　（1）因为样本和总体分布相同，所以

$$X_i \sim N(\mu,\sigma^2),\quad 即\quad \frac{X_i-\mu}{\sigma}\sim N(0,1),i=1,2,\cdots,10.$$

由 χ^2 分布的定义，

$$\sum_{i=1}^{10}\left(\frac{X_i-\mu}{\sigma}\right)^2 = \frac{1}{\sigma^2}\sum_{i=1}^{10}(X_i-\mu)^2 \sim \chi^2(10),$$

所以

$$P\left\{0.3\sigma^2 \leq \frac{1}{10}\sum_{i=1}^{10}(X_i-\mu)^2 \leq 2.1\sigma^2\right\}$$

$$=P\left\{3 \leq \frac{1}{\sigma^2}\sum_{i=1}^{10}(X_i-\mu)^2 \leq 21\right\}$$

$$=P\{3\leq\chi^2(10)\leq21\}=P\{\chi^2(10)\leq21\}-P\{\chi^2(10)<3\}$$

$$=[1-P\{\chi^2(10)>21\}]-[1-P\{\chi^2(10)>3\}]$$

$$=P\{\chi^2(10)>3\}-P\{\chi^2(10)>21\}$$

$$\approx 0.98-0.02=0.96.$$

注：χ^2 分布表列出的数据对应关系为 $P\{\chi^2(n)>\chi^2_\alpha(n)\}=\alpha$，根据 α 的值可查出相应的 $\chi^2_\alpha(n)$，而此题中是已知 $\chi^2_\alpha(n)$，故要利用此表反查出 α 的值.

（2）由于 $\dfrac{(n-1)S^2}{\sigma^2}\sim\chi^2(n-1)$，$S^2=\dfrac{1}{n-1}\sum\limits_{i=1}^{n}(X_i-\overline{X})^2$，则

$$\frac{\sum_{i=1}^{n}(X_i-\overline{X})^2}{\sigma^2}\sim\chi^2(n-1),\quad 即\quad \frac{1}{\sigma^2}\sum_{i=1}^{10}(X_i-\overline{X})^2\sim\chi^2(9),$$

所以

$$P\left\{0.3\sigma^2 \leq \frac{1}{10}\sum_{i=1}^{10}(X_i-\overline{X})^2 \leq 2.1\sigma^2\right\}$$

$$=P\left\{3 \leq \frac{1}{\sigma^2}\sum_{i=1}^{10}(X_i-\overline{X})^2 \leq 21\right\}$$

$$=P\{3\leq\chi^2(9)\leq21\}=P\{\chi^2(9)\geq3\}-P\{\chi^2(9)\geq21\}$$

$$\approx 0.96-0.01=0.95.$$

例 18　设随机变量 X 服从 $t(n)$ 分布，Y 服从 $F(1,n)$ 分布，常数 c 满足 $P\{X>c\}=0.1$，求概率 $P\{Y>c^2\}$.

解　由于随机变量 $X\sim t(n)$，则 $X^2\sim F(1,n)$，又由于 $Y\sim F(1,n)$，说明 X^2 与 Y 同分布，则

$$P\{Y>c^2\}=P\{X^2>c^2\}=P\{X<-c\}+P\{X>c\}.$$

由于 $X \sim t(n)$，X 的概率密度函数是偶函数，所以

$$P\{X < -c\} = P\{X > c\} = 0.1,$$

故 $P\{Y > c^2\} = 0.1 + 0.1 = 0.2$.

例 19 设总体 $X \sim N(20,3)$，$\overline{X}$ 与 $\overline{Y}$ 是容量分别为 10，15 的两个独立样本的均值，求 $P\{|\overline{X} - \overline{Y}| > 0.3\}$.

解 因为总体 $X \sim N(20,3)$，样本容量分别为 10，15，则

$$\overline{X} \sim N\left(20, \frac{3}{10}\right), \quad \overline{Y} \sim N\left(20, \frac{3}{15}\right),$$

$\overline{X},\overline{Y}$ 相互独立，且

$$E(\overline{X} - \overline{Y}) = 20 - 20 = 0, \quad D(\overline{X} - \overline{Y}) = \frac{3}{10} + \frac{3}{15} = \frac{1}{2}.$$

于是有

$$\overline{X} - \overline{Y} \sim N\left(0, \frac{1}{2}\right), \quad 即 \quad \frac{\overline{X} - \overline{Y}}{\sqrt{1/2}} \sim N(0,1),$$

故

$$P\{|\overline{X} - \overline{Y}| > 0.3\} = 1 - P\{|\overline{X} - \overline{Y}| \leqslant 0.3\} = 1 - P\{-0.3 \leqslant \overline{X} - \overline{Y} \leqslant 0.3\}$$

$$= 1 - P\left\{\frac{-0.3}{\sqrt{1/2}} \leqslant \frac{\overline{X} - \overline{Y}}{\sqrt{1/2}} \leqslant \frac{0.3}{\sqrt{1/2}}\right\} = 1 - \left[\Phi\left(\frac{0.3}{\sqrt{1/2}}\right) - \Phi\left(-\frac{0.3}{\sqrt{1/2}}\right)\right]$$

$$= 1 - \left[2\Phi\left(\frac{0.3}{\sqrt{1/2}}\right) - 1\right] = 2 - 2\Phi\left(\frac{0.3}{\sqrt{1/2}}\right)$$

$$\approx 2 - 2\Phi(0.42) \approx 0.674\,4.$$

例 20 在总体 $X \sim N(12, 2^2)$ 中随机地抽取一个容量为 5 的样本 $X_1, X_2, \cdots, X_5$，求：

(1) 样本均值 $\overline{X}$ 在 11 到 13 之间取值的概率；

(2) $P\{\max(X_1, X_2, \cdots, X_5) > 15\}$；

(3) $P\{\min(X_1, X_2, \cdots, X_5) < 10\}$.

解 (1) 由于 $\overline{X} \sim N\left(12, \frac{2^2}{5}\right)$，那么

$$P\{11 < \overline{X} < 13\} = \Phi\left(\frac{13 - 12}{\sqrt{4/5}}\right) - \Phi\left(\frac{11 - 12}{\sqrt{4/5}}\right)$$

$$= \Phi\left(\frac{\sqrt{5}}{2}\right) - \Phi\left(-\frac{\sqrt{5}}{2}\right) \approx \Phi(1.118) - \Phi(-1.118)$$

$$= 2\Phi(1.118) - 1 \approx 2 \times 0.868\,6 - 1 = 0.737\,2.$$

(2) $P\{\max(X_1, X_2, \cdots, X_5) > 15\} = 1 - P\{\max(X_1, X_2, \cdots, X_5) \leqslant 15\}$

$$= 1 - P\{X_1 \leqslant 15\} P\{X_2 \leqslant 15\} \cdots P\{X_5 \leqslant 15\}$$

$$= 1 - [P\{X \leqslant 15\}]^5 = 1 - \left[\Phi\left(\frac{15 - 12}{2}\right)\right]^5$$

$$= 1 - \left[\varPhi \left(\frac{3}{2} \right) \right]^5 \approx 1 - 0.933\ 2^5 \approx 0.292\ 3.$$

$$(3)\ P\{ \min(X_1, X_2, \cdots, X_5) < 10 \} = 1 - P\{ \min(X_1, X_2, \cdots, X_5) \geq 10 \}$$

$$= 1 - P\{ X_1 \geq 10 \} P\{ X_2 \geq 10 \} \cdots P\{ X_5 \geq 10 \}$$

$$= 1 - [1 - P\{ X < 10 \}]^5 = 1 - \left[1 - \varPhi \left(\frac{10-12}{2} \right) \right]^5$$

$$= 1 - [1 - \varPhi(-1)]^5 = 1 - [\varPhi(1)]^5 \approx 0.579.$$

6.3 同步训练题

一、选择题

1. 设随机变量 $X_1, X_2, \cdots, X_n (n>1)$ 相互独立且同分布,各随机变量的方差为 $\sigma^2 > 0$. 令 $Y = \frac{1}{n} \sum_{i=1}^{n} X_i$, 则下列选项正确的是(   ).

    A. $\mathrm{Cov}(X_1, Y) = \dfrac{\sigma^2}{n}$ B. $\mathrm{Cov}(X_1, Y) = \sigma^2$

    C. $D(X_1 + Y) = \dfrac{n+2}{n} \sigma^2$ D. $D(X_1 - Y) = \dfrac{n+1}{n} \sigma^2$

2. 设 X_1, X_2, X_3, X_4 是来自正态总体 $N(0,1)$ 的简单随机样本, 已知统计量 $Y = a(4X_1 - 3X_2)^2 + b(2X_3 - X_4)^2$ 服从 $\chi^2(2)$ 分布, 则 a, b 的值分别为(   ).

    A. $\dfrac{1}{25}, \dfrac{1}{5}$ B. $\dfrac{1}{7}, \dfrac{1}{3}$ C. $1, 1$ D. $25, 5$

3. 设 X_1, X_2, X_3, X_4 是来自正态总体 $N(1, \sigma^2)$ 的简单随机样本, 则统计量 $\dfrac{X_1 - X_2}{|X_3 + X_4 - 2|}$ 服从(   )分布.

    A. $N(0,1)$ B. $\chi^2(1)$ C. $t(1)$ D. $F(1,1)$

4. 设 $X_1, X_2, \cdots, X_n$ 是来自正态总体 $N(\mu, \sigma^2)$ 的简单随机样本, $\overline{X}$ 是样本均值, 记

$$S_1^2 = \frac{1}{n-1} \sum_{i=1}^{n} (X_i - \overline{X})^2, \quad S_2^2 = \frac{1}{n} \sum_{i=1}^{n} (X_i - \overline{X})^2,$$

$$S_3^2 = \frac{1}{n-1} \sum_{i=1}^{n} (X_i - \mu)^2, \quad S_4^2 = \frac{1}{n} \sum_{i=1}^{n} (X_i - \mu)^2,$$

则服从自由度为 $n-1$ 的 t 分布的随机变量是(   ).

    A. $\dfrac{\overline{X} - \mu}{S_1 / \sqrt{n-1}}$ B. $\dfrac{\overline{X} - \mu}{S_2 / \sqrt{n-1}}$ C. $\dfrac{\overline{X} - \mu}{S_3 / \sqrt{n}}$ D. $\dfrac{\overline{X} - \mu}{S_4 / \sqrt{n}}$

5. 设随机变量 X 和 Y 都服从标准正态分布, 则下列选项一定正确的是(   ).

  A. $X+Y$ 服从正态分布　　　　　　B. X^2+Y^2 服从 χ^2 分布

  C. X^2 和 Y^2 都服从 χ^2　　　　　　D. X^2/Y^2 服从 F 分布

  6. 设 $X_1,X_2,\cdots,X_n$ 是来自正态总体 $N(0,1)$ 的简单随机样本，$\overline{X}$ 为样本均值，S^2 为样本方差，则下列选项一定正确的是(　　).

  A. $n\overline{X}\sim N(0,1)$　　　　　　　　B. $nS^2\sim\chi^2(n)$ 服从 χ^2 分布

  C. $\dfrac{(n-1)\overline{X}}{S}\sim t(n-1)$　　　　　　D. $\dfrac{(n-1)X_1^2}{\sum\limits_{i=2}^{n}X_i^2}\sim F(1,n-1)$

  7. 设 $X_1,X_2,\cdots,X_n$ 是来自正态总体 $N(\mu,1)$ 的简单随机样本，记 $\overline{X}=\dfrac{1}{n}\sum\limits_{i=1}^{n}X_i$，则下列结论不正确的是(　　).

  A. $\sum\limits_{i=1}^{n}(X_i-\mu)^2\sim\chi^2(n)$　　　　B. $2(X_n-X_1)^2\sim\chi^2(1)$

  C. $\sum\limits_{i=1}^{n}(X_i-\overline{X})^2\sim\chi^2(n-1)$　　　D. $n(\overline{X}-\mu)^2\sim\chi^2(1)$

二、填空题

  1. 设总体 $X\sim N(1,2)$，$X_1,X_2,\cdots,X_n$ 是来自此总体的一组简单随机样本，$\overline{X}=\dfrac{1}{n}\sum\limits_{i=1}^{n}X_i$ 为样本均值，则 $D(\overline{X})=$ _____.

  2. 设总体 $X\sim N(2,4)$，$X_1,X_2,\cdots,X_n$ 是来自此总体的一组简单随机样本，$\overline{X}=\dfrac{1}{n}\sum\limits_{i=1}^{n}X_i$ 为样本均值，则 $\overline{X}$ 服从_____分布.

  3. 设总体 $X\sim\chi^2(n)$，$X_1,X_2,\cdots,X_n$ 是来自此总体的一组简单随机样本，$\overline{X}=\dfrac{1}{n}\sum\limits_{i=1}^{n}X_i$ 为样本均值，则 $E(\overline{X})=$ _____，$D(\overline{X})=$ _____.

  4. 设随机变量 X 和 Y 相互独立且都服从正态分布 $N(0,3^2)$，而 $X_1,X_2,\cdots,X_9$ 和 $Y_1,Y_2,\cdots,Y_9$ 分别是来自总体 X 和 Y 的简单随机样本，则统计量 $U=\dfrac{X_1+X_2+\cdots+X_9}{\sqrt{Y_1^2+Y_2^2+\cdots+Y_9^2}}$ 服从_____分布，参数为_____.

  5. 设总体 $X\sim N(0,9)$，$X_1,X_2,\cdots,X_9$ 是来自此总体的一组简单随机样本，则统计量 $Y=\dfrac{X_1^2+X_2^2+\cdots+X_6^2}{2(X_7^2+X_8^2+X_9^2)}$ 服从的分布为_____.

  6. 设随机变量 X 服从 $F(n,n)$ 分布，已知 α 满足 $P\{X>\alpha\}=0.05$，则 $P\left\{X>\dfrac{1}{\alpha}\right\}=$ _____.

  7. 设随机变量 $X\sim t(n)(n>1)$，$Y=\dfrac{1}{X^2}$，则 Y 服从_____分布.

8. 设总体 $X \sim N(1,5)$，$X_1, X_2, \cdots, X_{10}$ 是来自 X 的一组简单随机样本，S^2 为样本方差，则 $D(S^2) = $ _____.

三、计算题

1. 设总体 X 服从几何分布，即 $P\{X=k\} = (1-p)^{k-1}p, 0<p<1, k=1,2,\cdots,X_1,X_2,\cdots,X_n$ 是来自 X 的一组简单随机样本，求此样本的联合分布律.

2. 设总体随机变量 X 的概率密度函数为 $f(x) = \dfrac{1}{2}e^{-|x|}$ $(-\infty < x < +\infty)$，$X_1, X_2, \cdots, X_n$ 是来自 X 的一组简单随机样本，$\overline{X}$ 为样本均值，S^2 为样本方差. 求：

(1) 样本 $X_1, X_2, \cdots, X_n$ 的联合概率密度 $f(x_1, x_2, \cdots, x_n)$；

(2) $E(\overline{X}), D(\overline{X}), E(S^2)$.

3. 设总体 $X \sim N(\mu, \sigma^2)$，$X_1, X_2, \cdots, X_n$ 是来自 X 的一组简单随机样本，记 $Y = \dfrac{1}{n}\sum\limits_{i=1}^{n} |X_i - \mu|$，求 $E(Y)$ 和 $D(Y)$.

4. 设总体 X 服从正态分布 $N(\mu_1, \sigma^2)$，总体 Y 服从正态分布 $N(\mu_2, \sigma^2)$，且 X, Y 相互独立，$X_1, X_2, \cdots, X_{n_1}$ 和 $Y_1, Y_2, \cdots, Y_{n_2}$ $(n_1+n_2>2)$ 分别为来自总体 X 和 Y 的简单随机样本，设

$$T = \frac{\sum\limits_{i=1}^{n_1}(X_i - \overline{X})^2 + \sum\limits_{j=1}^{n_2}(Y_j - \overline{Y})^2}{n_1 + n_2 - 2},$$

求 $E(T)$.

5. 设总体 $X \sim N(0, \sigma^2)$，$X_1, X_2, \cdots, X_{22}$ 是来自 X 的一组简单随机样本，求

$$P\left\{\frac{\sum\limits_{i=1}^{10} X_i}{\sqrt{\sum\limits_{j=11}^{22} X_j^2}} \leq 1.989\,0\right\}.$$

6. 设总体 $X \sim N(\mu, \sigma^2)$，从中抽取一组容量为 16 的样本，S^2 为样本方差，这里 μ 和 σ^2 均未知，求 $P\left\{\dfrac{S^2}{\sigma^2} \leq 2.041\right\}$.

7. 某厂生产的灯泡使用寿命 $X \sim N(2\,250, 250^2)$. 现进行质量检查，方法如下：任选若干个灯泡，若这些灯泡的平均寿命超过 2 200 h，就认为该厂生产的灯泡质量合格. 若要使检查能通过的概率超过 0.997，问至少应检查多少个灯泡？

6.4　同步训练题答案

一、选择题

1. A.　　2. A.　　3. C.　　4. B.　　5. C.　　6. D.　　7. B.

二、填空题

1. $\dfrac{2}{n}$.　　2. $N\left(2,\dfrac{4}{n}\right)$.　　3. $n,2$.　　4. $t,9$.　　5. $F(6,3)$.　　6. 0.95.　　7. $F(n,1)$.

8. $\dfrac{50}{9}$.

三、计算题

1. $(1-p)^{\sum\limits_{i=1}^{n} x_i - n}p^n$.　　2. (1) $\dfrac{1}{2^n}\mathrm{e}^{-\sum\limits_{i=1}^{n}|x_i|}$, (2) $E(\overline{X})=0,D(\overline{X})=\dfrac{2}{n},E(S^2)=2$.

3. $\sqrt{\dfrac{2}{\pi}}\,\sigma,\left(1-\dfrac{2}{\pi}\right)\dfrac{\sigma^2}{n}$.　　4. σ^2.　　5. 0.975.　　6. 0.99.　　7. 190.

第7章　参　数　估　计

本章学习参数估计,主要包括点估计(矩估计法和最大似然估计法)、点估计的评选标准、区间估计(单个正态总体的均值和方差的置信区间和两个正态总体的均值差和方差比的置信区间)等内容.

本章知识点要求:

1. 理解点估计的概念,掌握矩估计法和最大似然估计法;
2. 了解估计量的无偏性、有效性和一致性的概念,会验证估计量的无偏性;
3. 理解区间估计的概念,会求单个正态总体的均值和方差的置信区间;
4. 了解求两个正态总体的均值差和方差比的置信区间的方法.

7.1　知识点概述

7.1.1　点估计

1. 点估计的概念

用样本 $X_1, X_2, \cdots, X_n$ 构造的函数 $T(X_1, X_2, \cdots, X_n)$ 表示总体分布中的未知参数 θ,称 $\hat{\theta} = T(X_1, X_2, \cdots, X_n)$ 为 θ 的点估计量;取一组样本值 $x_1, x_2, \cdots, x_n$,那么称 $\hat{\theta} = T(x_1, x_2, \cdots, x_n)$ 为 θ 的点估计值.

点估计的实质就是借助总体 X 的一个样本来估计总体未知参数的值.

2. 矩估计法

(1) 定义

用样本矩替代相应的总体矩,用样本矩的函数替代总体矩相应的函数,然后求出待估参数,称这种估计法为矩估计法.

(2) 矩估计法的步骤

设总体 X 的分布函数含有 k 个未知的待估参数 $\theta_1, \theta_2, \cdots, \theta_k$,且总体 X 的前 k 阶矩 $E(X^l), l = 1, 2, \cdots, k$ 存在,显然求得的 $E(X^l)$ 是 $\theta_1, \theta_2, \cdots, \theta_k$ 的函数.

第一步:求 $E(X^l), l = 1, 2, \cdots, k$;

第二步:令 $E(X^l) = \dfrac{1}{n} \sum_{i=1}^{n} X_i^l, l = 1, 2, \cdots, k$,列出 k 个方程;

第三步:求解由这 k 个方程构成的方程组,可解得 $\theta_1, \theta_2, \cdots, \theta_k$.

最终求得的 $\theta_1, \theta_2, \cdots, \theta_k$ 的表达式是由 $X_1, X_2, \cdots, X_n$ 构成的函数,记作 $\hat{\theta}_1, \hat{\theta}_2, \cdots, \hat{\theta}_k$,它们是

$\theta_1, \theta_2, \cdots, \theta_k$ 的矩估计量.

3. 最大似然估计法

（1）原理

一个随机试验有若干个可能的结果 $A, B, \cdots$，做一次试验，若结果 A 发生了，那么就认为试验的条件有利于 A 的发生，使得 $P(A)$ 最大.

（2）定义似然函数

设离散型总体 X 的分布律为 $P\{X=x\}=p(x;\theta), \theta \in \Theta, x_1, x_2, \cdots, x_n$ 为一组样本值，那么似然函数为 $L(\theta) = \prod\limits_{i=1}^{n} p(x_i;\theta)$.

设连续型总体 X 的概率密度函数为 $f(x;\theta), \theta \in \Theta, x_1, x_2, \cdots, x_n$ 为一组样本值，那么似然函数为 $L(\theta) = \prod\limits_{i=1}^{n} f(x_i;\theta)$.

使似然函数 $L(\theta)$ 达到最大值的参数值 $\hat{\theta} = \hat{\theta}(x_1, x_2, \cdots, x_n)$ 称为 θ 的最大似然估计值，相应的 $\hat{\theta} = \hat{\theta}(X_1, X_2, \cdots, X_n)$ 称为 θ 的最大似然估计量.称这种方法为最大似然估计法，该方法实质上就是求似然函数 $L(\theta)$ 的最大值点.

（3）最大似然估计法的步骤

第一步：根据总体分布类型写出似然函数 $L(\theta)$；

第二步：取对数得 $\ln L(\theta)$；

第三步：求导数得 $\dfrac{\mathrm{d}\ln L(\theta)}{\mathrm{d}\theta}$；

第四步：令 $\dfrac{\mathrm{d}\ln L(\theta)}{\mathrm{d}\theta} = 0$ 可求得 $\hat{\theta}$.

特殊情况，若当 $\theta \in \Theta$ 时，$\dfrac{\mathrm{d}\ln L(\theta)}{\mathrm{d}\theta} = 0$ 不成立，即 $\dfrac{\mathrm{d}\ln L(\theta)}{\mathrm{d}\theta} > 0$ 或 $\dfrac{\mathrm{d}\ln L(\theta)}{\mathrm{d}\theta} < 0$，说明 $\ln L(\theta)$ 为单调函数.而 $L(\theta)$ 与 $\ln L(\theta)$ 单调性一样，这时应采用其他方法求使 $L(\theta)$ 取最大值的 $\hat{\theta}$，一般结果为 $\hat{\theta} = \min\{x_1, x_2, \cdots, x_n\}$ 或 $\hat{\theta} = \max\{x_1, x_2, \cdots, x_n\}$.

如果待估参数有多个为 $\theta_1, \theta_2, \cdots, \theta_k$，那么

第三步：求偏导数 $\dfrac{\partial \ln L(\theta_1, \theta_2, \cdots, \theta_k)}{\partial \theta_i}, i = 1, 2, \cdots, k$ 并令各式为零；

第四步：解由第三步得到的 k 个方程构成的方程组可得 $\hat{\theta}_1, \hat{\theta}_2, \cdots, \hat{\theta}_k$.

4. 点估计的评选标准

（1）无偏性

若估计量 $\hat{\theta} = \hat{\theta}(X_1, X_2, \cdots, X_n)$ 的数学期望存在，且对任意 $\theta \in \Theta$ 有 $E(\hat{\theta}) = \theta$，则称 $\hat{\theta}$ 为 θ 的无偏估计量.

（2）有效性

设 $\hat{\theta}_1 = \hat{\theta}_1(X_1, X_2, \cdots, X_n)$ 与 $\hat{\theta}_2 = \hat{\theta}_2(X_1, X_2, \cdots, X_n)$ 都是 θ 的无偏估计量，若有

$$D(\hat{\theta}_1) < D(\hat{\theta}_2),$$

则称 $\hat{\theta}_1$ 较 $\hat{\theta}_2$ 有效.

（3）一致性

设 $\hat{\theta}=\hat{\theta}(X_1,X_2,\cdots,X_n)$ 为参数 θ 的估计量,若对任意 $\theta\in\Theta$, 当 $n\to+\infty$ 时, $\hat{\theta}$ 依概率收敛于 θ, 即对任意 $\varepsilon>0$, 有

$$\lim_{n\to+\infty} P\{|\hat{\theta}-\theta|<\varepsilon\}=1,$$

则称 $\hat{\theta}$ 为 θ 的一致（相合）估计量.

7.1.2 区间估计

1. 双侧置信区间

设总体 X 的分布函数 $F(x;\theta)$ 含一个未知参数 θ, 对于给定值 $\alpha(0<\alpha<1)$, 若由来自总体 X 的样本 $X_1,X_2,\cdots,X_n$ 可确定两个统计量 $\underline{\theta}=\underline{\theta}(X_1,X_2,\cdots,X_n)$ 和 $\overline{\theta}=\overline{\theta}(X_1,X_2,\cdots,X_n)(\underline{\theta}<\overline{\theta})$, 使

$$P\{\underline{\theta}<\theta<\overline{\theta}\}=1-\alpha,$$

则称随机区间 $(\underline{\theta},\overline{\theta})$ 是参数 θ 的置信度为 $1-\alpha$ 的置信区间. $\underline{\theta}$ 称为置信下限, $\overline{\theta}$ 称为置信上限, $1-\alpha$ 称为置信水平.

区间估计就是用一个区间去估计未知参数,即把未知参数值的估计限制在某两个界限之间.

教材仅介绍正态总体参数的区间估计.若总体不服从正态分布,只要样本容量较大（如超过 30）,利用中心极限定理可得样本均值近似服从正态分布,也是可以进行区间估计的.

2. 单个正态总体参数的置信区间

设总体 $X\sim N(\mu,\sigma^2)$, $(X_1,X_2,\cdots,X_n)$ 是来自总体 X 的简单随机样本, $\overline{X}$ 是样本均值, S^2 是样本方差,则对应参数 μ 和 σ^2 的置信水平为 $1-\alpha$ 的置信区间如表 7-1 所示.

表 7-1　单个正态总体参数的置信区间

未知参数		置信水平为 $1-\alpha$ 的置信区间
μ	σ^2 已知 $(\sigma^2=\sigma_0^2)$	$\left(\overline{X}-\dfrac{\sigma_0}{\sqrt{n}}z_{\frac{\alpha}{2}},\overline{X}+\dfrac{\sigma_0}{\sqrt{n}}z_{\frac{\alpha}{2}}\right)$
	σ^2 未知	$\left(\overline{X}-\dfrac{S}{\sqrt{n}}t_{\frac{\alpha}{2}}(n-1),\overline{X}+\dfrac{S}{\sqrt{n}}t_{\frac{\alpha}{2}}(n-1)\right)$
σ^2		$\left(\dfrac{(n-1)S^2}{\chi_{\frac{\alpha}{2}}^2(n-1)},\dfrac{(n-1)S^2}{\chi_{1-\frac{\alpha}{2}}^2(n-1)}\right)$

3. 两个正态总体相关参数的置信区间

设总体 $X\sim N(\mu_1,\sigma_1^2)$, $Y\sim N(\mu_2,\sigma_2^2)$ 相互独立, $X_1,X_2,\cdots,X_{n_1}$ 和 $Y_1,Y_2,\cdots,Y_{n_2}$ 分别是来自总体 X 和 Y 的简单随机样本, $\overline{X},S_1^2$ 和 $\overline{Y},S_2^2$ 分别是相应的样本均值和样本方差,且联合样本方差 $S_w^2=\dfrac{(n_1-1)S_1^2+(n_2-1)S_2^2}{n_1+n_2-2}$, 则均值差 $\mu_1-\mu_2$ 和方差比 $\dfrac{\sigma_1^2}{\sigma_2^2}$ 的置信水平为 $1-\alpha$ 的置信区间如表 7-2 所示.

表 7-2 两个正态总体相关参数的置信区间

未知参数		置信水平为 $1-\alpha$ 的置信区间
$\mu_1-\mu_2$	σ_1^2,σ_2^2 已知	$\left(\overline{X}-\overline{Y}-z_{\frac{\alpha}{2}}\sqrt{\dfrac{\sigma_1^2}{n_1}+\dfrac{\sigma_2^2}{n_2}},\ \overline{X}-\overline{Y}+z_{\frac{\alpha}{2}}\sqrt{\dfrac{\sigma_1^2}{n_1}+\dfrac{\sigma_2^2}{n_2}}\right)$
	σ_1^2,σ_2^2 未知, $\sigma_1^2=\sigma_2^2$	$\left(\overline{X}-\overline{Y}-t_{\frac{\alpha}{2}}S_W\sqrt{\dfrac{1}{n_1}+\dfrac{1}{n_2}},\ \overline{X}-\overline{Y}+t_{\frac{\alpha}{2}}S_W\sqrt{\dfrac{1}{n_1}+\dfrac{1}{n_2}}\right),$ 其中 t 分布的自由度为 n_1+n_2-2
$\dfrac{\sigma_1^2}{\sigma_2^2}$		$\left(\dfrac{S_1^2}{S_2^2}\dfrac{1}{F_{\frac{\alpha}{2}}(n_1-1,n_2-1)},\ \dfrac{S_1^2}{S_2^2}\dfrac{1}{F_{1-\frac{\alpha}{2}}(n_1-1,n_2-1)}\right)$

4. 单侧置信区间

对于给定值 $\alpha(0<\alpha<1)$,若由样本 $X_1,X_2,\cdots,X_n$ 确定的统计量 $\underline{\theta}=\underline{\theta}(X_1,X_2,\cdots,X_n)$ 满足
$$P(\underline{\theta}<\theta)=1-\alpha,$$
则称随机区间 $(\underline{\theta},+\infty)$ 是参数 θ 的置信水平为 $1-\alpha$ 的单侧置信区间,$\underline{\theta}$ 称为单侧置信下限.

又若统计量 $\overline{\theta}=\overline{\theta}(X_1,X_2,\cdots,X_n)$ 满足
$$P(\theta<\overline{\theta})=1-\alpha,$$
则称随机区间 $(-\infty,\overline{\theta})$ 为参数 θ 的置信水平为 $1-\alpha$ 的单侧置信区间,$\overline{\theta}$ 称为单侧置信上限.

7.2 典型例题解析

例 1 设总体 X 的分布律为

X	-1	0	2
P	3θ	θ	$1-4\theta$

其中 $0<\theta<\dfrac{1}{4}$ 为待估参数,$X_1,X_2,\cdots,X_n$ 为样本,求 θ 的矩估计量.

解 总体 $E(X)=-1\cdot3\theta+0\cdot\theta+2\cdot(1-4\theta)=2-11\theta$.令
$$E(X)=\overline{X},\quad 即\quad 2-11\theta=\overline{X},$$
其中 $\overline{X}=\dfrac{1}{n}\sum_{i=1}^{n}X_i$,解得 $\theta=\dfrac{2-\overline{X}}{11}$,所以 θ 的矩估计量 $\hat{\theta}=\dfrac{2-\overline{X}}{11}$.

例 2 设总体 X 的概率密度为
$$f(x;\theta)=\begin{cases}(\theta+1)x^{\theta}, & 0<x<1,\\ 0, & 其他,\end{cases}$$
其中 $\theta>-1$ 是未知参数,$X_1,X_2,\cdots,X_n$ 是来自 X 的一个简单随机样本,分别用矩估计法和最大似然估计法求 θ 的估计量.

解 （1）由于

$$\mu_1 = E(X) = \int_{-\infty}^{+\infty} xf(x)\,\mathrm{d}x = \int_0^1 x(\theta+1)x^\theta\,\mathrm{d}x$$

$$= (\theta+1)\int_0^1 x^{\theta+1}\,\mathrm{d}x = \frac{\theta+1}{\theta+2}x^{\theta+2}\Big|_0^1 = \frac{\theta+1}{\theta+2},$$

令 $\dfrac{\theta+1}{\theta+2} = \overline{X}$，解得 $\theta = \dfrac{2\overline{X}-1}{1-\overline{X}}$，所以参数 θ 的矩估计量为

$$\hat{\theta} = \frac{2\overline{X}-1}{1-\overline{X}}.$$

（2）对于总体 X 的样本值 $x_1, x_2, \cdots, x_n$，似然函数为

$$L(\theta) = \prod_{i=1}^n (\theta+1)x_i^\theta = (\theta+1)^n (x_1 x_2 \cdots x_n)^\theta,$$

两边取对数得

$$\ln L(\theta) = n\ln(\theta+1) + \theta\ln(x_1 x_2 \cdots x_n),$$

两边关于 θ 求导，得

$$\frac{\mathrm{d}\ln L(\theta)}{\mathrm{d}\theta} = \frac{n}{\theta+1} + \sum_{i=1}^n \ln x_i.$$

令 $\dfrac{\mathrm{d}\ln L(\theta)}{\mathrm{d}\theta} = 0$，可得 $\theta = -1 - \dfrac{n}{\displaystyle\sum_{i=1}^n \ln x_i}$，故 θ 的最大似然估计量为

$$\hat{\theta} = -1 - \frac{n}{\displaystyle\sum_{i=1}^n \ln X_i}.$$

例 3 设某电子元件的寿命 X（单位：h）服从参数为 λ 的指数分布，其中 $\lambda > 0$ 为未知参数，则 X 的概率密度函数为

$$f(x;\lambda) = \begin{cases} \lambda \mathrm{e}^{-\lambda x}, & x > 0, \\ 0, & \text{其他}. \end{cases}$$

随机抽取 10 只元件，检测其寿命分别为 1 000，1 200，1 080，1 100，980，990，1 030，1 060，970，1 010（单位：h），求：

（1）参数 λ 的矩估计值 $\hat{\lambda}_1$；　（2）参数 λ 的最大似然估计值 $\hat{\lambda}_2$.

解 （1）由于总体 $E(X) = \dfrac{1}{\lambda}$，

$$\overline{x} = \frac{1}{10}(1\,000 + 1\,200 + 1\,080 + 1\,100 + 980 +$$

$$990 + 1\,030 + 1\,060 + 970 + 1\,010) = 1\,042,$$

令 $E(X) = \overline{x}$，即 $\dfrac{1}{\lambda} = 1\,042$，解得 λ 的矩估计值为 $\hat{\lambda}_1 = \dfrac{1}{1\,042}$.

（2）设样本容量为 n，则当 $x_i > 0$ 时，似然函数为

$$L(\lambda) = \prod_{i=1}^{n} f(x_i;\lambda) = \prod_{i=1}^{n} \lambda e^{-\lambda x_i} = \lambda^n e^{-\lambda \sum_{i=1}^{n} x_i},$$

取对数，

$$\ln L(\lambda) = n\ln \lambda - \lambda \sum_{i=1}^{n} x_i,$$

求导数并令导数为零，

$$\frac{\mathrm{d}\ln L(\lambda)}{\mathrm{d}\lambda} = \frac{n}{\lambda} - \sum_{i=1}^{n} x_i = 0,$$

解得

$$\lambda = \frac{n}{\sum_{i=1}^{n} x_i} = \frac{1}{\frac{1}{n}\sum_{i=1}^{n} x_i} = \frac{1}{\bar{x}},$$

即 λ 的最大似然估计值为 $\hat{\lambda}_2 = \frac{1}{\bar{x}} = \frac{1}{1\ 042}$.

例 4 设总体 X 的概率密度函数为

$$f(x;\theta) = \begin{cases} \dfrac{\theta^2}{x^3}\mathrm{e}^{-\frac{\theta}{x}}, & x > 0, \\ 0, & x \leqslant 0, \end{cases}$$

其中 $\theta > 0$ 为未知参数，$X_1, X_2, \cdots, X_n$ 为来自 X 的简单随机样本，求：

(1) θ 的矩估计量 $\hat{\theta}_1$；(2) θ 的最大似然估计量 $\hat{\theta}_2$.

解 (1) 令 $E(X) = \bar{X}$，由

$$E(X) = \int_{-\infty}^{+\infty} xf(x)\,\mathrm{d}x = \int_{0}^{+\infty} x\,\frac{\theta^2}{x^3}\mathrm{e}^{-\frac{\theta}{x}}\,\mathrm{d}x = \theta\int_{0}^{+\infty} \mathrm{e}^{-\frac{\theta}{x}}\,\mathrm{d}\left(-\frac{\theta}{x}\right) = \theta$$

得 θ 的矩估计量为 $\hat{\theta} = \bar{X}$.

(2) 似然函数为

$$L(\theta) = \prod_{i=1}^{n} f(x_i;\theta) = \begin{cases} \displaystyle\prod_{i=1}^{n} \frac{\theta^2}{x_i^3}\mathrm{e}^{-\frac{\theta}{x_i}}, & x_i > 0, \\ 0, & \text{其他} \end{cases}$$

$$= \begin{cases} \dfrac{\theta^{2n}}{(x_1 x_2 \cdots x_n)^3}\mathrm{e}^{-\theta\sum_{i=1}^{n}\frac{1}{x_i}}, & x_i > 0, \\ 0, & \text{其他} \end{cases} \quad (i = 1, 2, \cdots, n).$$

当 $x_i > 0\,(i = 1, 2, \cdots, n)$ 时，

$$\ln L(\theta) = 2n\ln \theta - 3\sum_{i=1}^{n} \ln x_i - \theta\sum_{i=1}^{n} \frac{1}{x_i},$$

令

$$\frac{\mathrm{d}\ln L(\theta)}{\mathrm{d}\theta} = \frac{2n}{\theta} - \sum_{i=1}^{n} \frac{1}{x_i} = 0,$$

解得

$$\theta = \frac{2n}{\displaystyle\sum_{i=1}^{n} \frac{1}{x_i}}.$$

故 θ 的最大似然估计量 $\hat{\theta} = \dfrac{2n}{\displaystyle\sum_{i=1}^{n} \dfrac{1}{X_i}}$.

例5 设总体 X 的概率密度为

$$f(x;\theta) = \begin{cases} \dfrac{1}{\theta}, & 0 \le x \le \theta, \\ 0, & \text{其他,} \end{cases}$$

其中参数 $\theta(\theta>0)$ 未知,$X_1,X_2,\cdots,X_n$ 为来自 X 的一组简单随机样本,试求未知参数 θ 的矩估计量 $\hat{\theta}_1$ 和最大似然估计量 $\hat{\theta}_2$.

解 (1)总体一阶矩为 $E(X) = \dfrac{\theta}{2}$,令 $E(X) = \overline{X}$,即 $\dfrac{\theta}{2} = \overline{X}$,得 $\hat{\theta}_1 = 2\overline{X}$ 为 θ 的矩估计量,其中 $\overline{X} = \dfrac{1}{n}\displaystyle\sum_{i=1}^{n} X_i$.

(2)似然函数为

$$L(\theta) = \begin{cases} \dfrac{1}{\theta^n}, & 0 \le x_{(1)} \le x_{(n)} \le \theta, \\ 0, & \text{其他,} \end{cases}$$

其中 $x_{(1)} = \min_{0 \le i \le n}\{x_i\}$,$x_{(n)} = \max_{0 \le i \le n}\{x_i\}$.由于似然函数为 θ 的单调递减函数,求 $L(\theta)$ 的极大值对应求 θ 的极小值,且使得 $\theta \ge x_{(n)}$,所以取 $\hat{\theta} = x_{(n)}$ 为 θ 的最大似然估计值,即 $\hat{\theta} = X_{(n)}$ 为 θ 的最大似然估计量.

例6 设总体 X 的概率密度函数为

$$f(x;\theta) = \begin{cases} \dfrac{3x^2}{\theta^3}, & 0 < x < \theta, \\ 0, & \text{其他,} \end{cases}$$

其中参数 $\theta(\theta>0)$ 未知,$X_1,X_2,\cdots,X_n$ 为来自总体 X 的简单随机样本.

(1)求参数 θ 的矩估计量 $\hat{\theta}_1$;

(2)求参数 θ 的最大似然估计量 $\hat{\theta}_2$;

(3)判断 $\hat{\theta}_1$ 和 $\hat{\theta}_2$ 是否为无偏估计量.

解 (1)总体一阶矩为

$$E(X) = \int_{-\infty}^{+\infty} xf(x)\,\mathrm{d}x = \int_0^\theta \frac{3}{\theta^3}x^3\,\mathrm{d}x = \frac{3}{4}\theta,$$

令 $\dfrac{3}{4}\theta = \overline{X}$,则 θ 的矩估计量为 $\hat{\theta}_1 = \dfrac{4}{3}\overline{X}$.

(2)似然函数为

$$L(\theta) = \prod_{i=1}^{n} f(x_i;\theta) = \begin{cases} \dfrac{3^n (x_1 x_2 \cdots x_n)^2}{\theta^{3n}}, & 0 < x_i < \theta\,(1 \leqslant i \leqslant n), \\ 0, & \text{其他}. \end{cases}$$

为使 $L(\theta)$ 取最大值,只需在 $0 < x_i < \theta\,(1 \leqslant i \leqslant n)$ 的前提下,让 θ 取最小值,因此参数 θ 的最大似然估计量为 $\hat{\theta}_2 = \max\{X_1, X_2, \cdots, X_n\}$.

(3) 因为 $E(\hat{\theta}_1) = E\left(\dfrac{4}{3}\overline{X}\right) = \dfrac{4}{3}E(X) = \theta$,因此 $\hat{\theta}_1$ 是 θ 的无偏估计.

由 $\hat{\theta}_2 = \max\{X_1, X_2, \cdots, X_n\}$ 和

$$F_X(x,\theta) = \int_{-\infty}^{x} f(t;\theta)\,\mathrm{d}t = \begin{cases} 0, & x < 0, \\ \dfrac{x^3}{\theta^3}, & 0 \leqslant x < \theta, \\ 1, & x \geqslant \theta, \end{cases}$$

得

$$F_{\hat{\theta}_2}(x;\theta) = F_X^n(x;\theta) = \begin{cases} 0, & x < 0, \\ \dfrac{x^{3n}}{\theta^{3n}}, & 0 \leqslant x < \theta, \\ 1, & x \geqslant \theta, \end{cases}$$

$$f_{\hat{\theta}_2}(x;\theta) = F'_{\hat{\theta}_2}(x;\theta) = \begin{cases} \dfrac{3nx^{3n-1}}{\theta^{3n}}, & 0 \leqslant x < \theta, \\ 0, & \text{其他}, \end{cases}$$

故

$$E(\hat{\theta}_2) = \int_{-\infty}^{+\infty} x f_{\hat{\theta}_2}(x;\theta)\,\mathrm{d}x = \int_0^{\theta} \dfrac{3nx^{3n}}{\theta^{3n}}\,\mathrm{d}x = \dfrac{3n}{3n+1}\theta \neq \theta.$$

因此 $\hat{\theta}_2$ 不是 θ 的无偏估计.

例 7　设总体 X 的分布函数为

$$F(x;\alpha,\beta) = \begin{cases} 1 - \left(\dfrac{\alpha}{x}\right)^{\beta}, & x > \alpha, \\ 0, & x \leqslant \alpha, \end{cases}$$

其中参数 $\alpha > 0, \beta > 1, X_1, X_2, \cdots, X_n$ 是来自 X 的一组简单随机样本,求:

(1) 当 $\alpha = 1$ 时,未知参数 β 的矩估计量 $\hat{\beta}_1$;

(2) 当 $\alpha = 1$ 时,未知参数 β 的最大似然估计量 $\hat{\beta}_2$;

(3) 当 $\beta = 2$ 时,未知参数 α 的最大似然估计量 $\hat{\alpha}$.

解　(1) 当 $\alpha = 1$ 时,X 的概率密度为

$$f(x;\beta) = \begin{cases} \dfrac{\beta}{x^{\beta+1}}, & x > 1, \\ 0, & x \leqslant 1. \end{cases}$$

由于总体一阶矩

$$E(X) = \int_{-\infty}^{+\infty} xf(x;\beta)\,\mathrm{d}x = \int_{1}^{+\infty} x \cdot \frac{\beta}{x^{\beta+1}}\,\mathrm{d}x = \frac{\beta}{\beta-1},$$

令 $\frac{\beta}{\beta-1} = \overline{X}$,解得 $\beta = \frac{\overline{X}}{\overline{X}-1}$,所以参数 β 的矩估计量为 $\hat{\beta}_1 = \frac{\overline{X}}{\overline{X}-1}$.

（2）当 $\alpha=1$ 时,对于总体 X 的样本值 $x_1,x_2,\cdots,x_n$,似然函数为 $L(\beta) = \prod_{i=1}^{n} f(x_i;\beta)$.当 $x_i > 1(i=1,2,\cdots,n)$ 时,

$$L(\beta) = \prod_{i=1}^{n} \frac{\beta}{x_i^{\beta+1}} = \frac{\beta^n}{(x_1 x_2 \cdots x_n)^{\beta+1}},$$

取对数,

$$\ln L(\beta) = n\ln \beta - (\beta+1) \sum_{i=1}^{n} \ln x_i,$$

关于 β 求导并令导数为零,

$$\frac{\mathrm{d}\ln L(\beta)}{\mathrm{d}\beta} = \frac{n}{\beta} - \sum_{i=1}^{n} \ln x_i = 0,$$

解得 $\beta = \dfrac{n}{\sum\limits_{i=1}^{n} \ln x_i}$,故 β 的最大似然估计量 $\hat{\beta}_2 = \dfrac{n}{\sum\limits_{i=1}^{n} \ln X_i}$.

（3）当 $\beta=2$ 时,X 的概率密度为

$$f(x;\alpha) = \begin{cases} \dfrac{2\alpha^2}{x^3}, & x > \alpha, \\ 0, & x \leq \alpha. \end{cases}$$

当 $x_i > \alpha(i=1,2,\cdots,n)$ 时,似然函数

$$L(\alpha) = \prod_{i=1}^{n} \frac{2\alpha^2}{x_i^3} = \frac{2^n \alpha^{2n}}{(x_1 x_2 \cdots x_n)^3}$$

是关于 α 的单调递增函数.求 $L(\alpha)$ 的最大值对应求 α 的最大值,且满足 $\alpha < x_i(i=1,2,\cdots,n)$.设 $x_{(1)} = \min\limits_{1 \leq i \leq n} \{x_i\}$,则 $\alpha < x_{(1)}$,故 α 的最大似然估计值 $\alpha = x_{(1)}$,α 的最大似然估计量 $\hat{\alpha} = X_{(1)} = \min\limits_{1 \leq i \leq n} \{x_i\}$.

例 8 设总体 X 的概率分布为

X	1	2	3
P	θ^2	$2\theta(1-\theta)$	$(1-\theta)^2$

其中 $\theta(0<\theta<1)$ 是未知参数,已知样本值 $x_1=1,x_2=2,x_3=1$,求 θ 的矩估计值 $\hat{\theta}_1$ 和最大似然估计值 $\hat{\theta}_2$.

解 （1）总体一阶矩

$$E(X) = 1 \cdot \theta^2 + 2 \cdot 2\theta(1-\theta) + 3 \cdot (1-\theta)^2 = 3 - 2\theta,$$

样本均值

$$\overline{x} = \frac{1}{3}(1+2+1) = \frac{4}{3}.$$

令 $E(X) = \overline{x}$, 即 $3-2\theta = \frac{4}{3}$, 解得 $\theta = \frac{5}{6}$, 所以 θ 的矩估计值 $\hat{\theta}_1 = \frac{5}{6}$.

(2) 似然函数

$$L(\theta) = \prod_{i=1}^{3} P\{X_i = x_i\} = P\{X_1 = 1\} \cdot P\{X_2 = 2\} \cdot P\{X_3 = 1\}$$
$$= \theta^2 \cdot 2\theta(1-\theta) \cdot \theta^2 = 2\theta^5(1-\theta),$$

取对数

$$\ln L(\theta) = \ln 2 + 5\ln \theta + \ln(1-\theta),$$

求导数并令导数为零

$$\frac{\mathrm{d}\ln L(\theta)}{\mathrm{d}\theta} = \frac{5}{\theta} - \frac{1}{1-\theta} = 0,$$

解得 $\theta = \frac{5}{6}$, 所以 θ 的最大似然估计值 $\hat{\theta}_2 = \frac{5}{6}$.

例 9 设 $X_1, X_2, \cdots, X_n$ 为来自正态总体 $N(\mu_0, \sigma^2)$ 的简单随机样本, 其中 μ_0 已知, $\sigma^2 > 0$ 未知, $\overline{X}$ 和 S^2 分别表示样本均值和样本方差.

(1) 求参数 σ^2 的最大似然估计量 $\hat{\sigma}^2$; (2) 计算 $E(\hat{\sigma}^2)$ 和 $D(\hat{\sigma}^2)$.

解 (1) 因为 $X_1, X_2, \cdots, X_n$ 为来自正态总体 $N(\mu_0, \sigma^2)$ 的简单随机样本, 所以 $X_i \sim N(\mu_0, \sigma^2)$,

则 $f(x_i; \sigma^2) = \frac{1}{\sqrt{2\pi}\,\sigma} \mathrm{e}^{-\frac{(x_i - \mu_0)^2}{2\sigma^2}}$, 那么 σ^2 的似然函数为

$$L(\sigma^2) = \prod_{i=1}^{n} f(x_i; \sigma^2) = \frac{1}{(\sqrt{2\pi})^n \sigma^n} \mathrm{e}^{-\frac{\sum_{i=1}^{n}(x_i - \mu_0)^2}{2\sigma^2}},$$

取对数得

$$\ln L(\sigma^2) = -n\ln \sqrt{2\pi} - \frac{n}{2}\ln \sigma^2 - \frac{\sum_{i=1}^{n}(x_i - \mu_0)^2}{2\sigma^2},$$

关于 σ^2 求导数并令导数得零,

$$\frac{\mathrm{d}}{\mathrm{d}\sigma^2}\ln L(\sigma^2) = -\frac{n}{2\sigma^2} + \frac{\sum_{i=1}^{n}(x_i - \mu_0)^2}{2\sigma^4} = 0,$$

可以得到 σ^2 的最大似然估计量为 $\hat{\sigma}^2 = \frac{1}{n}\sum_{i=1}^{n}(X_i - \mu_0)^2$.

(2) 由于 $\frac{1}{\sigma^2}\sum_{i=1}^{n}(X_i - \mu_0)^2 \sim \chi^2(n)$, 所以 $E\left[\frac{1}{\sigma^2}\sum_{i=1}^{n}(X_i - \mu_0)^2\right] = n$, 于是

$$E(\hat{\sigma}^2) = \frac{\sigma^2}{n}E\left[\frac{1}{\sigma^2}\sum_{i=1}^{n}(X_i - \mu_0)^2\right] = \sigma^2.$$

由于 $D\left[\dfrac{1}{\sigma^2}\sum\limits_{i=1}^{n}(X_i-\mu_0)^2\right]=2n$，所以

$$D(\hat{\sigma}^2)=D\left[\dfrac{1}{n}\sum\limits_{i=1}^{n}(X_i-\mu_0)^2\right]=D\left[\dfrac{\sigma^2}{n}\dfrac{1}{\sigma^2}\sum\limits_{i=1}^{n}(X_i-\mu_0)^2\right]$$

$$=\dfrac{\sigma^4}{n^2}D\left[\dfrac{1}{\sigma^2}\sum\limits_{i=1}^{n}(X_i-\mu_0)^2\right]=\dfrac{\sigma^4}{n^2}\cdot 2n=\dfrac{2\sigma^4}{n}.$$

例 10 设总体 X 的概率密度函数为

$$f(x;\theta)=\begin{cases}\theta, & 0<x<1\\ 1-\theta, & 1\leqslant x<2,\\ 0, & 其他,\end{cases}$$

其中 $\theta\in(0,1)$ 为未知参数，$X_1,X_2,\cdots,X_n$ 为 X 的一个样本，记 $N(N\leqslant n)$ 为样本值小于 1 的个体数，求 θ 的最大似然估计量.

解 似然函数 $L(\theta)=\prod\limits_{i=1}^{n}f(x_i)=f(x_1)f(x_2)\cdots f(x_n)$，而已知有 N 个样本值小于 1，那么有 $(n-N)$ 个样本值大于等于 1，则似然函数为

$$L(\theta)=\theta^N(1-\theta)^{n-N},$$

所以

$$\ln L(\theta)=N\ln\theta+(n-N)\ln(1-\theta),$$

$$\dfrac{\mathrm{d}\ln L(\theta)}{\mathrm{d}\theta}=\dfrac{N}{\theta}-\dfrac{n-N}{1-\theta}.$$

令 $\dfrac{\mathrm{d}\ln L(\theta)}{\mathrm{d}\theta}=0$，解得 $\hat{\theta}=\dfrac{N}{n}$ 为 θ 的最大似然估计量.

例 11 设总体 X 的概率密度函数为 $f(x)=\begin{cases}\mathrm{e}^{-(x-\theta)}, & x\geqslant\theta,\\ 0, & 其他,\end{cases}$ θ 为未知参数，$X_1,X_2,\cdots,X_n$ 是来自 X 的一组样本.

(1) 求 θ 的矩估计量 $\hat{\theta}_1$，并验证 $\hat{\theta}_1$ 是 θ 的无偏估计量；

(2) 求 θ 的最大似然估计量 $\hat{\theta}_2$，并验证 $\hat{\theta}_2$ 是 θ 的无偏估计量.

解 (1) 总体一阶矩为

$$E(X)=\int_{\theta}^{+\infty}x\mathrm{e}^{-(x-\theta)}\mathrm{d}x=\theta+1,$$

令 $E(X)=\overline{X}=\dfrac{1}{n}\sum\limits_{i=1}^{n}X_i$，即 $\theta+1=\overline{X}$，得 θ 的矩估计量 $\hat{\theta}_1=\overline{X}-1$.

因为 $E(\overline{X})=E(X)=\theta+1$，所以

$$E(\hat{\theta}_1)=E(\overline{X})-1=\theta+1-1=\theta,$$

即 $\hat{\theta}_1$ 是 θ 的无偏估计量.

(2) 似然函数为

$$L(\theta)=\prod_{i=1}^{n}\mathrm{e}^{-(x_i-\theta)}=\mathrm{e}^{-\sum\limits_{i=1}^{n}(x_i-\theta)}=\mathrm{e}^{-\sum\limits_{i=1}^{n}x_i+n\theta},\quad x_i\geqslant\theta,i=1,2,\cdots,n.$$

由于 $L(\theta)$ 是关于 θ 的单调递增函数,求 $L(\theta)$ 的最大值对应求 θ 的最大值,且满足 $\theta \leqslant x_i (i=1,$ $2,\cdots,n)$,取 $x_{(1)} = \min\{x_1, x_2, \cdots, x_n\}$,则 $\theta \leqslant x_{(1)}$,所以 θ 的最大似然估计量 $\hat{\theta}_2 = X_{(1)} = \min\{x_1,$ $x_2, \cdots, x_n\}$.

判断 $\hat{\theta}_2 = X_{(1)}$ 是否是 θ 的无偏估计量,即求 $E(\hat{\theta}_2) = E(X_{(1)})$ 是否等于 θ. 总体 X 的分布函数为

$$F(x) = \begin{cases} 1-\mathrm{e}^{-(x-\theta)}, & x \geqslant \theta, \\ 0, & \text{其他}, \end{cases}$$

那么 $X_{(1)}$ 的分布函数为

$$F_{X_{(1)}}(z) = 1-[1-F(z)]^n = \begin{cases} 1-\mathrm{e}^{-n(z-\theta)}, & z \geqslant \theta, \\ 0, & \text{其他}, \end{cases}$$

则

$$f_{X_{(1)}}(z) = \begin{cases} n\mathrm{e}^{-n(z-\theta)}, & z \geqslant \theta, \\ 0, & \text{其他}, \end{cases}$$

故

$$E(\hat{\theta}_2) = E(X_{(1)}) = \int_{\theta}^{+\infty} zn\mathrm{e}^{-n(z-\theta)}\,\mathrm{d}z = \theta + \frac{1}{n} \neq \theta,$$

所以 $\hat{\theta}_2$ 不是 θ 的无偏估计量.

例 12 设总体 X 的概率密度函数为

$$f(x;\theta) = \begin{cases} \dfrac{1}{2\theta}, & 0 < x < \theta, \\ \dfrac{1}{2(1-\theta)}, & \theta \leqslant x < 1, \\ 0, & \text{其他}, \end{cases}$$

$X_1, X_2, \cdots, X_n$ 为来自 X 的一个样本,$\overline{X}$ 是样本均值.

(1) 求参数 θ 的矩估计量 $\hat{\theta}$; (2) 判断 $4\overline{X}^2$ 是否是 θ^2 的无偏估计量.

解 (1) 总体的一阶矩为

$$E(X) = \int_{-\infty}^{+\infty} xf(x)\,\mathrm{d}x = \int_0^{\theta} x\frac{1}{2\theta}\,\mathrm{d}x + \int_{\theta}^1 x\frac{1}{2(1-\theta)}\,\mathrm{d}x = \frac{\theta}{2} + \frac{1}{4},$$

令

$$E(X) = \overline{X}, \quad \text{即} \quad \frac{\theta}{2} + \frac{1}{4} = \overline{X},$$

解得 $\theta = 2\overline{X} - \dfrac{1}{2}$,则 θ 的矩估计量 $\hat{\theta} = 2\overline{X} - \dfrac{1}{2}$.

(2) 要判断 $4\overline{X}^2$ 是否是 θ^2 的无偏估计量,即要验证 $E(4\overline{X}^2)$ 与 θ^2 是否相等. 因为

$$E(4\overline{X}^2) = 4E(\overline{X}^2) = 4\{D(\overline{X}) + [E(\overline{X})]^2\} = 4\left\{\frac{D(X)}{n} + [E(X)]^2\right\},$$

而

$$E(X^2) = \int_{-\infty}^{+\infty} x^2 f(x)\,\mathrm{d}x = \int_0^\theta x^2 \frac{1}{2\theta}\mathrm{d}x + \int_\theta^1 x^2 \frac{1}{2(1-\theta)}\mathrm{d}x = \frac{\theta^2}{3} + \frac{\theta}{6} + \frac{1}{6},$$

且

$$D(X) = E(X^2) - [E(X)]^2 = \frac{\theta^2}{3} + \frac{\theta}{6} + \frac{1}{6} - \left(\frac{\theta}{2} + \frac{1}{4}\right)^2 = \frac{\theta^2}{12} - \frac{\theta}{12} + \frac{5}{48},$$

那么

$$E(4\overline{X}^2) = 4\left\{\frac{D(X)}{n} + [E(X)]^2\right\} = \left(1 + \frac{1}{3n}\right)\theta^2 + \left(1 - \frac{1}{3n}\right)\theta + \left(\frac{1}{4} + \frac{5}{12n}\right) \neq \theta^2,$$

所以 $4\overline{X}^2$ 不是 θ^2 的无偏估计量.

例 13 设随机变量 X 的数学期望为 μ,方差为 σ^2,$X_1, X_2, \cdots, X_n$ 是来自总体 X 的简单随机样本,证明: $S^2 = \dfrac{1}{n-1}\displaystyle\sum_{i=1}^n (X_i - \overline{X})^2$ 是 σ^2 的无偏估计量.

证明 因为

$$S^2 = \frac{1}{n-1}\sum_{i=1}^n (X_i - \overline{X})^2 = \frac{1}{n-1}\left(\sum_{i=1}^n X_i^2 - n\overline{X}^2\right),$$

所以

$$\begin{aligned}
E(S^2) &= \frac{1}{n-1}\left[\sum_{i=1}^n E(X_i^2) - nE(\overline{X}^2)\right]\\
&= \frac{1}{n-1}\left\{\sum_{i=1}^n \{D(X_i) + [E(X_i)]^2\} - n\{D(\overline{X}) + [E(\overline{X})]^2\}\right\}\\
&= \frac{1}{n-1}\left[\sum_{i=1}^n (\sigma^2 + \mu^2) - n\left(\frac{\sigma^2}{n} + \mu^2\right)\right]\\
&= \frac{1}{n-1}(n\sigma^2 + n\mu^2 - \sigma^2 - n\mu^2) = \sigma^2,
\end{aligned}$$

因此 $S^2 = \dfrac{1}{n-1}\displaystyle\sum_{i=1}^n (X_i - \overline{X})^2$ 是 σ^2 的无偏估计量.

例 14 设总体 X 服从参数为 λ 的泊松分布,$X_1, X_2, \cdots, X_n$ 是来自 X 的一个样本,$\overline{X}, S^2$ 分别是样本均值和样本方差.证明:对于任意常数 $c(0 \leqslant c \leqslant 1)$,$c\overline{X} + (1-c)S^2$ 是 λ 的无偏估计量.

证明 因为

$$E(\overline{X}) = E\left(\frac{1}{n}\sum_{i=1}^n X_i\right) = \frac{1}{n}\sum_{i=1}^n E(X) = E(X) = \lambda,$$

且由例 13,$E(S^2) = D(X)$,所以

$$\begin{aligned}
E[c\overline{X} + (1-c)S^2] &= cE(\overline{X}) + (1-c)E(S^2) = cE(X) + (1-c)D(X)\\
&= c\lambda + (1-c)\lambda = \lambda,
\end{aligned}$$

即 $c\overline{X} + (1-c)S^2$ 是 λ 的无偏估计量.

例 15 设总体 X 服从二项分布 $b(n,p)$,$X_1, X_2, \cdots, X_n$ 是来自此总体的简单随机样本,$\overline{X}$ 和 S^2 分别为样本均值和样本方差.当 k 为何值时,$\overline{X} + kS^2$ 为 np^2 的无偏估计量?

解 若 $\overline{X}+kS^2$ 为 np^2 的无偏估计量,则 $E(\overline{X}+kS^2)=np^2$.由于总体服从二项分布 $b(n,p)$,那么

$$E(\overline{X})=E(X)=np, \quad E(S^2)=D(X)=np(1-p),$$

则

$$E(\overline{X}+kS^2)=E(\overline{X})+kE(S^2)=np+knp(1-p)=np[1+k(1-p)].$$

令 $np[1+k(1-p)]=np^2$,解得 $k=-1$.

例 16 设总体 X 服从参数为 λ 的泊松分布,其中 λ 是未知参数,X_1,X_2,X_3,X_4 是来自此总体的简单随机样本,设估计量

$$T_1=\frac{1}{3}(X_1+X_2)+\frac{1}{6}(X_3+X_4),$$

$$T_2=\frac{1}{5}(X_1+2X_2+3X_3+4X_4),$$

$$T_3=\frac{1}{4}(X_1+X_2+X_3+X_4).$$

(1)判断 T_1,T_2,T_3 是否是 λ 的无偏估计量;

(2)判断在上述 λ 的无偏估计量中哪一个更有效.

解 (1)已知总体 X 服从参数为 λ 的泊松分布,那么 $E(X)=\lambda,D(X)=\lambda$,于是

$$E(X_i)=\lambda, D(X_i)=\lambda, \quad i=1,2,3,4,$$

所以

$$E(T_1)=\frac{1}{3}[E(X_1)+E(X_2)]+\frac{1}{6}[E(X_3)+E(X_4)]$$

$$=\frac{1}{3}(\lambda+\lambda)+\frac{1}{6}(\lambda+\lambda)=\lambda,$$

$$E(T_2)=\frac{1}{5}[E(X_1)+2E(X_2)+3E(X_3)+4E(X_4)]$$

$$=\frac{1}{5}(\lambda+2\lambda+3\lambda+4\lambda)=2\lambda,$$

$$E(T_3)=\frac{1}{4}[E(X_1)+E(X_2)+E(X_3)+E(X_4)]$$

$$=\frac{1}{4}(\lambda+\lambda+\lambda+\lambda)=\lambda,$$

可以得到 T_1,T_3 都是 λ 的无偏估计量,T_2 不是 λ 的无偏估计量.

(2)因为

$$D(T_1)=D\left[\frac{1}{3}(X_1+X_2)+\frac{1}{6}(X_3+X_4)\right]$$

$$=\frac{1}{9}D(X_1+X_2)+\frac{1}{36}D(X_3+X_4)$$

$$=\frac{1}{9}[D(X_1)+D(X_2)]+\frac{1}{36}[D(X_3)+D(X_4)]$$

$$= \frac{1}{9}(\lambda+\lambda) + \frac{1}{36}(\lambda+\lambda) = \frac{5}{18}\lambda,$$

$$D(T_3) = D\left[\frac{1}{4}(X_1+X_2+X_3+X_4)\right]$$

$$= \frac{1}{16}\left[D(X_1)+D(X_2)+D(X_3)+D(X_4)\right]$$

$$= \frac{1}{16}(\lambda+\lambda+\lambda+\lambda) = \frac{1}{4}\lambda < D(T_1),$$

所以估计量 T_3 较 T_1 更有效.

例 17 设总体 X 服从 $[0,\theta]$ 上的均匀分布，$\theta(\theta>0)$ 未知，X_1, X_2, X_3 是来自 X 的一个样本.

（1）验证：$\hat{\theta}_1 = \frac{4}{3}\max\limits_{1\le i\le 3}X_i$，$\hat{\theta}_2 = 4\min\limits_{1\le i\le 3}X_i$ 都是 θ 的无偏估计；

（2）上述两个估计中哪个更有效？

解 （1）总体 X 的概率密度函数为

$$f(x;\theta) = \begin{cases} \dfrac{1}{\theta}, & 0 \le x \le \theta, \\ 0, & \text{其他}, \end{cases}$$

分布函数为

$$F(x;\theta) = \begin{cases} 0, & x<0, \\ \dfrac{x}{\theta}, & 0 \le x < \theta, \\ 1, & x \ge \theta, \end{cases}$$

设 $U = \max\limits_{1\le i\le 3}X_i$，则其分布函数为

$$F_U(u;\theta) = \left[F(u;\theta)\right]^3 = \begin{cases} 0, & u<0, \\ \left(\dfrac{u}{\theta}\right)^3, & 0 \le u < \theta, \\ 1, & u \ge \theta, \end{cases}$$

概率密度为

$$f_U(u;\theta) = F_U'(u;\theta) = \begin{cases} \dfrac{3u^2}{\theta^3}, & 0 \le u < \theta, \\ 0, & \text{其他}, \end{cases}$$

而

$$E(U) = \int_{-\infty}^{+\infty} u f_U(u;\theta)\,\mathrm{d}u = \int_0^\theta u\frac{3u^2}{\theta^3}\,\mathrm{d}u = \frac{3}{4}\theta,$$

所以

$$E(\hat{\theta}_1) = E\left(\frac{4}{3}U\right) = \frac{4}{3}E(U) = \frac{4}{3}\cdot\frac{3}{4}\theta = \theta,$$

则 $\hat{\theta}_1$ 是 θ 的无偏估计量.

设 $V = \min\limits_{1 \le i \le 3} X_i$,则其分布函数为

$$F_V(v;\theta) = 1 - [1 - F(v;\theta)]^3 = \begin{cases} 0, & v < 0, \\ 1 - \left(1 - \dfrac{v}{\theta}\right)^3, & 0 \le v < \theta, \\ 1, & v \ge \theta, \end{cases}$$

概率密度为

$$f_V(v;\theta) = F_V'(v;\theta) = \begin{cases} 3\left(1 - \dfrac{v}{\theta}\right)^2 \dfrac{1}{\theta}, & 0 \le v < \theta, \\ 0, & \text{其他}, \end{cases}$$

而

$$E(V) = \int_{-\infty}^{+\infty} v f_V(v;\theta)\,\mathrm{d}v = \int_0^\theta v \cdot 3\left(1 - \dfrac{v}{\theta}\right)^2 \dfrac{1}{\theta}\,\mathrm{d}v = \dfrac{1}{4}\theta,$$

所以

$$E(\hat{\theta}_2) = E(4V) = 4E(V) = 4 \cdot \dfrac{1}{4}\theta = \theta,$$

则 $\hat{\theta}_2$ 是 θ 的无偏估计量.

（2）由

$$E(U^2) = \int_0^\theta u^2 \cdot \dfrac{3u^2}{\theta^3}\,\mathrm{d}u = \dfrac{3}{5}\theta^2,$$

$$D(U) = E(U^2) - [E(U)]^2 = \dfrac{3}{5}\theta^2 - \left(\dfrac{3}{4}\theta\right)^2 = \dfrac{3}{80}\theta^2,$$

知

$$D(\hat{\theta}_1) = D\left(\dfrac{4}{3}U\right) = \dfrac{16}{9}D(U) = \dfrac{16}{9} \cdot \dfrac{3}{80}\theta^2 = \dfrac{1}{15}\theta^2;$$

由

$$E(V^2) = \int_0^\theta v^2 \cdot 3\left(1 - \dfrac{v}{\theta}\right)^2 \dfrac{1}{\theta}\,\mathrm{d}v = \dfrac{1}{10}\theta^2,$$

$$D(V) = E(V^2) - [E(V)]^2 = \dfrac{1}{10}\theta^2 - \left(\dfrac{1}{4}\theta\right)^2 = \dfrac{3}{80}\theta^2,$$

知

$$D(\hat{\theta}_2) = D(4V) = 16D(V) = 16 \cdot \dfrac{3}{80}\theta^2 = \dfrac{3}{5}\theta^2,$$

所以 $D(\hat{\theta}_1) < D(\hat{\theta}_2)$,即 $\hat{\theta}_1$ 更有效.

例 18 设总体 X 的分布律为

X	1	2	3
P	$1-\theta$	$\theta-\theta^2$	θ^2

其中参数 $0 < \theta < 1$ 未知,以 N_i 表示来自总体 X 的简单随机样本（样本容量为 n）中等于 i 的个数

$(i=1,2,3)$.

（1）试求常数 a_1, a_2, a_3，使 $T = \sum_{i=1}^{3} a_i N_i$ 为 θ 的无偏估计量；

（2）求此时 T 的方差 $D(T)$.

解 （1）要使 $T = \sum_{i=1}^{3} a_i N_i$ 为 θ 的无偏估计量，就是要求 $E(T) = \sum_{i=1}^{3} a_i E(N_i) = \theta$.

我们可以把每个样本值看成等于 i 和不等于 i 两种情况，则 n 个样本就可以看成 n 重伯努利试验.如果出现 i 的概率是 p_i，那么 $N_i \sim b(n, p_i)$，$i=1,2,3$，则

$$E(N_i) = np_i, \quad D(N_i) = np_i(1-p_i).$$

由于样本和总体同分布，样本值等于 i 的概率与总体相同，即

$$p_1 = 1-\theta, \quad p_2 = \theta-\theta^2, \quad p_3 = \theta^2,$$

那么

$$E(N_1) = n(1-\theta), \quad E(N_2) = n(\theta-\theta^2), \quad E(N_3) = n\theta^2,$$

所以

$$E(T) = \sum_{i=1}^{3} a_i E(N_i) = a_1 n(1-\theta) + a_2 n(\theta-\theta^2) + a_3 n\theta^2$$

$$= na_1 + n(a_2-a_1)\theta + n(a_3-a_2)\theta^2.$$

要求 $E(T) = \theta$，即

$$na_1 + n(a_2-a_1)\theta + n(a_3-a_2)\theta^2 = \theta,$$

对应系数相等，得

$$\begin{cases} a_1 = 0, \\ a_2 - a_1 = \dfrac{1}{n}, \\ a_3 - a_2 = 0, \end{cases} \quad 解得 \quad \begin{cases} a_1 = 0, \\ a_2 = \dfrac{1}{n}, \\ a_3 = \dfrac{1}{n}, \end{cases}$$

此时 $T = \sum_{i=1}^{3} a_i N_i = \dfrac{1}{n}(N_2 + N_3)$ 为 θ 的无偏估计量.

（2）因为 $T = \dfrac{1}{n}(N_2 + N_3)$，且 $N_1 + N_2 + N_3 = n$，则

$$T = \frac{1}{n}(N_2 + N_3) = \frac{1}{n}(n - N_1) = 1 - \frac{N_1}{n},$$

其中 $N_1 \sim b(n, 1-\theta)$，所以

$$D(T) = D\left(1 - \frac{N_1}{n}\right) = \frac{1}{n^2}D(N_1) = \frac{1}{n^2} \cdot n(1-\theta)\theta = \frac{1}{n}(1-\theta)\theta.$$

例 19 设 $\hat{\theta}$ 是参数 θ 的无偏估计，且有 $D(\hat{\theta}) > 0$，求证：$\tilde{\theta} = (\hat{\theta})^2$ 不是 θ^2 的无偏估计.

证明 因为

$$E(\tilde{\theta}) = E[(\hat{\theta})^2] = D(\hat{\theta}) + [E(\hat{\theta})]^2 = D(\hat{\theta}) + \theta^2 > \theta^2,$$

故 $\tilde{\theta} = (\hat{\theta})^2$ 不是 θ^2 的无偏估计量.

一般结论:参数 θ 的无偏估计 $\hat{\theta}$ 的函数 $g(\hat{\theta})$ 不一定是 θ 的函数 $g(\theta)$ 的无偏估计量.

例 20 设总体 X 的概率密度为

$$f(x;\theta) = \begin{cases} \dfrac{2x}{3\theta^2}, & \theta<x<2\theta, \\ 0, & \text{其他}, \end{cases}$$

其中 θ 是未知参数,$X_1,X_2,\cdots,X_n$ 是来自总体的一个样本,若 $C\displaystyle\sum_{i=1}^{n}X_i^2$ 是 θ^2 的无偏估计,求常数 C 的值.

解 $C\displaystyle\sum_{i=1}^{n}X_i^2$ 是 θ^2 的无偏估计,即 $E\left(C\displaystyle\sum_{i=1}^{n}X_i^2\right)=\theta^2$.因为

$$E(X_i^2)=E(X^2)=\int_{-\infty}^{+\infty}x^2f(x)\mathrm{d}x=\int_{\theta}^{2\theta}x^2\frac{2x}{3\theta^2}\mathrm{d}x=\frac{5}{2}\theta^2,$$

那么

$$E\left(C\sum_{i=1}^{n}X_i^2\right)=C\sum_{i=1}^{n}E(X_i^2)=C\cdot n\cdot\frac{5}{2}\theta^2.$$

令 $C\cdot n\cdot\dfrac{5}{2}\theta^2=\theta^2$,解得 $C=\dfrac{2}{5n}$,所以当 $C=\dfrac{2}{5n}$ 时,$C\displaystyle\sum_{i=1}^{n}X_i^2$ 是 θ^2 的无偏估计.

例 21 某工厂生产的塑胶强度服从正态分布,长期以来其标准差稳定在 $\sigma=0.8$.现抽取一个容量为 $n=25$ 的样本,测定其强度,算得样本均值为 $\bar{x}=2.3$.试求这批塑胶平均强度的置信水平为 0.95 的置信区间.

解 对正态总体 $N(\mu,\sigma^2)$,当 σ^2 已知时,μ 的置信水平为 $1-\alpha$ 的置信区间为

$$\left(\overline{X}-\frac{\sigma}{\sqrt{n}}z_{\frac{\alpha}{2}},\overline{X}+\frac{\sigma}{\sqrt{n}}z_{\frac{\alpha}{2}}\right).$$

依题意知,$\sigma=0.8$,$n=25$,$\bar{x}=2.3$,$1-\alpha=0.95$,$\dfrac{\alpha}{2}=0.025$,查表得 $z_{0.025}\approx1.96$,那么置信区间为

$$\left(2.3-\frac{0.8}{\sqrt{25}}\times1.96,2.3+\frac{0.8}{\sqrt{25}}\times1.96\right)=(1.986\,4,2.613\,6).$$

例 22 分别使用金球和铂球测定万有引力常数(单位:$10^{-11}\ \mathrm{m}^3\cdot\mathrm{kg}^{-1}\cdot\mathrm{s}^{-2}$).

(1)用金球测定观察值为

6.681, 6.676, 6.678, 6.679, 6.672, 6.682;

(2)用铂球测定观察值为

6.661, 6.667, 6.661, 6.667, 6.664.

设测定值总体为 $N(\mu,\sigma^2)$,μ,σ^2 都未知.试求(1)(2)两种情况中 μ 的置信水平为 0.9 的置信区间,σ^2 的置信水平为 0.9 的置信区间.

解 对正态总体 $N(\mu,\sigma^2)$,当 σ^2 未知时,μ 的置信水平为 $1-\alpha$ 的置信区间为

$$\left(\overline{X}-\frac{S}{\sqrt{n}}t_{\frac{\alpha}{2}}(n-1),\overline{X}+\frac{S}{\sqrt{n}}t_{\frac{\alpha}{2}}(n-1)\right);$$

当 μ 未知时,σ^2 的置信水平为 $1-\alpha$ 的置信区间为

$$\left(\frac{(n-1)S^2}{\chi^2_{\frac{\alpha}{2}}(n-1)},\frac{(n-1)S^2}{\chi^2_{1-\frac{\alpha}{2}}(n-1)}\right).$$

（1）$n=6,\bar{x}=6.678,s^2=0.003\ 87^2,1-\alpha=0.9,\frac{\alpha}{2}=0.05$，查表得 $t_{0.05}(5)\approx2.015,\chi^2_{0.05}(5)\approx$

$11.070,\chi^2_{0.95}(5)\approx1.145$，则 μ 的置信水平为 0.9 的置信区间为

$$\left(6.678-\frac{0.003\ 87}{\sqrt{6}}\times2.015,6.678+\frac{0.003\ 87}{\sqrt{6}}\times2.015\right)\approx(6.675,6.681),$$

σ^2 的置信水平为 0.9 的置信区间为

$$\left(\frac{(6-1)\times0.003\ 87^2}{11.070},\frac{(6-1)\times0.003\ 87^2}{1.145}\right)\approx(6.8\times10^{-6},6.5\times10^{-5}).$$

（2）$n=5,\bar{x}=6.664,s^2=0.003^2,1-\alpha=0.9,\frac{\alpha}{2}=0.05$，查表得 $t_{0.05}(4)\approx2.131\ 8,\chi^2_{0.05}(4)\approx$

$9.488,\chi^2_{0.95}(4)\approx0.711$，则 μ 的置信水平为 0.9 的置信区间为

$$\left(6.664-\frac{0.003}{\sqrt{5}}\times2.131\ 8,6.664+\frac{0.003}{\sqrt{5}}\times2.131\ 8\right)\approx(6.661,6.667),$$

σ^2 的置信水平为 0.9 的置信区间为

$$\left(\frac{(5-1)\times0.003^2}{9.488},\frac{(5-1)\times0.003^2}{0.711}\right)\approx(3.8\times10^{-6},5.06\times10^{-5}).$$

例 23 设 $X_1,X_2,\cdots,X_n$ 是来自正态总体 $N(\mu,1)$ 的简单随机样本，则当样本容量为 16 时，μ 的置信水平为 0.95 的置信区间的长度 $L=$ _____.（已知 $\Phi(1.645)\approx0.95,\Phi(1.96)\approx0.975$.）

解 对正态总体 $N(\mu,\sigma^2)$，当 σ^2 已知时，μ 的置信水平为 $1-\alpha$ 的置信区间为

$$\left(\bar{X}-\frac{\sigma}{\sqrt{n}}z_{\frac{\alpha}{2}},\bar{X}+\frac{\sigma}{\sqrt{n}}z_{\frac{\alpha}{2}}\right),$$

那么置信区间的长度为 $\frac{2\sigma}{\sqrt{n}}z_{\frac{\alpha}{2}}$. 已知 $\sigma=1,n=16,1-\alpha=0.95,\frac{\alpha}{2}=0.025,z_{0.025}\approx1.96$，那么置信区间

长度 $L=\frac{2\sigma}{\sqrt{n}}z_{\frac{\alpha}{2}}\approx\frac{2}{\sqrt{16}}\times1.96=0.98$.

例 24 设总体 $X\sim N(\mu,\sigma^2),\mu,\sigma^2$ 均为未知参数，设 $X_1,X_2,\cdots,X_n$ 为来自 X 的样本，设关于 μ 的置信水平为 $1-\alpha$ 的置信区间的长度为 L，求 $E(L^2)$.

解 根据题意 σ^2 未知，求 μ 的置信水平为 $1-\alpha$ 的置信区间为

$$\left(\bar{X}-\frac{S}{\sqrt{n}}t_{\frac{\alpha}{2}}(n-1),\bar{X}+\frac{S}{\sqrt{n}}t_{\frac{\alpha}{2}}(n-1)\right),$$

那么置信区间的长度 $L=\frac{2S}{\sqrt{n}}t_{\frac{\alpha}{2}}(n-1)$，故

$$E(L^2)=E\left(\frac{4S^2}{n}t^2_{\frac{\alpha}{2}}(n-1)\right)=\frac{4t^2_{\frac{\alpha}{2}}(n-1)}{n}E(S^2)=\frac{4t^2_{\frac{\alpha}{2}}(n-1)\sigma^2}{n}.$$

例 25 从正态总体 $N(3.4,6^2)$ 中抽取容量为 n 的简单随机样本，如果要求其样本均值位于

区间 $(1.4,5.4)$ 内的概率不小于 0.95, 问样本容量 n 至少应取多大? ($\Phi(1.96) \approx 0.975$)

解 对于正态总体 $N(3.4,6^2) = N(\mu, \sigma^2)$, 有 $\dfrac{\overline{X}-\mu}{\sigma/\sqrt{n}} = \dfrac{\overline{X}-3.4}{6/\sqrt{n}} \sim N(0,1)$, 依题意,

$$P\{1.4 < \overline{X} < 5.4\} = \Phi\left(\frac{5.4-3.4}{6/\sqrt{n}}\right) - \Phi\left(\frac{1.4-3.4}{6/\sqrt{n}}\right) = 2\Phi\left(\frac{1}{3}\sqrt{n}\right) - 1.$$

要使 $P\{1.4 < \overline{X} < 5.4\} \geqslant 0.95$, 即 $\Phi\left(\dfrac{1}{3}\sqrt{n}\right) \geqslant 0.975 \approx \Phi(1.96)$, 则

$$\frac{1}{3}\sqrt{n} \geqslant 1.96, \quad 即 \quad n \geqslant (1.96)^2 \times 9 \approx 34.57,$$

所以 n 至少应取 35.

例 26 设 $0.50, 1.25, 0.80, 2.00$ 是来自总体 X 的简单随机样本, 已知 $Y = \ln X$ 服从正态分布 $N(\mu, 1)$.

（1）求 X 的数学期望 $E(X)$（记 $E(X)$ 为 b）;

（2）求 μ 的置信水平为 0.95 的置信区间;

（3）利用上述的结果求 b 的置信水平为 0.95 的置信区间. ($z_{0.025} \approx 1.96, z_{0.05} \approx 1.645$.)

解 （1）由 $Y = \ln X$ 得 $X = \mathrm{e}^Y$, 而 $Y \sim N(\mu, 1)$, 于是

$$b = E(X) = E(\mathrm{e}^Y) = \int_{-\infty}^{+\infty} \mathrm{e}^y \cdot \frac{1}{\sqrt{2\pi}} \mathrm{e}^{-\frac{(y-\mu)^2}{2}} \mathrm{d}y \quad (令\ t = y - \mu)$$

$$= \frac{1}{\sqrt{2\pi}} \int_{-\infty}^{+\infty} \mathrm{e}^{t+\mu} \cdot \mathrm{e}^{-\frac{t^2}{2}} \mathrm{d}t = \mathrm{e}^{\mu+\frac{1}{2}} \int_{-\infty}^{+\infty} \frac{1}{\sqrt{2\pi}} \mathrm{e}^{-\frac{(t-1)^2}{2}} \mathrm{d}(t-1) = \mathrm{e}^{\mu+\frac{1}{2}}.$$

（2）总体 $Y \sim N(\mu, 1)$, 样本值为 $\ln 0.50, \ln 1.25, \ln 0.80, \ln 2.00$, μ 的置信水平为 0.95 的置信区间为

$$\left(\overline{Y} - \frac{1}{\sqrt{4}} z_{0.025}, \overline{Y} + \frac{1}{\sqrt{4}} z_{0.025}\right).$$

因为 $z_{0.025} = 1.96$,

$$\overline{Y} = \frac{1}{4}\left[\ln 0.50 + \ln 1.25 + \ln 0.80 + \ln 2.00\right] = \frac{1}{4}\ln 1 = 0,$$

所以 μ 的置信水平为 0.95 的置信区间为 $(-0.98, 0.98)$.

（3）由函数 $y = \mathrm{e}^x$ 的严格递增性, 可见

$$0.95 = P\{-0.98 < \mu < 0.98\} = P\left\{-0.48 < \mu + \frac{1}{2} < 1.48\right\}$$

$$= P\left\{\mathrm{e}^{-0.48} < \mathrm{e}^{\mu+\frac{1}{2}} < \mathrm{e}^{1.48}\right\}.$$

即 $P\{\mathrm{e}^{-0.48} < b < \mathrm{e}^{1.48}\} = 0.95$, 从而 b 的置信水平为 0.95 的置信区间为 $(\mathrm{e}^{-0.48}, \mathrm{e}^{1.48})$.

例 27 为了研究施肥和不施肥对某种农作物产量的影响, 在其他条件相同的情况下, 挑选了 13 个试验田地进行对比试验, 单位面积的收获量如下表:

施肥	34，　35，　30，　32，　33，　34
未施肥	29，　27，　32，　31，　28，　32，　31

求施肥与未施肥的农作物的平均产量之差的置信水平为 0.95 的置信区间.

解　设施肥与未施肥的农作物的产量分别为 X 与 Y,且为相互独立的正态总体.由于其他条件相同,可认为 X 与 Y 有相同的方差.设 $X \sim N(\mu_1, \sigma^2)$，$Y \sim N(\mu_2, \sigma^2)$,则当 σ_1^2, σ_2^2 未知,而 $\sigma_1^2 = \sigma_2^2 = \sigma^2$ 时,$\mu_1 - \mu_2$ 的置信水平为 $1-\alpha$ 的置信区间为

$$\left(\overline{X} - \overline{Y} - t_{\frac{\alpha}{2}} S_W \sqrt{\frac{1}{n_1} + \frac{1}{n_2}}, \ \overline{X} - \overline{Y} + t_{\frac{\alpha}{2}} S_W \sqrt{\frac{1}{n_1} + \frac{1}{n_2}} \right),$$

其中 $S_W = \sqrt{\dfrac{(n_1-1)S_1^2 + (n_2-1)S_2^2}{n_1 + n_2 - 2}}$，$t_{\frac{\alpha}{2}} = t_{\frac{\alpha}{2}}(n_1 + n_2 - 2)$.

依题意知,$n_1 = 6$，$n_2 = 7$,计算得 $\overline{x} = 33$，$s_1^2 = 3.2$，$\overline{y} = 30$，$s_2^2 = 4$,

$$s_W = \sqrt{\frac{(6-1)\times 3.2 + (7-1)\times 4}{6+7-2}} \approx 1.907,$$

$1-\alpha = 0.95$，$\dfrac{\alpha}{2} = 0.025$,查表得 $t_{0.025}(6+7-2) = t_{0.025}(11) \approx 2.201$,那么施肥与未施肥的农作物的平均产量之差的置信水平为 0.95 的置信区间为

$$\left(33 - 30 - 2.201 \times 1.907 \times \sqrt{\frac{1}{6} + \frac{1}{7}}, \ 33 - 30 + 2.201 \times 1.907 \times \sqrt{\frac{1}{6} + \frac{1}{7}} \right) \approx (0.665, 5.335).$$

例 28　设有甲、乙两位化验员独立地对某种聚合物的含氯量用相同的方法各做了 10 次测定,其测定值的样本方差分别为 $s_1^2 = 0.5419$，$s_2^2 = 0.6065$.设 σ_1^2 和 σ_2^2 分别为甲、乙两人所测数据总体的方差,并设总体服从正态分布且相互独立.求方差比 $\dfrac{\sigma_1^2}{\sigma_2^2}$ 的置信水平为 0.9 的置信区间.

解　对两个正态总体,方差比 $\dfrac{\sigma_1^2}{\sigma_2^2}$ 的置信水平为 $1-\alpha$ 的置信区间为

$$\left(\frac{S_1^2}{S_2^2} \frac{1}{F_{\frac{\alpha}{2}}(n_1-1, n_2-1)}, \ \frac{S_1^2}{S_2^2} \frac{1}{F_{1-\frac{\alpha}{2}}(n_1-1, n_2-1)} \right).$$

依题意知,$n_1 = n_2 = 10$，$s_1^2 = 0.5419$，$s_2^2 = 0.6065$，$1-\alpha = 0.9$，$\dfrac{\alpha}{2} = 0.05$,查表得 $F_{0.05}(9,9) \approx 3.18$,$F_{0.95}(9,9) \approx 0.3145$,那么方差比 $\dfrac{\sigma_1^2}{\sigma_2^2}$ 的置信度为 0.9 的置信区间为

$$\left(\frac{0.5419}{0.6065} \times \frac{1}{3.18}, \ \frac{0.5419}{0.6065} \times \frac{1}{0.3145} \right) \approx (0.281, 2.841).$$

例 29　为了研究某种汽车轮胎的磨损性,随机抽取 16 只轮胎进行试验,直到轮胎行驶到磨坏为止,记录所行驶的路程(单位:km)如下:

41 250，40 187，43 175，41 010，39 265，41 872，42 654，41 287，
38 970，40 200，42 550，41 095，40 680，43 500，39 775，40 400.

假设这些数据来自正态总体 $N(\mu,\sigma^2)$,其中 μ,σ^2 未知,试求 μ 的置信水平为 0.95 的单侧置信下限.

解 由于正态总体 $N(\mu,\sigma^2)$,有 $\dfrac{\overline{X}-\mu}{S/\sqrt{n}}\sim t(n-1)$,构造 $P\left\{\dfrac{\overline{X}-\mu}{S/\sqrt{n}}<t_\alpha(n-1)\right\}=1-\alpha$,即

$$P\left\{\mu>\overline{X}-\frac{S}{\sqrt{n}}t_\alpha(n-1)\right\}=1-\alpha,$$

可得 μ 的置信水平为 $1-\alpha$ 的单侧置信下限为

$$\underline{\mu}=\overline{X}-\frac{S}{\sqrt{n}}t_\alpha(n-1).$$

依题意知,$n=16,\overline{x}=41\,116.875,s\approx1\,346.842,1-\alpha=0.95,\alpha=0.05$,查表得 $t_{0.05}(15)\approx$ 1.753 1,得 μ 的置信度为 0.95 的单侧置信下限为

$$\underline{\mu}\approx41\,116.875-\frac{1\,346.842}{\sqrt{16}}\times1.753\,1\approx40\,527.$$

7.3 同步训练题

一、选择题

1. 设 $X_1,X_2,\cdots,X_n$ 是来自服从区间 $[0,a]$ 上均匀分布的总体 X 的简单随机样本,则参数 a 的矩估计量 $\hat{a}=($ $)$

A. $\dfrac{1}{n}\sum\limits_{i=1}^{n}X_i$ B. $\dfrac{2}{n}\sum\limits_{i=1}^{n}X_i$ C. $\max\limits_{0\leqslant i\leqslant n}X_i$ D. $\min\limits_{0\leqslant i\leqslant n}X_i$

2. 设 $X_1,X_2,\cdots,X_n$ 是来自总体 $X\sim N(\mu,\sigma^2)$ 的样本,其中 μ 已知,$\sigma^2>0$ 为未知参数,样本均值为 $\overline{X}$,则 σ^2 的最大似然估计量为(   ).

A. $\dfrac{1}{n-1}\sum\limits_{i=1}^{n}(X_i-\overline{X})^2$ B. $\dfrac{1}{n}\sum\limits_{i=1}^{n}(X_i-\overline{X})^2$

C. $\dfrac{1}{n-1}\sum\limits_{i=1}^{n}(X_i-\mu)^2$ D. $\dfrac{1}{n}\sum\limits_{i=1}^{n}(X_i-\mu)^2$

3. 设 n 个随机变量 $X_1,X_2,\cdots,X_n$ 独立同分布,$D(X_1)=\sigma^2,\overline{X}=\dfrac{1}{n}\sum\limits_{i=1}^{n}X_i,S^2=\dfrac{1}{n-1}\sum\limits_{i=1}^{n}(X_i-\overline{X})^2$,则(   ).

A. S 是 σ 的无偏估计量   B. S 是 σ 的最大似然估计量

C. S 是 σ 的一致(相合)估计量   D. S 与 $\overline{X}$ 相互独立

4. 设一批零件的长度服从正态分布 $N(\mu,\sigma^2)$,其中 μ,σ^2 均未知,现从中随机抽取 16 个零件,测得样本均值 $\overline{x}=20$ cm,样本标准差 $s=1$ cm,则 μ 的置信水平为 0.9 的置信区间为(   ).

A. $\left(20-\dfrac{1}{4}t_{0.05}(16),20+\dfrac{1}{4}t_{0.05}(16)\right)$ B. $\left(20-\dfrac{1}{4}t_{0.1}(16),20+\dfrac{1}{4}t_{0.1}(16)\right)$

C. $\left(20-\dfrac{1}{4}t_{0.05}(15),20+\dfrac{1}{4}t_{0.05}(15)\right)$ D. $\left(20-\dfrac{1}{4}t_{0.1}(15),20+\dfrac{1}{4}t_{0.1}(15)\right)$

5. 设总体 X 服从正态分布 $N(\mu,\sigma^2)$, 其中 σ^2 已知, 若已知样本容量和置信水平 $1-\alpha$ 均不变, 则对于不同的样本观测值, 总体均值 μ 的置信区间的长度(　　).

A. 变长   B. 变短   C. 不变   D. 不能确定

二、填空题

1. 设总体 $X\sim b(m,p)$, 其中 $p(0<p<1)$ 为未知参数, 从总体 X 中抽取样本的样本均值为 $\overline{X}$, 则 p 的矩估计量 $\hat{p}=$ _____.

2. 设 $\hat{\theta}_1,\hat{\theta}_2,\hat{\theta}_3$ 是总体分布中参数 θ 的无偏估计量, 要使 $\hat{\theta}=a\hat{\theta}_1-2\hat{\theta}_2+3\hat{\theta}_3$ 仍为 θ 的无偏估计量, 则 $a=$ _____.

3. 已知一批零件的质量 X(单位:kg)服从正态分布 $N(\mu,1)$, 从中随机抽取 25 个零件, 得到质量的平均值为 50 kg, 则 μ 的置信水平为 0.95 的置信区间为 _____.(已知 $\Phi(1.96)\approx0.975$, $\Phi(1.645)\approx0.95$, 其中 $\Phi(x)$ 为标准正态分布的分布函数.)

4. 设总体 $X\sim N(\mu,\sigma^2)$, σ^2 已知, 要使 μ 的置信水平为 $1-\alpha(0<\alpha<1)$ 且置信区间的长度不大于 l, 则样本容量 $n\geqslant$ _____.

5. 设 $x_1,x_2,\cdots,x_n$ 为来自总体 $N(\mu,\sigma^2)$ 的简单随机样本, 样本均值 $\overline{x}=9.5$, 参数 μ 的置信水平为 0.95 的双侧置信区间的置信上限为 10.8, 则该双侧置信区间为 _____.

三、计算题

1. 设总体 X 服从泊松分布 $P(\lambda)$, 其中 λ 为未知参数, 观察得容量为 5 的样本值为 $1,3,2,1,3$, 求 λ 的矩估计值 $\hat{\lambda}_1$ 和最大似然估计值 $\hat{\lambda}_2$.

2. 设总体 X 的概率密度为

$$f(x,\lambda)=\begin{cases}\lambda^2 x\mathrm{e}^{-\lambda x} & x>0,\\ 0, & \text{其他},\end{cases}$$

其中参数 $\lambda(\lambda>0)$ 未知, $X_1,X_2,\cdots,X_n$ 是来自总体 X 的简单随机样本. 求:

(1) 参数 λ 的矩估计量 $\hat{\lambda}_1$; (2) 参数 λ 的最大似然估计量 $\hat{\lambda}_2$.

3. 设总体 X 的概率密度函数为

$$f(x;\theta)=\begin{cases}\dfrac{1}{1-\theta}, & \theta\leqslant x\leqslant 1,\\ 0, & \text{其他},\end{cases}$$

其中 $\theta\in(0,1)$ 是未知参数. 从总体 X 中抽取简单随机样本 $X_1,X_2,\cdots,X_n$, 求参数 θ 的最大似然估计量.

4. 某工程师为了解一台天平的精度, 用该天平对一物体的质量做 n 次测量, 该物体的质量 μ 是已知的. 设 n 次测量结果 $X_1,X_2,\cdots,X_n$ 相互独立, 且均服从正态分布 $N(\mu,\sigma^2)$, 该工程师记录的是 n 次测量的绝对误差 $Z_i=|X_i-\mu|(i=1,2,\cdots,n)$, 并利用它们估计 σ.

（1）求 Z_1 的概率密度；

（2）利用一阶矩求 σ 的矩估计量；

（3）求 σ 的最大似然估计量.

5. 设总体 X 的概率密度为

$$f(x;\theta)=\begin{cases}2\mathrm{e}^{-2(x-\theta)}, & x>\theta,\\ 0, & x\leqslant\theta,\end{cases}$$

其中 $\theta>0$ 是未知参数.从总体 X 中抽取简单随机样本 $X_1,X_2,\cdots,X_n$，记 $\hat{\theta}=\min\{X_1,X_2,\cdots,X_n\}$.

（1）求总体 X 的分布函数 $F(x)$；

（2）求统计量 $\hat{\theta}$ 的分布函数 $F_{\hat{\theta}}(x)$；

（3）如果用 $\hat{\theta}$ 作为 θ 的估计量,讨论它是否具有无偏性.

6. 设总体 X 的分布函数为

$$F(x;\theta)=\begin{cases}1-\mathrm{e}^{-\frac{x^2}{\theta}}, & x\geqslant 0,\\ 0, & x<0,\end{cases}$$

其中 θ 为未知的大于零的参数,$X_1,X_2,\cdots,X_n$ 是来自总体的简单随机样本.

（1）求 $E(X),E(X^2)$；

（2）求 θ 的最大似然估计量 $\hat{\theta}_n$；

（3）是否存在常数 a,使得对任意的 $\varepsilon>0$,都有 $\lim\limits_{n\to\infty}P\{|\hat{\theta}_n-a|\geqslant\varepsilon\}=0$?

7. 已知某炼铁厂的铁水碳含量 X 服从 $N(\mu,\sigma^2)$ 分布,随机测量了 5 炉铁水,其碳含量（单位:%）为 4.28,4.40,4.42,4.35,4.37,求 μ 的置信水平为 0.95 的置信区间.

8. 设总体 X 服从 $[0,\theta]$ 上的均匀分布,$X_1,X_2,\cdots,X_n$ 是来自总体 X 的样本.证明:

$$T=\frac{n+1}{n}\max_{1\leqslant i\leqslant n}\{X_i\}$$

是 θ 的无偏估计量.

7.4 同步训练题答案

一、选择题

1. B. 2. D. 3. C. 4. C. 5. C.

二、填空题

1. $\dfrac{\overline{X}}{m}$. 2. 0. 3. $(49.608,50.392)$. 4. $\dfrac{4z_{\frac{\alpha}{2}}^2\sigma^2}{l^2}$. 5. $(8.2,10.8)$.

三、计算题

1. $\hat{\lambda}_1 = 2, \hat{\lambda}_2 = 2$.　　2.（1）$\hat{\lambda}_1 = \dfrac{2}{\overline{X}}$;（2）$\hat{\lambda}_2 = \dfrac{2n}{\displaystyle\sum_{i=1}^{n} X_i}$.　　3. $\hat{\theta} = \min_{0 \leqslant i \leqslant n} X_i$.

4.（1）$f_Z(z) = \begin{cases} \dfrac{2}{\sigma} \varphi\left(\dfrac{z}{\sigma}\right), & z \geqslant 0, \\ 0, & z < 0, \end{cases}$ 其中 $\varphi(x)$ 为标准正态概率密度函数;

（2）σ 的矩估计量 $\hat{\sigma}_1 = \sqrt{\dfrac{\pi}{2}} \overline{Z} = \sqrt{\dfrac{\pi}{2}} \dfrac{1}{n} \displaystyle\sum_{i=1}^{n} Z_i$;

（3）σ 的最大似然估计量 $\hat{\sigma}_2 = \sqrt{\dfrac{1}{n} \displaystyle\sum_{i=1}^{n} Z_i^2}$.

5.（1）$F(x) = \begin{cases} 1 - \mathrm{e}^{-2(x-\theta)}, & x > \theta, \\ 0, & x \leqslant \theta; \end{cases}$　（2）$F_{\hat{\theta}}(x) = \begin{cases} 1 - \mathrm{e}^{-2n(x-\theta)}, & x > \theta, \\ 0, & x \leqslant \theta; \end{cases}$

（3）$E(\hat{\theta}) = \dfrac{1}{2n} + \theta \neq \theta$,所以 $\hat{\theta}$ 作为 θ 的估计量不具有无偏性.

6.（1）$E(X) = \dfrac{\sqrt{\pi\theta}}{2}, E(X^2) = \theta$;　（2）$\hat{\theta}_n = \dfrac{1}{n} \displaystyle\sum_{i=1}^{n} X_i^2$;

（3）存在实数 $a = \theta$,根据辛钦大数定律有 $\lim_{n \to \infty} P\{|\hat{\theta}_n - a| \geqslant \varepsilon\} = 0$.　　7. $(4.297, 4.431)$.

8. 证明:设 $M = \max_{1 \leqslant i \leqslant n} X_i$,那么 M 的分布函数为

$$F_M(z) = \begin{cases} 0, & z < 0, \\ \dfrac{z^n}{\theta^n}, & 0 \leqslant z < \theta, \\ 1, & z \geqslant \theta, \end{cases}$$

概率密度函数为

$$f_M(z) = \begin{cases} \dfrac{nz^{n-1}}{\theta^n}, & 0 < z < \theta, \\ 0, & 其他. \end{cases}$$

因为

$$E(M) = \int_0^\theta z \frac{nz^{n-1}}{\theta^n} \mathrm{d}z = \frac{n}{n+1}\theta,$$

则

$$E(T) = E\left(\frac{n+1}{n} \max_{1 \leqslant i \leqslant n} \{X_i\}\right) = \frac{n+1}{n} E(M) = \frac{n+1}{n} \cdot \frac{n}{n+1}\theta = \theta,$$

所以 $T = \dfrac{n+1}{n} \max_{1 \leqslant i \leqslant n} \{X_i\}$ 是 θ 的无偏估计量.

第8章 假设检验

本章学习假设检验,主要包括假设检验的基本思想和实际推断原理、假设检验的两类错误、显著性检验、正态总体的均值与方差的假设检验方法.

本章知识点要求:

1. 理解假设检验的基本思想和实际推断原理;

2. 了解假设检验过程中可能存在的两类错误;

3. 掌握假设检验的基本步骤,会对单个正态总体的均值与方差进行假设检验、两个正态总体的均值差与方差比进行假设检验.

8.1 知识点概述

8.1.1 假设检验的基本思想

1. 小概率原理

认为概率很小的事件在一次试验中几乎是不会发生的,如果小概率事件在一次试验中发生了,则认为假设是错误的,这就是小概率原理,也称实际推断原理.

2. 假设检验的基本思想

假设检验的基本思想是根据小概率原理来推断假设是否正确,是一种反证思想.

(1) 根据实际问题,提出两个相互对立的假设(关于总体的推断或命题),用"H_0"表示原假设,用"H_1"表示备择假设.先认为 H_0 是真的,在此假设下,构造一个概率不超过 $\alpha(0<\alpha<1)$ 的小概率事件 A.做一次试验,可以得到一组样本值,如果小概率事件 A 发生了,那么我们就认为假设 H_0 是错误的,因而拒绝(否定)H_0,接受 H_1;如果小概率事件 A 没有发生,那么表明原假设 H_0 与试验结果不矛盾,因而接受 H_0.

(2) 在假设检验中要给定一个很小的正数 α,把概率不超过 α 的小概率事件 A 作为实际不可能发生的事件,这个数 α 称为显著性水平或检验水平.对于各种不同的问题,显著性水平 α 可以取得不一样,通常选取 $\alpha=0.01,0.05$ 或 0.1.

8.1.2 假设检验中的两类错误

在假设检验过程中,最后只能在"拒绝 H_0"和"接受 H_0"中作出选择,两者必选其一.而判断的唯一依据是样本信息,由于样本的随机性,因此在进行判断时,还是有可能犯错误.归纳起来,可能犯两类错误.

第一类错误:当原假设 H_0 为真时,却作出拒绝 H_0 的判断,通常称之为"弃真"错误,这类错误的概率记为 α,即 $P\{$拒绝$H_0|H_0$ 为真$\}=\alpha$.

第二类错误:当原假设 H_0 不成立时,却作出接受 H_0 的决定,这类错误称之为"取伪"错误,这类错误的概率记为 β,即 $P\{$接受$H_0|H_0$ 为假$\}=\beta$.

显著性水平 α 为第一类错误的概率,它表示了对 H_0 弃真的控制程度,所以一般取值较小.

8.1.3 假设检验的步骤

1. 根据实际问题提出原假设 H_0 与备择假设 H_1;

2. 给定显著水平 α 以及样本容量 n;

3. 确定统计量,并在原假设 H_0 成立的条件下确定该统计量的分布;

4. 按照 $P\{$拒绝$H_0|H_0$ 为真$\}=\alpha$,求出拒绝域 W;

5. 根据样本观测值计算统计量的观测值,并作出拒绝或接受原假设 H_0 的判断.

教材中仅介绍正态总体参数的假设检验,若总体不服从正态分布,只要样本容量较大(如超过 30),利用中心极限定理可得样本均值近似服从正态分布,也是可以进行假设检验的.

8.1.4 正态总体参数的假设检验

设单个正态总体服从 $N(\mu,\sigma^2)$,对总体中的参数 μ 和 σ^2 进行检验;设两个正态总体分别服从 $N(\mu_1,\sigma_1^2)$ 和 $N(\mu_2,\sigma_2^2)$,对总体中的参数 μ_1,μ_2 和 σ_1^2,σ_2^2 进行检验.不同条件下的统计量和对应拒绝域如表 8-1 和表 8-2 所示:

表 8-1 正态总体均值检验法(显著性水平为 α)

适用范围	检验统计量	原假设 H_0	备择假设 H_1	拒绝域
单个总体,σ^2 已知	$U=\dfrac{\overline{X}-\mu_0}{\sigma/\sqrt{n}}\sim N(0,1)$	$\mu=\mu_0$	$\mu\neq\mu_0$	$|u|>z_{\frac{\alpha}{2}}$
		$\mu\leq\mu_0$	$\mu>\mu_0$	$u>z_\alpha$
		$\mu\geq\mu_0$	$\mu<\mu_0$	$u<-z_\alpha$
两个总体,σ_1^2,σ_2^2 已知	$U=\dfrac{\overline{X}-\overline{Y}}{\sqrt{\dfrac{\sigma_1^2}{n_1}+\dfrac{\sigma_2^2}{n_2}}}\sim N(0,1)$	$\mu_1=\mu_2$	$\mu\neq\mu_0$	$|u|>z_{\frac{\alpha}{2}}$
		$\mu_1\leq\mu_2$	$\mu>\mu_0$	$u>z_\alpha$
		$\mu_1\geq\mu_2$	$\mu<\mu_0$	$u<-z_\alpha$
单个总体,σ^2 未知	$T=\dfrac{\overline{X}-\mu_0}{S/\sqrt{n}}\sim t(n-1)$	$\mu=\mu_0$	$\mu\neq\mu_0$	$|t|>t_{\frac{\alpha}{2}}(n-1)$
		$\mu\leq\mu_0$	$\mu>\mu_0$	$t>t_\alpha(n-1)$
		$\mu\geq\mu_0$	$\mu<\mu_0$	$t<-t_\alpha(n-1)$
两个总体,σ_1^2,σ_2^2 未知但相等	$T=\dfrac{\overline{X}-\overline{Y}}{S_W\sqrt{\dfrac{1}{n_1}+\dfrac{1}{n_2}}}\sim t(k)$, 其中 $k=n_1+n_2-2$, $S_W^2=\dfrac{(n_1-1)S_1^2+(n_2-1)S_2^2}{n_1+n_2-2}$	$\mu_1=\mu_2$	$\mu\neq\mu_0$	$|t|>t_{\frac{\alpha}{2}}(k)$
		$\mu_1\leq\mu_2$	$\mu>\mu_0$	$t>t_\alpha(k)$
		$\mu_1\geq\mu_2$	$\mu<\mu_0$	$t<-t_\alpha(k)$

表 8-2　正态总体方差检验法(显著性水平为 α)

适用范围	检验统计量	原假设 H_0	备择假设 H_1	拒绝域
单个总体,μ 已知	$\chi^2 = \dfrac{1}{\sigma_0^2}\sum_{i=1}^{n}(X_i-\mu)^2 \sim \chi^2(n)$	$\sigma^2=\sigma_0^2$	$\sigma^2\neq\sigma_0^2$	$\chi^2<\chi^2_{1-\frac{\alpha}{2}}(n)$ 或 $\chi^2>\chi^2_{\frac{\alpha}{2}}(n)$
		$\sigma^2\leqslant\sigma_0^2$	$\sigma^2>\sigma_0^2$	$\chi^2>\chi^2_{\alpha}(n)$
		$\sigma^2\geqslant\sigma_0^2$	$\sigma^2<\sigma_0^2$	$\chi^2<\chi^2_{1-\alpha}(n)$
单个总体,μ 未知	$\chi^2 = \dfrac{(n-1)S^2}{\sigma_0^2} \sim \chi^2(n-1)$	$\sigma^2=\sigma_0^2$	$\sigma^2\neq\sigma_0^2$	$\chi^2>\chi^2_{\frac{\alpha}{2}}(n-1)$ 或 $\chi^2<\chi^2_{1-\frac{\alpha}{2}}(n-1)$
		$\sigma^2\leqslant\sigma_0^2$	$\sigma^2>\sigma_0^2$	$\chi^2>\chi^2_{\alpha}(n-1)$
		$\sigma^2\geqslant\sigma_0^2$	$\sigma^2<\sigma_0^2$	$\chi^2<\chi^2_{1-\alpha}(n-1)$
两个总体,μ_1,μ_2 未知	$F = \dfrac{S_1^2}{S_2^2} \sim F(k_1,k_2)$,其中 $k_1=n_1-1,k_2=n_2-1$	$\sigma_1^2=\sigma_2^2$	$\sigma_1^2\neq\sigma_2^2$	$f>F_{\frac{\alpha}{2}}(k_1,k_2)$ 或 $f<F_{1-\frac{\alpha}{2}}(k_1,k_2)$
		$\sigma_1^2\leqslant\sigma_2^2$	$\sigma_1^2>\sigma_2^2$	$f>F_{\alpha}(k_1,k_2)$
		$\sigma_1^2\geqslant\sigma_2^2$	$\sigma_1^2<\sigma_2^2$	$f<F_{1-\alpha}(k_1,k_2)$

8.2　典型例题解析

例 1　某工厂用自动包装机封装食品,每袋标准重量为 100 g,每天工作时,需要先检查自动包装机工作是否正常.根据以往的经验知道,包装机工作正常情况下,其各袋质量服从正态分布,且标准差为 1.5 g,随机抽取了 9 袋食品,测得其平均重量 $\bar{x}=101.2$ g,分别按照显著性水平 $\alpha_1=0.05$ 和 $\alpha_2=0.01$ 检验包装机工作是否正常?

解　此题为在 σ 已知的条件下,检验 μ.

(1) 假设 $H_0:\mu=\mu_0=100,H_1:\mu\neq\mu_0$;

(2) 选择检验统计量 $U=\dfrac{\bar{X}-\mu_0}{\sigma/\sqrt{n}}\sim N(0,1)$;

(3) $\alpha_1=0.05$ 及 $\alpha_2=0.01$,查正态分布表,得临界值

$$z_{\alpha_1/2}=z_{0.025}\approx 1.96,\quad z_{\alpha_2/2}=z_{0.005}\approx 2.58;$$

(4) 算得统计量的观察值 $u=\dfrac{101.2-100}{1.5/\sqrt{9}}=2.4$;

(5) 拒绝域为 $u\geqslant z_{\frac{\alpha}{2}}$ 或 $u\leqslant -z_{\frac{\alpha}{2}}$.

在检验水平 $\alpha_1=0.05$ 下,由于 $u=2.4\geqslant z_{0.025}\approx 1.96$,所以拒绝 H_0,接受 H_1,即认为该包装机工作不正常;

而在检验水平 $\alpha_2=0.01$ 下,由于 $u=2.4<z_{0.005}\approx 2.58$,所以接受 H_0,即认为该包装机工作

正常.

例 2 某炼钢炉的温度(单位:℃)服从正态分布 $N(\mu,\sigma^2)$,随机测得 5 个温度值(单位:℃)为

$$1\,650,\quad 1\,665,\quad 1\,645,\quad 1\,660,\quad 1\,675.$$

在显著性水平 $\alpha=0.05$ 下,是否可以认为 $\mu=1\,677$?

解 此题为在 σ 未知的条件下,检验 μ.根据样本值计算得 $\bar{x}=1\,659$,样本均方差 $s\approx11.94$.

(1) 假设 $H_0:\mu=\mu_0=1\,677,H_1:\mu\neq\mu_0$;

(2) 选择检验统计量 $T=\dfrac{\overline{X}-\mu_0}{S/\sqrt{n}}\sim t(n-1)$;

(3) $\alpha=0.05$,查 t 分布表,得临界值 $t_{0.025}(4)\approx2.776\,4$;

(4) 算得统计量的观察值 $t\approx\dfrac{1\,659-1\,677}{11.94/\sqrt{5}}\approx-3.38$;

(5) 在检验水平 $\alpha=0.05$ 下,拒绝域为 $|t|\geq t_{0.025}(4)$.由于 $|t|=3.38>2.776\,4\approx t_{0.025}(4)$,所以拒绝 H_0,接受 H_1,即不能认为 $\mu=1\,677$.

例 3 假设某种机器零件使用寿命(单位:h)$X\sim N(\mu,\sigma^2)$,其中 μ 为待检验参数,$\sigma^2=100$.按照某种标准,该种零件使用寿命不得低于 $1\,000$ h.今从一批这种机器零件中随机抽取 25 件,测得其寿命的平均值为 950 h.试在显著性水平 $\alpha=0.05$ 下确定这批零件是否合格.

解 零件的使用寿命合格,即零件的使用寿命应不显著低于标准值 $\mu_0=1\,000$ h,因而是单侧检验,且要求 $\mu\geq1\,000$.

(1) 假设 $H_0:\mu\geq1\,000,H_1:\mu<1\,000$;

(2) 由于 σ^2 已知,因此检验统计量 $U=\dfrac{\overline{X}-\mu_0}{\sigma/\sqrt{n}}\sim N(0,1)$;

(3) 由于检验水平 $\alpha=0.05$,查正态分布表,得临界值 $z_{0.05}\approx1.645$;

(4) 由样本观察值具体计算得 $u=\dfrac{950-1\,000}{100/\sqrt{25}}=-2.5$;

(5) 拒绝域为 $u\leq-z_\alpha$,由于 $-2.5<-1.645$,所以拒绝 H_0,因此不能认为这批零件合格.

例 4 某种导线的电阻(单位:Ω)服从正态分布 $N(\mu,\sigma^2)$,要求电阻的标准差不得超过 0.004 Ω.从生产的一批导线中随机抽取 10 根,测其电阻,得样本标准差 $s=0.006$ Ω.对于 $\alpha=0.05$,能否认为这批导线符合要求?

解 由题意知,导线电阻的标准差不得超过 0.004,即 $s\leq0.004$ Ω,因此该问题是方差的单侧假设检验.

(1) 假设 $H_0:\sigma^2\leq0.004^2,H_1:\sigma^2>0.004^2$;

(2) 选择检验统计量 $\chi^2=\dfrac{(n-1)S^2}{\sigma_0^2}\sim\chi^2(n-1)$;

(3) 对于 $\alpha=0.05$,查 χ^2 分布表,得 $\chi^2_{0.05}(10-1)\approx16.919$;

（4）算得统计量观察值 $\chi^2 = \dfrac{(10-1) \times 0.006^2}{0.004^2} = 20.25$；

（5）拒绝域为 $\chi^2 \geqslant \chi^2_\alpha(n-1)$，由于统计值 $\chi^2 = 20.25 > \chi^2_{0.05}(9) = 16.916$，所以拒绝原假设 H_0，即这批导线不符合要求．

例 5　为检验 A，B 两种牛奶中牛乳含量是否相同，从这两种牛奶中各自随机抽取质量相同的 5 例进行化验，测得牛乳含量（单位：g）为：

牛奶 A：24，　27，　26，　21，　24；

牛奶 B：27，　28，　23，　31，　26．

据经验知，牛乳含量服从正态分布，且牛奶 A 对应的方差为 5，牛奶 B 对应的方差为 8．在显著性水平 $\alpha = 0.05$ 之下，问两种牛奶中牛乳含量是否有显著差异？

解　这是两总体均值差异性比较，属双侧检验．设牛奶 A 和牛奶 B 的牛乳平均含量分别为 μ_1 和 μ_2．

（1）假设 $H_0: \mu_1 = \mu_2$，$H_1: \mu_1 \neq \mu_2$；

（2）由于 σ_1^2，σ_2^2 已知，故应选择检验统计量 $U = \dfrac{\overline{X} - \overline{Y}}{\sqrt{\dfrac{\sigma_1^2}{n_1} + \dfrac{\sigma_2^2}{n_2}}}$；

（3）在显著性水平 $\alpha = 0.05$ 下，查标准正态分布表得临界值 $z_{\frac{\alpha}{2}} = z_{0.025} \approx 1.96$；

（4）计算统计量观察值：

$$\overline{x} = \frac{1}{5}(24 + 27 + 26 + 21 + 24) = 24.4,$$

$$\overline{y} = \frac{1}{5}(27 + 28 + 23 + 31 + 26) = 27,$$

$$u = \frac{\overline{x} - \overline{y}}{\sqrt{\dfrac{\sigma_1^2}{n_1} + \dfrac{\sigma_2^2}{n_2}}} = \frac{24.4 - 27}{\sqrt{\dfrac{5}{5} + \dfrac{8}{5}}} = -1.612;$$

（5）拒绝域为 $|u| \geqslant z_{\frac{\alpha}{2}}$，由于 $|u| = 1.612 < z_{0.025} = 1.96$，所以，接受原假设 H_0，即认为两种牛奶中牛乳平均量无显著差异．

例 6　甲、乙两个汽车零件生产厂生产同一种汽车零件．假设两厂生产汽车零件的质量都服从正态分布，测得质量如下（单位：kg）：

甲厂：93.3，92.1，94.7，90.1，95.6，90.0，94.7；

乙厂：95.6，94.9，96.2，95.1，95.8，96.3．

试问乙厂生产的汽车零件质量的方差是否显著比甲厂的小（显著性水平 $\alpha = 0.05$）？

解　设甲、乙两厂生产的汽车零件的质量分别为随机变量 X, Y，由题设有

$$X \sim N(\mu_1, \sigma_1^2), \quad Y \sim N(\mu_2, \sigma_2^2).$$

（1）假设 $H_0: \sigma_1^2 \leqslant \sigma_2^2$，$H_1: \sigma_1^2 > \sigma_2^2$；

（2）题设中 μ_1，μ_2 未知，故选择检验统计量 $F = \dfrac{S_1^2}{S_2^2} \sim F(n_1 - 1, n_2 - 1)$；

（3）$\alpha=0.05$，$n_1=7$，$n_2=6$，因此查 F 分布表得临界值 $F_\alpha(n_1-1,n_2-1)=F_{0.05}(6,5)\approx4.95$；

（4）由样本值算得 $\overline{x}\approx92.9$，$\overline{y}\approx95.7$，$s_1^2\approx5.136$，$s_2^2\approx0.323$，代入 F 得统计量观察值为

$$f=\frac{s_1^2}{s_2^2}=\frac{5.136}{0.323}\approx15.90；$$

（5）拒绝域为 $f\geqslant F_\alpha(n_1-1,n_2-1)$，由于 $f\approx15.90>F_{0.05}(6,5)\approx4.95$，故拒绝 H_0，接受 H_1，即可以认为乙厂铸件质量的方差比甲厂的小.

8.3 同步训练题

一、选择题

1. 在假设检验问题中，检验水平 α 的意义是（   ）.

　　A. 原假设 H_0 成立，经检验不能被拒绝的概率

　　B. 原假设 H_0 成立，经检验被拒绝的概率

　　C. 原假设 H_0 不成立，经检验被拒绝的概率

　　D. 原假设 H_0 不成立，经检验不能被拒绝的概率

2. 正态总体中方差 σ^2 已知，对总体期望 $\mu=\mu_0$ 进行双侧检验，σ^2，μ_0，α（显著性水平）均保持不变，增大样本容量 n 会使（   ）.

　　A. 犯第一类（弃真）错误的概率不变，犯第二类（取伪）错误的概率变小

　　B. 犯第一类（弃真）错误的概率变小，犯第二类（取伪）错误的概率也变小

　　C. 犯第一类（弃真）错误的概率变大，犯第二类（取伪）错误的概率也变大

　　D. 犯第一类（弃真）错误的概率不变，犯第二类（取伪）错误的概率也不变

3. 设 $X_1,X_2,\cdots,X_n$ 是来自正态总体 $N(\mu,\sigma^2)$ 的简单随机样本，其中 μ 未知，$\overline{X}$ 为样本均值，S^2 为样本方差. 若进行假设检验 $H_0:\sigma^2=\sigma_0^2$；$H_1:\sigma^2\neq\sigma_0^2$，则一般采用的统计量及其服从的分布为（   ）.

　　A. $\dfrac{(n-1)S^2}{\sigma^2}\sim\chi^2(n-1)$ 　　　　　　　B. $\dfrac{(n-1)S^2}{\sigma^2}\sim\chi^2(n)$

　　C. $\dfrac{\overline{X}-\mu}{\sigma/\sqrt{n}}\sim N(0,1)$ 　　　　　　　D. $\dfrac{\overline{X}-\mu}{\sigma/\sqrt{n}}\sim t(n-1)$

4. 设总体 $X\sim N(\mu,\sigma^2)$，μ 未知，$X_1,X_2,\cdots,X_n$ 为样本，S^2 为样本方差，显著性水平为 α 的检验问题：$H_0:\sigma^2=\sigma_0^2$，$H_1:\sigma^2\neq\sigma_0^2$（$\sigma_0^2$ 已知）的双侧拒绝域为（   ）.

　　A. $W=(0,\chi^2_{1-\frac{\alpha}{2}}(n))$ 　　　　　　　B. $W=(\chi^2_{1-\frac{\alpha}{2}}(n-1),+\infty)$

　　C. $W=(0,\chi^2_{1-\frac{\alpha}{2}}(n-1))\cup(\chi^2_{\frac{\alpha}{2}}(n-1),+\infty)$ 　　　　D. $W=(0,\chi^2_{1-\alpha}(n-1))\cup(\chi^2_{\alpha}(n-1),+\infty)$

5. 对正态总体的数学期望 μ 进行假设检验，如果在显著水平 0.05 下接受 $H_0:\mu=\mu_0$，那么在显著性水平 0.01 下，下列结论中正确的是（   ）.

A. 必接受 H_0 B. 可能接受,也可能拒绝 H_0

C. 必拒绝 H_0 D. 不接受,也不拒绝 H_0

6. 设 $X_1, X_2, \cdots, X_n$ 是来自正态总体 $N(\mu, 2^2)$ 的简单随机样本,样本容量 $n = 16$,样本均值为 $\overline{X}$,则在显著性水平 $\alpha = 0.05$ 下检验,提出假设 $H_0: \mu = 5; H_1: \mu \neq 5$,那么拒绝域为( ).(已知 $\Phi(1.645) \approx 0.95, \Phi(1.96) \approx 0.975$,其中 $\Phi(x)$ 为标准正态分布的分布函数.)

A. $(-\infty, 4.18) \cup (5.82, +\infty)$ B. $[4.18, 5.82]$

C. $(-\infty, 4.02) \cup (5.98, +\infty)$ D. $[4.02, 5.98]$

二、填空题

1. 某种产品以往的废品率为 5%,采取某种技术革新措施后,对产品的样本进行检验,以判断这种产品的废品率是否有所降低.取显著水平 $\alpha = 0.05$,则此问题的原假设 H_0:_____,备择假设 H_1:_____;犯第一类错误的概率为_____.

2. 设 $X_1, X_2, \cdots, X_n$ 是从正态总体 $N(\mu, \sigma^2)$ 中抽得的简单随机样本,已知 $\sigma^2 = \sigma_0^2$,现检验假设 $H_0: \mu = \mu_0$,则当 H_0 成立时,$\dfrac{\sqrt{n}(\overline{X} - \mu_0)}{\sigma_0}$ 服从_____分布.

3. 设总体 $X \sim N(\mu, \sigma^2)$,σ^2 未知,$\overline{X}, S^2$ 分别为样本均值和样本方差,样本容量为 n,检验 $H_0: \mu = \mu_0, H_1: \mu \neq \mu_0(\mu_0$ 已知$)$ 的双侧拒绝域 $W = $_____.

4. 设 $X_1, X_2, \cdots, X_{16}$ 是来自正态总体 $N(\mu, 2^2)$ 的简单随机样本,样本均值为 $\overline{X}$,在显著性水平 $\alpha = 0.05$ 下,提出假设 $H_0: \mu \geqslant 5; H_1: \mu < 5$,则拒绝域为_____.(已知 $\Phi(1.645) \approx 0.95, \Phi(1.96) \approx 0.975$,其中 $\Phi(x)$ 为标准正态分布的分布函数.)

三、计算题

1. 已知在正常生产情况下某种汽车零件的质量(单位:g)服从正态分布 $N(54, 0.75^2)$.在某日生产的零件中抽取 10 件,测得质量(单位:g)如下:

    54.0, 55.1, 53.8, 54.2, 52.1, 54.2, 55.0, 55.8, 55.1, 55.3.

如果标准差不变,该日生产的零件质量的均值是否有显著差异(显著性水平 $\alpha = 0.05$)?

2. 稻花香米厂用自动打包机包装大米,某日测得 9 袋大米的质量(单位:kg)如下:

    49.7, 49.8, 50.3, 50.5, 49.7, 50.1, 49.9, 50.5, 50.4.

已知每袋大米的质量服从正态分布,是否可以认为每袋大米的平均质量为 50 kg(显著性水平 $\alpha = 0.05$)?

3. 进行 5 次试验,测得锰的熔点(单位:℃)如下:

    1 242, 1 248, 1 246, 1 250, 1 249.

已知锰的熔点的测量值服从正态分布,是否可以认为锰的熔点显著高于 1 243℃?（显著性水平 $\alpha = 0.05$）

4. 某兵器制造厂生产一批枪弹,其初速度(单位:m/s)$X \sim N(\mu_0, \sigma_0^2)$,其中 $\mu_0 = 950$ m/s,$\sigma_0 = 10$ m/s.经过较长时间储存,取 9 发进行测试,得样本值(单位:m/s)如下:

    914, 920, 910, 934, 953, 945, 912, 924, 940.

据经验,枪弹经储存,其初速度 X 仍服从正态分布,且标准差可认为不变.试问:是否可以认为这批枪弹的初速度 X 显著降低(显著性水平 $\alpha = 0.025$)?

5. 某种羊毛在处理前后,各抽取样本,测得含脂率(单位:‰)如下:

处理前:19, 18, 21, 30, 66, 42, 8, 12, 30, 27;

处理后:19, 24, 7, 8, 20, 12, 31, 29, 13, 4.

若羊毛含脂率服从正态分布,问处理后含脂率有无显著变化(显著性水平 $\alpha = 0.05$)?

6. 甲、乙两个铸造厂生产同一种铸件,假设两厂铸件的质量都服从正态分布,测得质量如下(单位:kg):

甲厂:85.6, 85.9, 85.7, 85.7, 86.0, 85.5, 85.4, 85.8;

乙厂:86.2, 85.7, 86.5, 85.8, 86.3, 86.0, 85.8, 85.7.

问两厂铸件的平均质量有无显著差异(显著性水平 $\alpha = 0.05$)?

7. 两台车床生产同一种滚珠,滚珠直径(单位:mm)按正态分布,从中分别抽取 6 个和 9 个产品,测量值如下,试比较两台车床生产的滚珠直径的方差是否有显著差异(显著性水平 $\alpha = 0.1$)?

甲车床:34.5, 38.2, 34.2, 34.1, 35.1, 33.8;

乙车床:34.5, 42.3, 41.7, 43.1, 42.4, 42.2, 41.8, 43.0, 42.9.

8.4　同步训练题答案

一、选择题

1. B.　　2. A.　　3. A.　　4. C.　　5. A.　　6. C.

二、填空题

1. $p \leqslant 5\%, p > 5\%$;0.05.　　2. $N(0,1)$.　　3. $W = \left\{ x \left| \left| \dfrac{(\bar{x} - \mu_0)\sqrt{n}}{S} \right| > t_{\frac{\alpha}{2}}(n-1) \right. \right\}$.

4. $(-\infty, 4.177)$.

三、计算题

1. 无显著差异.　　2. 可以.　　3. 可以.　　4. 可以.　　5. 无显著变化.

6. 有显著差异.　　7. 有显著差异.

第 9 章 方差分析与回归分析

本章学习方差分析与回归分析,主要包括方差分析的基本概念、单因素方差分析、双因素(无交互作用)方差分析、简单线性回归分析、一元线性回归等.

本章知识点要求:

1. 了解方差分析的基本概念、单因素方差分析的原理、双因素(无交互作用)方差分析的原理、简单线性回归分析的方法;

2. 掌握单因素方差分析的方法、一元线性回归的方法.

9.1 知识点概述

9.1.1 方差分析

1. 定义

检验多个总体均值是否有显著差异的统计分析方法,称为方差分析.

2. 基本假设

(1) 每个总体均服从正态分布;

(2) 每个总体的方差均相同;

(3) 所有的观测值是相互独立的.

3. 基本原理

(1) 单因素方差分析

方差分析中只涉及一个因素时,称为单因素方差分析.

具体的分析步骤如下:

首先,提出假设

$$H_0: \mu_1 = \mu_2 = \cdots = \mu_k,$$
$$H_1: \mu_1, \mu_2, \cdots, \mu_k \text{ 不全相等}.$$

如果拒绝原假设,则认为因素对观测值有显著影响;如果不拒绝原假设 H_0,则不能认为因素对观测值有显著影响.

其次,构造检验统计量.当 H_0 为真时,统计量

$$F = \frac{SSA/(k-1)}{SSE/(n-k)}$$

服从分布 $F(k-1, n-k)$.其中,k 为因素的水平个数,n 为全部观测样本的个数,n_i 为第 i 个水平下

的观测样本的个数,$n = n_1 + n_2 + \cdots + n_k$;$x_{ij}$表示第 i 个水平下的第 j 个观测值,$\bar{x}_i = \dfrac{\displaystyle\sum_{j=1}^{n_i} x_{ij}}{n_i}$ 为第 i 个水

平的样本均值,$\bar{\bar{x}} = \dfrac{\displaystyle\sum_{i=1}^{k}\sum_{j=1}^{n_i} x_{ij}}{n}$ 为全部观测值的总均值;$SSA = \displaystyle\sum_{i=1}^{k}\sum_{j=1}^{n_i}(\bar{x}_i - \bar{\bar{x}})^2 = \sum_{i=1}^{k} n_i(\bar{x}_i - \bar{\bar{x}})^2$ 为水

平项误差平方和,又称为组间平方和,自由度为 $k-1$;$SSE = \displaystyle\sum_{i=1}^{k}\sum_{j=1}^{n_i}(x_{ij} - \bar{x}_i)^2$ 为误差项平方和,又

称组内平方和,自由度为 $n-k$;$SST = \displaystyle\sum_{i=1}^{k}\sum_{j=1}^{n_i}(x_{ij} - \bar{\bar{x}})^2$ 为总误差平方和,自由度为 $n-1$;三个误差

平方和的关系为 $SST = SSA + SSE$.这样可以根据实际观测值计算出 F 的值.

最后,做出统计决策.将给定显著性水平 α 的临界值 F_α 与计算得到的统计量的 F 值进行比较,就可以做出对原假设的决策,其中 $F_\alpha = F_\alpha(k-1, n-k)$ 可查表得到.若 $F > F_\alpha$,则拒绝原假设,即认为各个总体的均值不等,从而被检验的因素对观测值有显著影响;若 $F < F_\alpha$,则不拒绝原假设,不认为各个总体的均值不等,从而不能认为被检验的因素对观测值有显著影响.

（2）双因素方差分析

方差分析中涉及两个因素时,称为双因素方差分析.

无交互作用的双因素方差分析:两个因素对试验结果的影响是相互独立的.把其中一个因素设为行因素,另一个因素设为列因素.

具体的分析步骤如下:

首先,提出假设.对行因素提出的假设为

$\qquad H_0 : \mu_1 = \mu_2 = \cdots = \mu_k$ （行因素对因变量没有显著影响）,

$\qquad H_1 : \mu_1, \mu_2, \cdots, \mu_k$ 不全相等 （行因素对因变量有显著影响）;

对列因素提出的假设为

$\qquad H_0 : \eta_1 = \eta_2 = \cdots = \eta_r$ （列因素对因变量没有显著影响）,

$\qquad H_1 : \eta_1, \eta_2, \cdots, \eta_r$ 不全相等 （列因素对因变量有显著影响）,

其中,μ_i 与 η_j 分别是行因素的第 i 个水平的均值与列因素的第 j 个水平的均值（$i = 1, 2, \cdots, k$;$j = 1, 2, \cdots, r$）.

其次,构造检验统计量.这里,为了检验上述 H_0 是否成立,我们需要对行因素与列因素分别构建检验统计量.与单因素方差分析的方法类似,仍利用误差平方和来构建检验统计量.具体地,检验行因素对因变量是否产生显著影响时,设统计量为

$$F_R = \frac{SSR/(k-1)}{SSE/(k-1)(r-1)} \sim F(k-1, (k-1)(r-1));$$

检验列因素对因变量是否产生显著影响时,设统计量为

$$F_C = \frac{SSC/(r-1)}{SSE/(k-1)(r-1)} \sim F(r-1, (k-1)(r-1)),$$

其中

$$\bar{x}_{i\cdot} = \frac{\sum\limits_{j=1}^{r} x_{ij}}{r} \ (i=1,2,\cdots,k), \quad \bar{x}_{\cdot j} = \frac{\sum\limits_{i=1}^{k} x_{ij}}{k} \ (j=1,2,\cdots,r), \quad \bar{\bar{x}} = \frac{\sum\limits_{i=1}^{k}\sum\limits_{j=1}^{r} x_{ij}}{kr},$$

$$SSR = \sum_{i=1}^{k}\sum_{j=1}^{r}(\bar{x}_{i\cdot}-\bar{\bar{x}})^2, \quad SSC = \sum_{i=1}^{k}\sum_{j=1}^{r}(\bar{x}_{\cdot j}-\bar{\bar{x}})^2, \quad SSE = \sum_{i=1}^{k}\sum_{j=1}^{r}(x_{ij}-\bar{x}_{i\cdot}-\bar{x}_{\cdot j}+\bar{\bar{x}})^2.$$

最后,做出统计决策.根据实际观测值计算得到的检验统计量的值,在给定显著性水平 α 的情况下,比较临界值 F_α 与 F_R, F_C 的大小关系,即可对原假设是否成立做出抉择.若 $F_R > F_\alpha$,则拒绝原假设,认为行因素对因变量有显著影响;若 $F_C > F_\alpha$,则拒绝原假设,认为列因素对因变量有显著影响.

9.1.2　简单线性回归分析

1. 线性相关性的分析

本章主要从两个角度考察两个变量间的线性相关性.

(1)散点图

设变量 X 与 Y 的样本值分别为 $x_i, y_i (i=1,2,\cdots,N)$,在二维坐标图中绘制点 (x_i, y_i),可以根据变量的观测值描绘变量间是正线性相关、负线性相关还是不相关这三种关系.但此结果仅对变量间的关系进行初步判断,并不能在科学研究中作为可靠的研究依据.

(2)线性相关系数

线性相关系数可以度量变量间线性相关性的强度,其定义是

$$r = \frac{\sum(x_i-\bar{x})(y_i-\bar{y})}{\sqrt{\sum(x_i-\bar{x})^2 \sum(y_i-\bar{y})^2}},$$

其中 $\bar{x}=\dfrac{1}{N}\sum\limits_{i=1}^{N}x_i, \bar{y}=\dfrac{1}{N}\sum\limits_{i=1}^{N}y_i, N$ 是样本容量.一般地,$-1 \leqslant r \leqslant 1$.若 $0 < r \leqslant 1$,则 X 与 Y 之间存在正线性相关关系;若 $-1 \leqslant r < 0$,则 X 与 Y 之间存在负线性相关关系;若 $r=1$,则 X 与 Y 之间是完全正线性相关关系;若 $r=-1$,则 X 与 Y 之间是完全负线性相关关系;若 $r=0$,则表明二者间不存在线性相关关系.需要注意的是,当变量间的相关系数接近 0 时,变量间可能存在其他非线性相关关系.

2. 一元线性回归分析

(1)模型形式

一元线性回归模型可以描述为如下形式:

$$y = \beta_0 + \beta_1 x + \varepsilon,$$

其中 x 是自变量 X 的样本值,y 是因变量 Y 的样本值.β_0 与 β_1 为回归模型的回归参数,ε 为随机误差项.

(2)基本假设

1) $E(\varepsilon)=0$,即 ε 是一个期望等于 0 的随机变量.这意味着 $y=\beta_0+\beta_1 x+\varepsilon$ 也是随机变量,且

$$E(y) = E(\beta_0+\beta_1 x+\varepsilon) = \beta_0+\beta_1 x+E(\varepsilon) = \beta_0+\beta_1 x;$$

2) 对于所有的 x 值,ε 的方差 σ^2 是相同的;

3）误差项 ε 服从正态分布，即 $\varepsilon \sim N(0, \sigma^2)$.

（3）估计方法

设估计方程为 $\hat{y} = \hat{\beta}_0 + \hat{\beta}_1 x$，本章主要介绍用最小二乘估计法来求出 $\hat{\beta}_0$ 和 $\hat{\beta}_1$.

最小二乘估计法，是通过使因变量的观测值 y_i 与估计值 $\hat{y}_i$ 之差的平方和，即

$$Q = \sum_{i=1}^{n} (y_i - \hat{y}_i)^2 = \sum_{i=1}^{n} (y_i - (\hat{\beta}_0 + \hat{\beta}_1 x_i))^2$$

达到最小来求估计值 $\hat{\beta}_0$ 与 $\hat{\beta}_1$ 的方法.这一过程是基于微积分的极值定理来实现的.首先令

$$\begin{cases} \dfrac{\partial Q}{\partial \hat{\beta}_0} = -2 \sum_{i=1}^{n} (y_i - (\hat{\beta}_0 + \hat{\beta}_1 x_i)) = 0, \\ \dfrac{\partial Q}{\partial \hat{\beta}_1} = -2 \sum_{i=1}^{n} x_i(y_i - (\hat{\beta}_0 + \hat{\beta}_1 x_i)) = 0, \end{cases}$$

化简得

$$\begin{cases} \sum_{i=1}^{n} y_i = n\hat{\beta}_0 + \hat{\beta}_1 \sum_{i=1}^{n} x_i, \\ \sum_{i=1}^{n} x_i y_i = \hat{\beta}_0 \sum_{i=1}^{n} x_i + \hat{\beta}_1 \sum_{i=1}^{n} x_i^2, \end{cases}$$

从而解方程组得到

$$\begin{cases} \hat{\beta}_1 = \dfrac{n \sum_{i=1}^{n} x_i y_i - \sum_{i=1}^{n} x_i \sum_{i=1}^{n} y_i}{n \sum_{i=1}^{n} x_i^2 - \left(\sum_{i=1}^{n} x_i\right)^2}, \\ \hat{\beta}_0 = \bar{y} - \hat{\beta}_1 \bar{x} \end{cases}$$

即为参数 β_0 与 β_1 的最小二乘估计值，从而可以确定所需的线性关系.其中，$\bar{x}$ 与 $\bar{y}$ 均为样本均值，即 $\bar{x} = \dfrac{1}{n} \sum_{i=1}^{n} x_i, \bar{y} = \dfrac{1}{n} \sum_{i=1}^{n} y_i$.

（4）评价估计结果

本章主要基于回归直线的拟合优度和回归参数的显著性检验来对估计结果的合理性进行评价.

回归直线与观测数据点的接近程度称为回归直线对数据的拟合优度.拟合优度用判定系数 R^2 来度量，其公式为

$$R^2 = \dfrac{\sum_{i=1}^{n} (\hat{y}_i - \bar{y})^2}{\sum_{i=1}^{n} (y_i - \bar{y})^2} = 1 - \dfrac{\sum_{i=1}^{n} (y_i - \hat{y}_i)^2}{\sum_{i=1}^{n} (y_i - \bar{y})^2}.$$

如果全部的样本观测点均落在回归直线上，则有 $\hat{y}_i = y_i$，此时 $R^2 = 1$，拟合是完全的；如果 y 的变化与 x 无关，回归直线解释不了 y 的变化，则有 $\hat{y}_i = \bar{y}$，此时 $R^2 = 0$.可见，R^2 的取值范围是 $[0, 1]$.R^2 越接近 1，说明回归直线与观测点越接近，用 x 的这种线性函数来解释 y 的变化的能力就越强，拟

合程度就越好;反之,R^2 越接近 0,回归直线的拟合程度就越差.

在一元线性回归模型 $y=\beta_0+\beta_1x+\varepsilon$ 中,如果回归参数 β_1 不为零,那么就可以用 x 的取值来预测 y 的变化.检验 β_1 是否显著区别于零的具体步骤如下:

1) 提出原假设 $H_0:\beta_1=0$,备择假设 $H_1:\beta_1\neq0$.

2) 当原假设为真时,检验统计量

$$t=\frac{\hat{\beta}_1-\beta_1}{s_{\hat{\beta}_1}}\sim t(n-2),$$

其中,$\hat{\beta}_1$ 是回归参数 β_1 的估计值,

$$s_{\hat{\beta}_1}=\frac{s_y}{\sqrt{\sum_{i=1}^{n}x_i^2-\frac{1}{n}\left(\sum_{i=1}^{n}x_i\right)^2}},$$

s_y 是误差项 ε 的标准差 σ 的估计值.

3) 作出决策:对于给定的显著性水平 α,可查表得到临界值 $t_{\frac{\alpha}{2}}(n-2)$.若 $|t|>t_{\frac{\alpha}{2}}(n-2)$,则拒绝原假设,认为自变量 x 对因变量 y 有显著的影响,并意味着回归模型中的线性关系是显著的;若 $|t|<t_{\frac{\alpha}{2}}(n-2)$,则不能拒绝原假设,并且不能认为自变量 x 与因变量 y 之间存在显著的线性关系.

9.2 典型例题解析

例 1 对三个班级进行一次测验,从这三个班级中随机抽取一些学生成绩,记录如下:

班级 1	班级 2	班级 3	班级 1	班级 2	班级 3
72	88	87	78	96	53
65	78	54		51	71
71	76	88		90	
87	50	83		53	
62	58	91			

试在显著性水平 $\alpha=0.05$ 下检验这三个班级测验的平均成绩是否有显著差异.

解 设 μ_1,μ_2,μ_3 分别表示这三个班级测验的平均成绩.首先提出假设

$$H_0:\mu_1=\mu_2=\mu_3,$$

$$H_1:\mu_1,\mu_2 \text{ 和 } \mu_3 \text{ 不全相等};$$

其次,根据以上数据计算统计量的值

$$F=\frac{SSA/(k-1)}{SSE/(n-k)}\approx\frac{69.46/(3-1)}{4\,665.82/(22-3)}\approx0.14;$$

最后进行判断,查表 $F_{0.05}(2,19)\approx3.52$,而 $F\approx0.14<F_{0.05}(2,19)$.故在 0.05 的显著性水平下可以

接受原假设 H_0，认为这三个班级的平均成绩没有显著差异.

    例 2 某公司准备购进一批电子设备,备选的有 3 个品牌.为比较其质量,从这 3 个品牌中各随机抽取 5 台,检验这些电子设备的寿命(单位:h),得如下数据:

品牌 A	品牌 B	品牌 C	品牌 A	品牌 B	品牌 C
50	33	45	12	35	49
51	29	43	38	28	39
42	31	37			

设显著性水平 $\alpha = 0.05$,试分析这 3 种品牌的电子设备是否有显著差异?

    解 用 μ_1,μ_2 和 μ_3 分别表示这三个品牌电子设备的平均寿命.提出假设

$$H_0:\mu_1=\mu_2=\mu_3,$$

$$H_1:\mu_1,\mu_2 \text{ 和 } \mu_3 \text{ 不全相等};$$

根据观测数据,计算统计量的值

$$F = \frac{SSA/(k-1)}{SSE/(n-k)} = \frac{334.53/(3-1)}{1\,127.20/(15-3)} \approx 1.78;$$

查表得 $F_{0.05}(2,12) \approx 3.89$,而 $F \approx 1.78 < F_{0.05}(2,12)$,故在 0.05 的显著性水平下可以接受原假设 H_0,认为这三种品牌的电子设备的质量没有显著差异.

    例 3 有 4 个品牌的手机在 5 个地区进行销售,为考察这些手机的品牌和销售地区对销售量的影响,对这 4 种品牌手机在这 5 个地区的销售量进行了调查,并取得如下销售数据.设显著性水平 $\alpha = 0.05$,试分析品牌和销售地区对手机的销售量是否有显著影响(不考察交互作用)?

销售量		地区				
		B1	B2	B3	B4	B5
品牌	A1	376	360	354	350	332
	A2	356	378	372	341	345
	A3	368	333	361	356	316
	A4	299	290	307	271	308

    解 提出原假设:品牌和销售地区对手机的销售量均无显著影响.

    (1) 检验行因素(品牌)对因变量(销售量)是否产生显著影响,计算统计量的值为

$$F_R = \frac{SSR/(k-1)}{SSE/(k-1)(r-1)} = \frac{13\,049.35/(4-1)}{2\,936.90/(4-1)(5-1)} \approx 17.77.$$

查表得 $F_{0.05}(k-1,(k-1)(r-1)) = F_{0.05}(3,12) \approx 3.49$,而 $F_R \approx 17.77 > 3.49$,故认为品牌对销售量有明显差异.

    (2) 检验列因素(销售地区)对因变量(销售量)是否有显著影响,计算统计量的值为

$$F_C = \frac{SSC/(r-1)}{SSE/(k-1)(r-1)} = \frac{1\,944.3/(5-1)}{2\,936.90/(4-1)(5-1)} \approx 1.99.$$

查表得 $F_{0.05}(r-1,(k-1)(r-1))=F_{0.05}(4,12)\approx 3.26$,而 $F_C\approx 1.99<3.26$,故认为这五个销售地区对销售量没有显著影响.

因此,对这 4 种手机而言,品牌对销售量有显著影响,而销售地区对销售量无显著影响.

例 4 某工厂某年 1—10 月份对于生产成本的投入 X(单位:万元)与获得的收益 Y(单位:万元)有如下数据:

月份	1	2	3	4	5	6	7	8	9	10
X/万元	10	10	9	8	9	12	11	12	11	11
Y/万元	100	152	201	184	250	310	280	311	322	301

试以 X 为自变量,Y 为因变量构建一元线性回归模型来描述二者间的关系,并在 $\alpha=0.05$ 的显著性水平下对估计结果进行必要的评价.

解 首先,X 与 Y 之间的相关系数为

$$r=\frac{\sum_{i=1}^{12}(x_i-\bar{x})(y_i-\bar{y})}{\sqrt{\sum_{i=1}^{12}(x_i-\bar{x})^2\sum_{i=1}^{12}(y_i-\bar{y})^2}}\approx 0.65,$$

这说明,成本投入和收益这两个变量间存在一定的正的线性相关关系,因而可以用线性回归模型来描述二者间的关系.

其次,以 X 为自变量,Y 为因变量构建模型 $y=\beta_0+\beta_1 x+\varepsilon$,利用最小二乘估计方法得到参数的估计值分别为

$$\hat{\beta}_0\approx -144.48,\quad \hat{\beta}_1\approx 37.43.$$

最后,对估计结果进行评价.一方面,估计结果的判定系数为

$$R^2=\frac{\sum_{i=1}^{12}(\hat{y}_i-\bar{y})^2}{\sum_{i=1}^{12}(y_i-\bar{y})^2}=1-\frac{\sum_{i=1}^{12}(y_i-\hat{y}_i)^2}{\sum_{i=1}^{12}(y_i-\bar{y})^2}\approx 0.42,$$

并不接近 1,这说明 $-144.48+37.43x$ 仅能描述变量 y 的部分变化.另一方面,回归参数 β_1 的估计值 $\hat{\beta}_1=37.43$ 是显著的.这是因为统计量

$$t=\frac{\hat{\beta}_1-\beta_1}{s_{\hat{\beta}_1}}=\frac{\hat{\beta}_1-0}{s_{\hat{\beta}_1}}\approx 2.39,$$

而在 $\alpha=0.05$ 的显著性水平下临界值 $t_{\frac{0.05}{2}}(8)\approx 2.31$,显然 $2.39>2.31$,故可以认为回归参数 β_1 显著区别于 0.因而,可以以 X 为自变量,Y 为因变量来构建模型,从而模型 $y=-144.48+37.43x+\varepsilon$ 有一定的合理性.

9.3 同步训练题

1. 在一个单因素试验中,因素 A 有 3 个水平,每个水平下重复观测次数分别为 6,7,8.那么误

差项平方和、水平项误差平方和及总误差平方和的自由度各是多少?

2. 消费者与供应厂商间出现纠纷后,消费者会向消费者协会投诉.消协对以下四个行业分别抽取一些企业,统计最近一年中投诉次数,结果如下表:

行业	企业						
	1	2	3	4	5	6	7
零售业	57	66	49	40	34	53	44
旅游业	68	39	29	45	56	51	
航空业	31	49	21	34	30		
家电制造业	44	51	65	77	58		

试分析这四个行业的服务质量是否有显著的差异(显著性水平 $\alpha = 0.05$).

3. 某车间有 5 名工人,3 台不同型号的车床,生产同一品种的产品.现让每个工人轮流在 3 台车床上分别操作,记录其日产量结果.试求这 5 位工人技术之间和不同型号车床对产量是否有显著影响(不考虑交互作用)(显著性水平 $\alpha = 0.05$)?

日产量		工人				
		B1	B2	B3	B4	B5
车床型号	A1	65	74	64	82	79
	A2	76	67	62	74	81
	A3	79	68	81	70	72

4. 某希望小学得到的国家拨款教育费用 Y(单位:万元)与该校学生人数 X 在 2014—2019 年间的数据如下:

年份	2014	2015	2016	2017	2018	2019
X	121	175	193	211	230	264
Y/万元	31.8	34.5	37.5	39.5	42.0	45.7

(1)用相关系数检验变量间的线性关系;

(2)试用一元线性回归模型描述 X 与 Y 间的关系;

(3)在 $\alpha = 0.05$ 的显著性水平下,对回归参数进行显著性检验.

9.4 同步训练题答案

1. 因素水平个数为 $k = 3$,总试验次数为 $n = 6 + 7 + 8 = 21$.

误差项平方和自由度为 $n - k = 21 - 3 = 18$;水平项误差平方和自由度为 $k - 1 = 3 - 1 = 2$;总体误

差平方和自由度为 $n-1=21-1=20$.

2. 方差分析的结果是认为各行业的平均投诉次数是不同的,也就是说服务质量有显著差异.

3. 在 $\alpha=0.05$ 的显著性水平下,这 5 位工人技术之间和不同型号车床对产量均没有显著影响.

4.（1）相关系数为 0.98,这说明,教育费用和学生人数这两个变量间存在很强的正的线性相关关系,因而可以用线性回归模型来描述二者间的关系.

（2）线性回归函数为 $y=18.6+0.10x+\varepsilon$.

（3）在 $\alpha=0.05$ 的显著性水平下,教育费用和学生人数有显著的线性关系.

《概率论与数理统计》习题详解

习 题 1

1. 以集合的形式写出下列随机试验的样本空间 S：

（1）抛两颗骰子观察出现的点数；

（2）口袋中有红、黑、白球各 1 个,先任取一球,放回后再取一球,观察两次取得球的颜色；

（3）口袋中有红、黑、白球各 1 个,先任取一球不放回,再取一球,观察两次取得球的颜色；

（4）在区间 $(0,1)$ 内任取两数,记录取得两数的值.

解 （1）$S_1 = \{(1,1),(1,2),\cdots,(1,6),(2,1),(2,2),\cdots,(2,6),\cdots,(6,1),(6,2),\cdots,(6,6)\}$.

（2）$S_2 = \{(红,红),(红,黑),(红,白),(黑,红),(黑,黑),(黑,白),(白,红),(白,黑),$
$(白,白)\}$.

（3）$S_3 = \{(红,黑),(红,白),(黑,红),(黑,白),(白,红),(白,黑)\}$.

（4）$S_4 = \{(x,y) \mid 0<x<1, 0<y<1\}$.

2. 若某随机试验的样本空间 $S = \{x \mid 1 \leqslant x \leqslant 3\}$,记事件 $A = \{x \mid 1.5 \leqslant x \leqslant 2\}$,事件 $B = \{x \mid 1.8 \leqslant x \leqslant 2.5\}$,请以集合的形式写出下列事件：

（1）$A \cup B$；　　　　（2）$A-B$；　　　　（3）AB；　　　　（4）$\overline{A}\,\overline{B}$.

解 （1）$A \cup B = \{x \mid 1.5 \leqslant x \leqslant 2.5\}$；

（2）$A-B = \{x \mid 1.5 \leqslant x < 1.8\}$；

（3）$AB = \{x \mid 1.8 \leqslant x \leqslant 2\}$；

（4）$\overline{A}\,\overline{B} = \{x \mid 1 \leqslant x < 1.5$ 或 $2.5 < x \leqslant 3\}$.

3. 设 S 是随机试验 E 的样本空间,A,B,C 是随机事件,$\varnothing$ 为不可能事件,问下列命题是否成立？

（1）$A-(B-C)=(A-B) \cup C$；　　　　　　（2）若 $A \cup B = S$,则 $A \cap B = \varnothing$；

（3）$(A \cup B)-B=A$；　　　　　　　　　　（4）$(A-B) \cup B = A$；

（5）$(A\overline{B}) \cup B = A \cup B$；　　　　　　　　（6）若 $A \subset B$,则 $\overline{B} \subset \overline{A}$；

（7）若 $AB = \varnothing$ 且 $C \subset A$,则 $BC = \varnothing$；　　（8）若 $AB = \varnothing$,则 $ABC = \varnothing$.

解 （1）不成立,举反例.设 $A = \{1\}$,$B=C=\{2\}$,则 $B-C = \varnothing$,$A-B = \{1\}$,

$$A-(B-C) = \{1\} \neq (A-B) \cup C = \{1,2\}.$$

（2）不成立,举反例.设 $S = \{1,2\}$,$A=B=\{1,2\}$,则 $A \cup B = S$,$A \cap B \neq \varnothing$.

（3）不成立，举反例. 设 $A=\{1,2\}$，$B=\{2,3\}$，则

$$A\cup B=\{1,2,3\}，\quad (A\cup B)-B=\{1\}\neq A.$$

（4）不成立，举反例. 设 $A=\{1,2\}$，$B=\{2,3\}$，则

$$A-B=\{1\}，\quad (A-B)\cup B=\{1,2,3\}\neq A.$$

（5）成立，因为 $(A\overline{B})\cup B=(A\cup B)(\overline{B}\cup B)=(A\cup B)S=A\cup B.$

（6）成立，因为 $\forall x\in \overline{B}$，若 $x\in A$，由 $A\subset B$，则 $x\subset B$ 矛盾，因此 $x\notin A$，即 $x\in \overline{A}$，所以 $\overline{B}\subset\overline{A}.$

（7）成立，因为若 $\exists x\in BC$，则 $x\in B$ 且 $x\in C$，由 $C\subset A$ 知 $x\in A$，即 $x\in AB$，与 $AB=\varnothing$ 矛盾，因此没有元素 $x\in BC$，即 $BC=\varnothing.$

（8）成立，因为若 $\exists x\in ABC$，则 $x\in A$，$x\in B$，$x\in C$，即 $x\in AB$，与 $AB=\varnothing$ 矛盾，因此没有元素 $x\in ABC$，即 $ABC=\varnothing.$

4. 请叙述下列事件的对立事件：

（1）$A=$"投篮 3 次，全部投进"；

（2）$B=$"射击 4 次，至少有一次命中目标"；

（3）$C=$"加工 5 个零件，至少有一个合格品".

解 （1）$\overline{A}=$"投篮 3 次，至少有一次没投进".

（2）$\overline{B}=$"射击 4 次，任何一次都没有命中目标".

（3）$\overline{C}=$"加工 5 个零件，全部为不合格品".

5. 设 A，B 为两个事件，且 $P(A)=0.5$，$P(B)=0.6$，问：

（1）在什么情况下，$P(AB)$ 取得最大值？最大值为多少？

（2）在什么情况下，$P(AB)$ 取得最小值？最小值为多少？

解 （1）$P(AB)\leq P(A)=0.5$，当 $A\subset B$ 时，$P(AB)=P(A)=0.5$，则当 $A\subset B$ 时，$P(AB)$ 取得最大值，最大值为 0.5.

（2）由 $P(A\cup B)=P(A)+P(B)-P(AB)$，且 $P(A\cup B)\leq 1$，知

$$P(AB)=P(A)+P(B)-P(A\cup B)\geq P(A)+P(B)-1=0.1.$$

当 $P(A\cup B)=1$ 或 $A\cup B=S$ 时，$P(AB)=0.1$. 综上，当 $P(A\cup B)=1$ 或 $A\cup B=S$ 时，$P(AB)$ 取得最小值，最小值为 0.1.

6. 设随机事件 A，B 互不相容，且 $P(A)=0.2$，$P(A\cup B)=0.8$，求 $P(B)$.

解 由 A，B 互不相容知 $P(AB)=0$，而 $P(A\cup B)=P(A)+P(B)-P(AB)$，所以

$$P(B)=P(A\cup B)+P(AB)-P(A)=0.8+0-0.2=0.6.$$

7. 设随机事件 A，B 满足 $P(AB)=P(\overline{A}\,\overline{B})$，且 $P(A)=0.3$，求 $P(B)$.

解 由题意可知

$$P(\overline{A}\,\overline{B})=P(\overline{A\cup B})=1-[P(A)+P(B)-P(AB)]$$
$$=1-P(A)-P(B)+P(AB)，$$

即 $1-P(A)-P(B)=0$，由 $P(A)=0.3$ 知 $P(B)=0.7.$

8. 设 A，B 为随机事件，且 $P(A)=0.7$，$P(A-B)=0.2$，求 $P(\overline{A}\cup\overline{B})$.

解 因为 $P(A-B)=P(A)-P(AB)=0.2$，$P(A)=0.7$，所以 $P(AB)=0.5$，

$$P(\overline{A} \cup \overline{B}) = P(\overline{AB}) = 1 - P(AB) = 1 - 0.5 = 0.5.$$

9. 设 A, B 为试验 E 的两个任意随机事件,求证:$\left| P(AB) - P(A)P(B) \right| \leq \dfrac{1}{4}$.

证明 由于 $P(AB) \leq P(A)$,$P(AB) \leq P(B)$,因此
$$P(AB)P(AB) \leq P(A)P(B),$$
则
$$\left| P(AB) - P(A)P(B) \right| \leq \left| P(AB) - P(AB)P(AB) \right|.$$
若令 $P(AB) = x$,显然 $0 \leq x \leq 1$,因此
$$\left| P(AB) - P(AB) \cdot P(AB) \right| = \left| x - x^2 \right| = \left| \frac{1}{4} - \left(x - \frac{1}{2} \right)^2 \right| \leq \frac{1}{4}.$$

10. 将一枚骰子连掷两次,求两次抛掷出现的点数之和为 6 的概率.

解 样本空间 S 中含 $6 \times 6 = 36$ 个样本点,每个样本点出现是等可能的,因此事件 A "点数之和为 6" $= \{(1,5),(2,4),(3,3),(4,2),(5,1)\}$,共五个样本点,则 $P(A) = \dfrac{5}{36}$.

11. 班级中有 5 名男生,3 名女生,现要任意选出 3 名班干部,求班干部中至少有一名女生的概率.

解 令事件 A 为"班干部中至少有一名女生",则 $\overline{A}$ 为"班干部全部为男生",而样本空间 S 有 C_8^3 个样本点,事件 $\overline{A}$ 有 C_5^3 个样本点.由于每个样本点是等可能的,则 $P(\overline{A}) = \dfrac{C_5^3}{C_8^3} = \dfrac{5 \times 4 \times 3}{8 \times 7 \times 6} = \dfrac{5}{28}$,所以 $P(A) = 1 - P(\overline{A}) = \dfrac{23}{28}$.

12. 在 5 双不同的手套中任取 4 只,求 4 只都不配对的概率.

解 令事件 A 为"4 只都不配对",即从 5 双手套中先任取四双,再从每双手套中任取一只,有 $C_5^4 (C_2^1)^4$ 种取法.从 5 双(10 只)手套中任取 4 只有 C_{10}^4 种取法,则样本空间 S 有 C_{10}^4 个样本点.由于每种取法是等可能的,则 $P(A) = \dfrac{C_5^4 (C_2^1)^4}{C_{10}^4} = \dfrac{8}{21}$.

13. 从 1,2,3,4,5,6,7 这 7 个数字中,任意选出 3 个不同数字,求:
(1) 事件 $A = $ "3 个数字中既不含 1,也不含 2"的概率;
(2) 事件 $B = $ "3 个数字中不含 1,或不含 2"的概率;
(3) 事件 $C = $ "3 个数字中含 1,但不含 2"的概率.

解 (1) 由题意可知 $P(A) = \dfrac{C_5^3}{C_7^3} = \dfrac{2}{7}$.

(2) 设事件 B_1 为"3 个数字中不含 1",事件 B_2 为"3 个数字中不含 2",则
$$P(B_1) = \frac{C_6^3}{C_7^3} = \frac{4}{7}, \quad P(B_2) = \frac{C_6^3}{C_7^3} = \frac{4}{7},$$
因此
$$P(B) = P(B_1 \cup B_2) = P(B_1) + P(B_2) - P(B_1 B_2) = \frac{6}{7}.$$

（3）由题意可知 $P(C)=\dfrac{C_1^1 C_5^2}{C_7^3}=\dfrac{2}{7}$.

14. 从数字 $1,2,\cdots,9$ 中有放回地任取 n 次，求 n 次取得数字的乘积为 10 的倍数的概率.

解 令事件 B_1 为"任取 n 次中不含数字 5"，事件 B_2 为"任取 n 次中不含偶数"，则 $P(B_1)=$ $\dfrac{8^n}{9^n}$，$P(B_2)=\dfrac{5^n}{9^n}$，B_1B_2 为"任取 n 次中不含 5，也不含偶数"，即 $P(B_1B_2)=\dfrac{4^n}{9^n}$，$B_1\cup B_2$ 为"n 次取得数字的乘积不为 10 倍数"，即

$$P(B_1\cup B_2)=P(B_1)+P(B_2)-P(B_1B_2)=\dfrac{8^n+5^n-4^n}{9^n}.$$

因此 $\overline{B_1\cup B_2}$ 为"n 次取得的数字乘积为 10 的倍数"，其概率为

$$P(\overline{B_1\cup B_2})=1-\dfrac{8^n+5^n-4^n}{9^n}.$$

15. 在 30 个零件中有 10 个优等品，15 个合格品和 5 个次品，现任取 3 次，每次取一个零件，求：

（1）无放回抽样，3 个零件都是合格品的概率；
（2）无放回抽样，第一次取优等品，后两次取合格品的概率；
（3）有放回抽样，3 个零件都是合格品的概率；
（4）有放回抽样，第一次取优等品，后两次取合格品的概率.

解（1）无放回抽样，

$$P\{3\text{ 个零件都是合格品}\}=\dfrac{C_{15}^3}{C_{30}^3}=\dfrac{13}{116}.$$

（2）无放回抽样，

$$P\{\text{第一次取优等品，后两次取合格品}\}=\dfrac{A_{10}^1 A_{15}^2}{A_{30}^3}=\dfrac{5}{58}.$$

（3）有放回抽样，

$$P\{3\text{ 个零件都是合格品}\}=\dfrac{15}{30}\cdot\dfrac{15}{30}\cdot\dfrac{15}{30}=\dfrac{1}{8}.$$

（4）有放回抽样，

$$P\{\text{第一次取优等品，后两次取合格品}\}=\dfrac{10}{30}\cdot\dfrac{15}{30}\cdot\dfrac{15}{30}=\dfrac{1}{12}.$$

16. 抛掷 $(2n+1)$ 次硬币，求出现正面次数多于反面次数的概率.

解 令事件 A 为"$(2n+1)$ 次抛掷中，正面次数多于反面次数"，则事件 $\overline{A}$ 为"$(2n+1)$ 次抛掷中，反面次数多于正面次数"，由对称性，$P(A)=P(\overline{A})$. 又由 $P(A)+P(\overline{A})=1$，则

$$P(A)=\dfrac{1}{2}=0.5.$$

17. 某物业公司后勤一组有电工、水暖工、木工各 3 人，后勤二组有电工、水暖工、卫生员各 2 人，现从两组中各任取一人，求所取 2 人工种相同的概率.

解   由题意可知,2 人相同工种,只有以下两种情形:

一组电工和二组电工;   一组水暖工和二组水暖工.

因此设所取 2 人工种相同的事件为 A,则

$$P(A) = \frac{C_3^1 \cdot C_2^1 + C_3^1 \cdot C_2^1}{C_9^1 \cdot C_6^1} = \frac{2}{9}.$$

18. 袋中有 12 个零件,其中质量为 10 g 的甲零件有 2 个,质量为 50 g 的乙零件有 4 个,质量为 100 g 的丙零件有 6 个,现从袋中任取 6 个零件,求这 6 个零件的质量之和不少于 500 g 的概率.

解   令事件 A_1 为"取出 6 个零件,均为丙零件",事件 A_2 为"取出 6 个零件中,5 个丙零件,一个其他零件",事件 A_3 为"取出 6 个球中,4 个丙零件,2 个乙零件",事件 A 为"6 个零件质量之和不少于 500 g",则

$$P(A) = P(A_1) + P(A_2) + P(A_3) = \frac{C_6^6}{C_{12}^6} + \frac{C_6^5 C_6^1}{C_{12}^6} + \frac{C_6^4 C_4^2}{C_{12}^6} = \frac{127}{924}.$$

19. 在区间 $(0,1)$ 中随机地取两个数,求:

(1) 求两数之差的绝对值大于 $\frac{1}{2}$ 的概率;

(2) 求两数之和大于 $\frac{1}{2}$ 的概率;

(3) 求两数的最大值大于 $\frac{1}{2}$ 的概率.

解   全样本空间 $S = \{(x,y) \mid 0 < x < 1, 0 < y < 1\}$.

(1) 设事件 A_1 为"两数之差的绝对值大于 $\frac{1}{2}$",则

$$A_1 = \left\{(x,y) \,\middle|\, 0 < x < 1, 0 < y < 1, |x-y| > \frac{1}{2}\right\}$$

为如图 1(a)所示区域,

$$P(A_1) = \frac{A_1 \text{ 的面积}}{S \text{ 的面积}} = \frac{1}{4}.$$

(2) 设事件 A_2 为"两数之和大于 $\frac{1}{2}$",则

$$A_2 = \left\{(x,y) \,\middle|\, 0 < x < 1, 0 < y < 1, x+y > \frac{1}{2}\right\}$$

为如图 1(b)所示区域,

$$P(A_2) = \frac{A_2 \text{ 的面积}}{S \text{ 的面积}} = \frac{7}{8}.$$

(3) 设事件 A_3 为"两数的最大值大于 $\frac{1}{2}$",则

$$A_3 = \left\{(x,y) \,\middle|\, 0 < x < 1, 0 < y < 1, \max\{x,y\} > \frac{1}{2}\right\}$$

为如图 1(c)所示区域,

$$P(A_3) = \frac{A_3 \text{ 的面积}}{S \text{ 的面积}} = \frac{3}{4}.$$

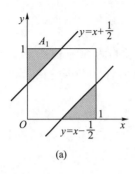 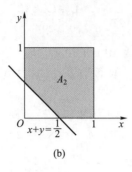 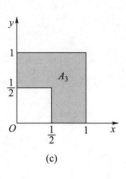

(a)   (b)   (c)

图 1

20. 在长度为 a 的线段内任取两点,将其分成 3 段,求它们能构成一个三角形的概率.

解 设分成 3 段,长度分别为 x,y 和 $a-x-y$,则全样本空间

$$S = \{(x,y) \mid x>0, y>0, a-x-y>0\}.$$

设事件 A 为"3 段能构成三角形",则

$$A = \left\{(x,y) \;\middle|\; 0<x<\frac{a}{2}, 0<y<\frac{a}{2}, 0<a-x-y<\frac{a}{2}\right\}$$

为如图 2 所示区域,

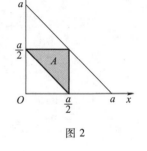

$$P(A) = \frac{A \text{ 的面积}}{S \text{ 的面积}} = \frac{1}{4} = 0.25.$$

图 2

21. 甲、乙两艘轮船都要停靠在同一个泊位,它们等可能地在一昼夜的任意时刻到达,甲、乙两船停靠泊位的时间分别为 4 h 和 2 h,求有一艘船停靠泊位时需等待一段时间的概率.

解 设 x,y 分别表示甲、乙两船到达泊位的时刻,根据题意有 $0 \le x \le 24, 0 \le y \le 24$,又设 $A = \{$有一艘船停靠泊位时需等待一段时间$\}$.

如果甲船先到,那么当乙船到达时刻满足 $x<y<x+4$ 时,乙船需要等待;如果乙船先到,那么当甲船到达时刻满足 $y<x<y+2$ 时,甲船需要等待.

如图 3 所示,两艘船到达时间 (x,y) 与图中正方形内的点是一一对应的,事件 A 对应图中阴影部分,由几何概率公式知所求的概率为

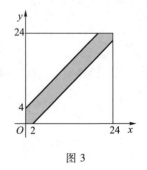

图 3

$$P(A) = \frac{\text{阴影部分面积}}{\text{正方形面积}} = \frac{24^2 - \frac{1}{2} \times 20^2 - \frac{1}{2} \times 22^2}{24^2} \approx 0.233.$$

22. 设随机事件 A,B 互不相容,且 $P(A)=0.7, P(B)=0.2$,求:
(1) $P(A-B)$;(2) $P(A \mid A \cup B)$.

解 (1) 由 A,B 互不相容,则 $P(AB)=0$,从而

$$P(A-B)=P(A)-P(AB)=0.7.$$

（2）$P(A\cup B)=P(A)+P(B)=0.9$（有限可加性），则

$$P(A\,|\,A\cup B)=\frac{P(A(A\cup B))}{P(A\cup B)}=\frac{P(A)}{0.9}=\frac{0.7}{0.9}=\frac{7}{9}.$$

23. 设 A,B,C 为随机事件，A 与 C 互不相容，$P(AB)=\dfrac{1}{2},P(C)=\dfrac{1}{3}$，求 $P(AB\,|\,\overline{C})$。

解 由于 A 与 C 互不相容，则 $AB\subset A\subset\overline{C}$，即 $AB\overline{C}=AB$，从而

$$P(AB\,|\,\overline{C})=\frac{P(AB\overline{C})}{P(\overline{C})}=\frac{P(AB)}{1-P(C)}=\frac{\frac{1}{2}}{1-\frac{1}{3}}=\frac{3}{4}.$$

24. 设 A,B 为随机事件，且 $P(A)=0.6,P(B\,|\,A)=0.5$，求：
（1）$P(A-B)$；（2）$P(\overline{A}\cup\overline{B})$。

解 （1）$P(AB)=P(A)P(B\,|\,A)=0.3$，则
$$P(A-B)=P(A)-P(AB)=0.3.$$

（2）$P(\overline{A}\cup\overline{B})=P(\overline{AB})=1-P(AB)=0.7.$

25. 袋中有 9 个球，其中 3 个是红球，每次取 1 个球，求：
（1）无放回抽样，第 3 次取得红球的概率；
（2）无放回抽样，直到第 3 次才取得红球的概率；
（3）有放回抽样，第 3 次取得红球的概率；
（4）有放回抽样，直到第 3 次才取得红球的概率。

解 （1）由抽签原则，$P\{$第 3 次取得红球$\}=\dfrac{3}{9}=\dfrac{1}{3}.$

（2）令事件 A_i 为"第 i 次取得红球"$(i=1,2,3)$，则直到第 3 次才取得红球的概率为

$$P(\overline{A}_1\overline{A}_2A_3)=P(\overline{A}_1)P(\overline{A}_2\,|\,\overline{A}_1)P(A_3\,|\,\overline{A}_1\overline{A}_2)=\frac{6}{9}\cdot\frac{5}{8}\cdot\frac{3}{7}=\frac{5}{28}.$$

（3）$P\{$第 3 次取得红球$\}=\dfrac{3}{9}=\dfrac{1}{3}.$

（4）令事件 A_i 为"第 i 次取得红球"$(i=1,2,3)$，$\overline{A}_1,\overline{A}_2,A_3$ 相互独立，则直到第 3 次才取得红球的概率为

$$P(\overline{A}_1\overline{A}_2A_3)=P(\overline{A}_1)P(\overline{A}_2)P(A_3)=\frac{6}{9}\cdot\frac{6}{9}\cdot\frac{3}{9}=\frac{4}{27}.$$

26. 在 4 个鞋盒中各有一双鞋，现从每个鞋盒中取出左脚鞋进行质检，质检后随机地将 4 只左脚鞋放入 4 个鞋盒，问"质检后 4 个鞋盒中的鞋子都不是原来的一双"的概率。

解 记 4 个鞋盒编号分别为 1,2,3,4，令事件 A_i 为"第 i 号鞋盒中正好放回第 i 号左脚鞋"$(i=1,2,3,4)$，则

$$P(A_1)=P(A_2)=P(A_3)=P(A_4)=\frac{1}{4},$$

$$P(A_1A_2)=P(A_1A_3)=\cdots=P(A_2A_4)=\frac{1}{4\times3}\quad(\text{共 }C_4^2\text{ 个}),$$

$$P(A_1A_2A_3)=P(A_1A_2A_4)=\cdots=P(A_2A_3A_4)=\frac{1}{4\times3\times2}\quad(\text{共 }C_4^3\text{ 个}),$$

$$P(A_1A_2A_3A_4)=\frac{1}{4!},$$

所以

$$P(A_1\cup A_2\cup A_3\cup A_4)=P(A_1)+\cdots+P(A_4)-P(A_1A_2)-\cdots-P(A_3A_4)+$$
$$P(A_1A_2A_3)+\cdots+P(A_2A_3A_4)-P(A_1A_2A_3A_4)$$
$$=\frac{1}{4}\times4-\frac{1}{4\times3}C_4^2+\frac{1}{4\times3\times2}C_4^3-\frac{1}{4!}$$
$$=1-\frac{1}{2}+\frac{1}{6}-\frac{1}{24}=\frac{5}{8},$$

则

$$P\{\text{质检后 4 个鞋盒中的鞋子都不是原来的一双}\}$$
$$=P(\overline{A_1\cup A_2\cup A_3\cup A_4})=1-\frac{5}{8}=\frac{3}{8}.$$

27. 一道选择题有 4 个备选答案,其中只有一个是正确的,假设某学生能正确解答的概率为 $\frac{2}{3}$,不会做而乱猜的概率为 $\frac{1}{3}$,且他一定会选择一个答案.

(1)求此学生能答对这个题目的概率;

(2)若已知学生答对了这个题目,求他确实是正确解答的概率.

解 (1)记 B 为"此学生能正确解答",A 为"此学生能答对这个题目",则

$$P(A)=P(B)P(A|B)+P(\overline{B})P(A|\overline{B})=\frac{2}{3}\times1+\frac{1}{3}\times\frac{1}{4}=\frac{3}{4}.$$

(2) $P(B|A)=\dfrac{P(B)P(A|B)}{P(A)}=\dfrac{\frac{2}{3}}{\frac{3}{4}}=\dfrac{8}{9}.$

28. 某城市男女人数之比为 3:2,假设 5% 的男性为色盲,2.5% 的女性为色盲,在该城市随机地选 1 人发现是色盲,求此人是男性的概率.

解 记事件 A 为"任选一人为男性",B 为"任选一人为色盲",则

$$P(A|B)=\frac{P(A)P(B|A)}{P(A)P(B|A)+P(\overline{A})P(B|\overline{A})}=\frac{\frac{3}{5}\times0.05}{\frac{3}{5}\times0.05+\frac{2}{5}\times0.025}=\frac{3}{4}.$$

29. 两个箱子,第一个箱子有 3 个白球,2 个红球,第二个箱子有 4 个白球,4 个红球.现从第一个箱子中随机地取出一个球放到第二个箱子里,再从第二个箱子中取出一个球,

(1)求最后从第二个箱子中取出的是白球的概率;

（2）若已知最后从第二个箱子中取出的是白球,求从第一个箱子放入第二个箱子的是白球的概率.

解 记事件 B 为"从第一个箱子放入第二个箱子的为白球",事件 A 为"从第二个箱子取出的是白球",则

（1）$P(A) = P(B)P(A|B) + P(\overline{B})P(A|\overline{B}) = \dfrac{3}{5} \times \dfrac{5}{9} + \dfrac{2}{5} \times \dfrac{4}{9} = \dfrac{23}{45}$.

（2）$P(B|A) = \dfrac{P(B)P(A|B)}{P(A)} = \dfrac{\dfrac{3}{5} \times \dfrac{5}{9}}{\dfrac{23}{45}} = \dfrac{15}{23}$.

30. 三个人独立地破译一份密码,已知三人各自能译出的概率分别为 $\dfrac{1}{2}, \dfrac{1}{3}, \dfrac{1}{4}$,求三人至少有一人能将此密码译出的概率.

解 记三人各自能译出分别为事件 A, B, C,由题意,A, B, C 相互独立,且

$$P\{至少有一个能译出\} = P(A \cup B \cup C) = 1 - P(\overline{A \cup B \cup C})$$
$$= 1 - P(\overline{A}\,\overline{B}\,\overline{C}) = 1 - P(\overline{A})P(\overline{B})P(\overline{C})$$
$$= 1 - \left[\left(1 - \dfrac{1}{2}\right)\left(1 - \dfrac{1}{3}\right)\left(1 - \dfrac{1}{4}\right)\right] = \dfrac{3}{4}.$$

31. 某运动员投篮的命中率为 $\dfrac{4}{5}$,求此人投篮 3 次中至少投中 1 次的概率.

解 记事件 A_i 为"第 i 次投中",$i = 1, 2, 3$,则 A_1, A_2, A_3 相互独立,且

$$P\{至少投中一次\} = P(A_1 \cup A_2 \cup A_3) = 1 - P(\overline{A_1 \cup A_2 \cup A_3})$$
$$= 1 - P(\overline{A_1}\,\overline{A_2}\,\overline{A_3}) = 1 - P(\overline{A_1})P(\overline{A_2})P(\overline{A_3})$$
$$= 1 - \left(\dfrac{1}{5}\right)^3 = \dfrac{124}{125}.$$

32. 判断下列命题是否正确,正确的给出证明,错误的举出反例:
（1）若三个事件 A, B, C 互相独立,则 AB 与 C 独立;
（2）若三个事件 A, B, C 互相独立,则 $A \cup B$ 与 C 独立.

解 （1）由已知,

$$P(ABC) = P(A)P(B)P(C), \quad P(AB) = P(A) \cdot P(B),$$

则

$$P(ABC) = P(A)P(B)P(C) = P(AB)P(C),$$

即 AB 与 C 独立.

（2）因为

$$P[(A \cup B)C] = P[AC \cup BC] = P(AC) + P(BC) - P(ACBC)$$
$$= P(A)P(C) + P(B)P(C) - P(A)P(B)P(C)$$
$$= [P(A) + P(B) - P(AB)]P(C) = P(A \cup B)P(C),$$

所以 $A \cup B$ 与 C 独立.

习 题 2

1. 盒中有 5 个球,分别标有整数号码 3 至 7,现从盒中随机取出 3 个球,问所取出的球的号码最大值的分布律.

解 设随机变量 X 表示取出的 3 个球中号码最大的球,可能的取值为 5,6,7,且

$$P\{X=5\}=\frac{1}{C_5^3}=\frac{1}{10}, \quad P\{X=6\}=\frac{C_3^2}{C_5^3}=\frac{3}{10}, \quad P\{X=7\}=\frac{C_4^2}{C_5^3}=\frac{3}{5},$$

即取出球的号码最大值的分布律为

X	5	6	7
P	$\dfrac{1}{10}$	$\dfrac{3}{10}$	$\dfrac{3}{5}$

2. 设随机变量 X 的分布律为

X	-2	-1	0	1	2
P	$\dfrac{1}{2}$	a	$\dfrac{1}{20}$	$2a$	$\dfrac{1}{5}$

其中 a 为未知常数,求 a 的值.

解 由离散型随机变量分布律的性质,可知

$$\frac{1}{2}+a+\frac{1}{20}+2a+\frac{1}{5}=1,$$

解得 $a=\dfrac{1}{12}$.

3. 设 $F_1(x),F_2(x)$ 是两个随机变量的分布函数,非负常数 a,b 满足 $a+b=1$.令 $F(x)=aF_1(x)+bF_2(x)$,证明 $F(x)$ 是某一个随机变量的分布函数.

证明 验证 $F(x)$ 满足分布函数的三条性质.

(1) 因为 a,b 非负,对于任意的实数 $x_1<x_2$,

$$\begin{aligned}
F(x_1)-F(x_2)&=aF_1(x_1)+bF_2(x_1)-[aF_1(x_2)+bF_2(x_2)]\\
&=a[F_1(x_1)-F_1(x_2)]+b[F_2(x_1)-F_2(x_2)]\\
&\leqslant 0,
\end{aligned}$$

因此函数 $F(x)$ 是单调不减的.

(2) 由 $F_1(x),F_2(x)$ 的性质,

$$\begin{aligned}
F(-\infty)&=\lim_{x\to-\infty}F(x)=\lim_{x\to-\infty}(aF_1(x)+bF_2(x))\\
&=\lim_{x\to-\infty}aF_1(x)+\lim_{x\to-\infty}bF_2(x)=0+0=0,\\
F(+\infty)&=\lim_{x\to+\infty}F(x)=\lim_{x\to+\infty}(aF_1(x)+bF_2(x))
\end{aligned}$$

$$= \lim_{x \to +\infty} aF_1(x) + \lim_{x \to +\infty} bF_2(x) = a+b = 1.$$

（3）对于任意实数 x_0，有
$$F(x_0+0) = aF_1(x_0+0) + bF_2(x_0+0) = aF_1(x_0) + bF_2(x_0) = F(x_0),$$
即函数 $F(x)$ 是右连续的.

综上所述，$F(x)$ 是某一个随机变量的分布函数.

4. 随机变量的分布律为

X	1	2	3
P	$\dfrac{1}{4}$	$\dfrac{1}{4}$	$\dfrac{1}{2}$

求：（1）X 的分布函数；（2）$P\{1.5<X\leqslant 2.5\}$.

解　（1）由分布函数定义 $F(x) = P\{X\leqslant x\}$，

当 $x<1$ 时，$F(x) = P\{X\leqslant x\} = 0$；

当 $1\leqslant x<2$ 时，$F(x) = P\{X\leqslant x\} = P\{X=1\} = \dfrac{1}{4}$；

当 $2\leqslant x<3$ 时，$F(x) = P\{X\leqslant x\} = P\{X=1\} + P\{X=2\} = \dfrac{1}{2}$；

当 $x\geqslant 3$ 时，$F(x) = P\{X\leqslant x\} = P\{X=1\} + P\{X=2\} + P\{X=3\} = 1$，
故 X 的分布函数为

$$F(x) = \begin{cases} 0, & x<1, \\ \dfrac{1}{4}, & 1\leqslant x<2, \\ \dfrac{1}{2}, & 2\leqslant x<3, \\ 1, & x\geqslant 3. \end{cases}$$

（2）$P\{1.5<X\leqslant 2.5\} = F(2.5) - F(1.5) = \dfrac{1}{2} - \dfrac{1}{4} = \dfrac{1}{4}$.

5. 某公司经理拟将一提案交董事代表投票决议，规定如果提案获得多数董事代表赞成则通过.经理估计各代表对此提案投赞成票的概率为 0.6，且各代表投票情况是相互独立的.为以较大概率通过提案，试问经理应请 3 名还是 5 名董事代表？

解　设当请 3 名董事代表时，投赞成票的人数为 X，由题意可知 $X\sim b(3,0.6)$.提案通过的概率为
$$P\{X\geqslant 2\} = P\{X=2\} + P\{X=3\} = C_3^2 \cdot 0.6^2 \cdot 0.4 + C_3^3 \cdot 0.6^3 = 0.648.$$
设当请 5 名董事代表时，投赞成票的人数为 Y，由题意可知 $Y\sim b(5,0.6)$，提案通过的概率为
$$P\{Y\geqslant 3\} = P\{Y=3\} + P\{Y=4\} + P\{Y=5\}$$
$$= C_5^3 \cdot 0.6^3 \cdot 0.4^2 + C_5^4 \cdot 0.6^4 \cdot 0.4 + C_5^5 \cdot 0.6^5$$
$$\approx 0.683.$$
由此可知，请 5 名董事代表比请 3 名董事代表通过提案的概率大.

6. 假设某大型设备在任何时间间隔 t h 内发生故障的次数 $N(t)$ 服从参数为 λt 的泊松分布.若 T 为两次故障之间的时间间隔,求(1)$f_T(t)$;(2)在设备已经无故障运行 8 h 的情况下,继续无故障运行 4 h 的概率.

解 (1)由题意可知,发生故障的次数 $N(t)$ 为离散型随机变量,其分布律为

$$P\{N(t)=k\}=\frac{(\lambda t)^k \mathrm{e}^{-\lambda t}}{k!},\quad k=0,1,2,\cdots.$$

设随机变量 T 的分布函数为 $F_T(t)$,由分布函数定义可知

$$F_T(t)=P\{T\le t\}$$

因为时间间隔非负,随机变量 T 的取值非负,于是当 $t<0$ 时,$F_T(t)=P\{T\le t\}=0$.因为 T 表示两次故障的时间间隔,即 $T>t$ 表示在时间间隔 t 内无故障发生,于是当 $t\ge 0$ 时,

$$F_T(t)=P\{T\le t\}=1-P\{T>t\}=1-P\{N(t)=0\}=1-\mathrm{e}^{-\lambda t}.$$

因此随机变量 T 的分布函数为

$$F_T(t)=\begin{cases}1-\mathrm{e}^{-\lambda t}, & t\ge 0,\\ 0, & t<0,\end{cases}$$

从而随机变量 T 的概率密度为

$$f_T(t)=\begin{cases}\lambda \mathrm{e}^{-\lambda t}, & t\ge 0,\\ 0, & t<0.\end{cases}$$

(2)由条件概率可知,所求概率为

$$P\{T>12\,|\,T>8\}=\frac{P\{T>12,T>8\}}{P\{T>8\}}=\frac{P\{T>12\}}{P\{T>8\}}$$

$$=\frac{1-F_T(12)}{1-F_T(8)}=\frac{\mathrm{e}^{-12\lambda}}{\mathrm{e}^{-8\lambda}}=\mathrm{e}^{-4\lambda}.$$

7. 大量数据分析表明:预订餐厅桌位而不来就餐的顾客比例为 5%.假设餐厅有 95 个桌位,但被 100 位顾客预订,假设这 100 位顾客互相不认识.在预订时间内,预订了桌位的顾客来到餐厅却没有桌位的概率约是多少?

解 在预订时间内,预订了桌位的顾客来到餐厅却没有桌位,相当于在 100 位预订桌位的顾客中来就餐的客人数量大于桌位数 95,即不来就餐的顾客少于 5 人.设 X 表示 100 位预订桌位的顾客不来就餐的人数,则 $X\sim b(100,0.05)$,所求概率为

$$P\{X<5\}=P\{X\le 4\}=\sum_{k=0}^{4}\mathrm{C}_{100}^{k}0.05^k\cdot 0.95^{100-k}.$$

利用泊松逼近定理,$\lambda=np=5$,查表可得

$$P\{X\le 4\}\approx \sum_{k=0}^{4}\frac{5^k \mathrm{e}^{-5}}{k!}\approx 0.440\,5.$$

8. 在伯努利试验中,设每次试验事件 A 发生的概率为 p.

(1)如果将试验进行到事件 A 第一次出现为止,以 X 表示所需要的试验次数,求 X 的分布律;

(2)将试验进行到事件 A 出现 r 次为止,以 Y 表示所需的试验次数,求 Y 的分布律.(此时称 Y 服从参数为 r,p 的帕斯卡分布或负二项分布.)

解 （1）X 的所有可能取值为 $1,2,\cdots$，事件 $\{X=k\}$ 表示事件 A 第一次出现时，已经进行了 k 次试验，故 X 的分布律为

$$P\{X=k\}=(1-p)^{k-1}p, \quad k=1,2,\cdots.$$

（2）试验至少要进行 r 次，Y 的所有可能取值为 $r,r+1,r+2,\cdots$，事件 $\{Y=k\}$ 表示事件 A 第 r 次出现时，试验进行了 k 次，且前 $(k-1)$ 次试验中事件 A 出现了 $(r-1)$ 次，由于各次试验是相互独立的，故 Y 的分布律为

$$P\{Y=k\}=C_{k-1}^{r-1}p^{r-1}(1-p)^{k-r}p=C_{k-1}^{r-1}p^{r}(1-p)^{k-r}, \quad k=r,r+1,r+2,\cdots.$$

9. 三个朋友去喝咖啡，玩一个博弈游戏。他们决定用掷硬币的方式确定谁付账：每人掷一枚硬币，如果有人掷出的结果与其他两人不一样，那么由他付账；如果三个人掷出的结果是一样的，那么就重新掷，一直这样下去，直到确定了由谁来付账。求：（1）进行到第 2 轮确定了由谁来付账的概率。（2）进行了 3 轮还没有确定付账人的概率。

解 设 X 表示掷硬币的轮数，则 X 的所有可能取值为 $1,2,\cdots$，三个人掷出的结果一样的概率记为 $1-p=2\times\dfrac{1}{2^3}$，则 X 的分布律为

$$P\{X=k\}=(1-p)^{k-1}p, \quad k=1,2,\cdots,$$

即 X 服从几何分布。

（1）进行到第 2 轮确定由谁来付账的概率为

$$P\{X=2\}=(1-p)^{2-1}p=\frac{1}{4}\times\frac{3}{4}=\frac{3}{16}.$$

（2）进行了 3 轮还没有确定付账人的概率为

$$P\{X>3\}=1-P\{X=1\}-P\{X=2\}-P\{X=3\}$$
$$=1-\frac{3}{4}-\frac{1}{4}\times\frac{3}{4}-\left(\frac{1}{4}\right)^2\times\frac{3}{4}=\frac{1}{64}.$$

10. 设连续型随机变量的分布函数为

$$F(x)=\begin{cases} a, & x<-1, \\ c+d\arcsin x, & -1\leqslant x<1, \\ b, & x\geqslant1, \end{cases}$$

其中 a,b,c,d 为常数，求 a,b,c,d 的值。

解 由分布函数的性质 $F(+\infty)=1,F(-\infty)=0$，以及

$$F(-\infty)=\lim_{x\to-\infty}F(x)=a, \quad F(+\infty)=\lim_{x\to+\infty}F(x)=b$$

得到

$$a=0, \quad b=1.$$

再由连续型随机变量的分布函数是连续函数，可知 $F(x)$ 在点 $x=-1$ 和 $x=1$ 处连续，即有

$$\lim_{x\to-1^-}F(x)=\lim_{x\to-1^+}F(x)=F(-1), \quad \lim_{x\to1^-}F(x)=\lim_{x\to1^+}F(x)=F(1),$$

可得到

$$c-\frac{d\pi}{2}=0, \quad c+\frac{d\pi}{2}=1,$$

解得 $c=\dfrac{1}{2}$,$d=\dfrac{1}{\pi}$.于是常数 $a=0$,$b=1$,$c=\dfrac{1}{2}$,$d=\dfrac{1}{\pi}$.

11. 设连续型随机变量 X 的概率密度函数为

$$f(x)=\begin{cases}x, & 0\le x<1,\\ 2-x, & 1\le x<2,\\ 0, & \text{其他},\end{cases}$$

求随机变量 X 的分布函数.

解 由连续型随机变量分布函数的定义 $F(x)=\displaystyle\int_{-\infty}^{x}f(x)\,\mathrm{d}x$ 可知,当 $x<0$ 时,

$$F(x)=\int_{-\infty}^{x}0\mathrm{d}x=0;$$

当 $0\le x<1$ 时,

$$F(x)=\int_{-\infty}^{x}f(x)\,\mathrm{d}x=\int_{-\infty}^{0}0\mathrm{d}x+\int_{0}^{x}x\mathrm{d}x=\frac{x^2}{2};$$

当 $1\le x<2$ 时,

$$F(x)=\int_{-\infty}^{x}f(x)\,\mathrm{d}x=\int_{-\infty}^{0}0\mathrm{d}x+\int_{0}^{1}x\mathrm{d}x+\int_{1}^{x}(2-x)\,\mathrm{d}x=-\frac{x^2}{2}+2x-1;$$

当 $x\ge 2$ 时,

$$F(x)=\int_{-\infty}^{x}f(x)\,\mathrm{d}x=\int_{-\infty}^{0}0\mathrm{d}x+\int_{0}^{1}x\mathrm{d}x+\int_{1}^{2}(2-x)\,\mathrm{d}x+\int_{2}^{x}0\mathrm{d}x=1,$$

所以随机变量 X 的分布函数为

$$F(x)=\begin{cases}0, & x<0,\\[2mm] \dfrac{x^2}{2}, & 0\le x<1,\\[3mm] -\dfrac{x^2}{2}+2x-1, & 1\le x<2,\\[2mm] 1, & x\ge 2.\end{cases}$$

12. 设随机变量 X 的概率密度函数为

$$f(x)=\begin{cases}\dfrac{c}{x}, & 1\le x<\mathrm{e}^2,\\[2mm] 0, & \text{其他},\end{cases}$$

其中 c 为未知常数,求:(1)c 的值;(2)随机变量 X 的分布函数;(3)$P\left\{\dfrac{1}{2}\le X\le\dfrac{3}{2}\right\}$.

解 (1)由概率密度性质有

$$1=\int_{-\infty}^{+\infty}f(x)\,\mathrm{d}x=\int_{1}^{\mathrm{e}^2}\frac{c}{x}\mathrm{d}x=c\ln x\Big|_{1}^{\mathrm{e}^2}=c(\ln\mathrm{e}^2-\ln 1)=2c,$$

解得 $c=\dfrac{1}{2}$.

(2)由分布函数的定义 $F(x)=\displaystyle\int_{-\infty}^{x}f(x)\,\mathrm{d}x$,当 $x<1$ 时,

$$F(x) = \int_{-\infty}^{x} f(x)\,\mathrm{d}x = \int_{-\infty}^{x} 0\,\mathrm{d}x = 0;$$

当 $1 \leqslant x < \mathrm{e}^2$ 时，

$$F(x) = \int_{-\infty}^{x} f(x)\,\mathrm{d}x = \int_{-\infty}^{1} 0\,\mathrm{d}x + \int_{1}^{x} \frac{1}{2x}\,\mathrm{d}x = \frac{\ln x}{2};$$

当 $x \geqslant \mathrm{e}^2$ 时，

$$F(x) = \int_{-\infty}^{x} f(x)\,\mathrm{d}x = \int_{-\infty}^{1} 0\,\mathrm{d}x + \int_{1}^{\mathrm{e}^2} \frac{1}{2x}\,\mathrm{d}x + \int_{\mathrm{e}^2}^{x} 0\,\mathrm{d}x = 1,$$

故随机变量 X 的分布函数为

$$F(x) = \begin{cases} 0, & x < 1, \\ \dfrac{\ln x}{2}, & 1 \leqslant x < \mathrm{e}^2, \\ 1, & x \geqslant \mathrm{e}^2. \end{cases}$$

（3）$P\left\{\dfrac{1}{2} \leqslant X \leqslant \dfrac{3}{2}\right\} = F\left(\dfrac{3}{2}\right) - F\left(\dfrac{1}{2}\right) + P\left\{X = \dfrac{1}{2}\right\} = \dfrac{\ln \dfrac{3}{2}}{2} - 0 + 0 = \dfrac{1}{2}(\ln 3 - \ln 2).$

13. 设随机变量 $X \sim N(10,4)$，求：（1）$P\{7 < X \leqslant 12\}$；（2）$P\{X > a\} = 0.33$ 时，a 的值.

解　（1）$P\{7 < X \leqslant 12\} = P\left\{\dfrac{7-10}{2} < \dfrac{X-10}{2} \leqslant \dfrac{12-10}{2}\right\} = \Phi(1) - \Phi\left(-\dfrac{3}{2}\right)$

$$= \Phi(1) + \Phi\left(\dfrac{3}{2}\right) - 1 \approx 0.774\ 5.$$

（2）$P\{X > a\} = P\left\{\dfrac{X-10}{2} > \dfrac{a-10}{2}\right\} = 1 - \Phi\left(\dfrac{a-10}{2}\right) = 0.33$，即 $\Phi\left(\dfrac{a-10}{2}\right) = 0.67$，查表可知，$\dfrac{a-10}{2} \approx$

0.44，解得 $a \approx 10.88$.

14. 在正常的考试中，学生的成绩 X 应当服从 $N(a, \sigma^2)$ 分布.如果规定分数在 $a+\sigma$ 以上为"优秀"，a 至 $a+\sigma$ 之间为"良好"，$a-\sigma$ 至 a 之间为"中等"，$a-\sigma$ 以下为"较差".求这四个等级的学生各占多大比例.

解　"优秀"的比例为

$$P\{X > a+\sigma\} = P\left\{\dfrac{X-a}{\sigma} > \dfrac{a+\sigma-a}{\sigma}\right\} = 1 - \Phi(1) \approx 0.158\ 7,$$

"良好"的比例为

$$P\{a < X \leqslant a+\sigma\} = P\left\{\dfrac{a-a}{\sigma} < \dfrac{X-a}{\sigma} \leqslant \dfrac{a+\sigma-a}{\sigma}\right\} = \Phi(1) - \Phi(0) \approx 0.341\ 3,$$

"中等"的比例为

$$P\{a-\sigma < X \leqslant a\} = P\left\{\dfrac{a-\sigma-a}{\sigma} < \dfrac{X-a}{\sigma} \leqslant \dfrac{a-a}{\sigma}\right\} = \Phi(0) - \Phi(-1) \approx 0.341\ 3,$$

"较差"的比例为

$$P\{X \leqslant a-\sigma\} = P\left\{\dfrac{X-a}{\sigma} \leqslant \dfrac{a-\sigma-a}{\sigma}\right\} = \Phi(-1) = 1 - \Phi(1) \approx 0.158\ 7.$$

15. 开车从某城市的城南甲地到城北乙地.如果穿行城市,所需要的时间(单位:min)服从 $N(50,100)$ 分布;若绕行城市,则所需时间服从 $N(60,16)$ 分布.假设现有(1)65 min 可用;(2)70 min 可用,问是穿行好还是绕行好?

解 设穿行城市所需的时间为 X,绕行城市所需时间为 Y,由题意可知

$$X \sim N(50,100), \quad Y \sim N(60,16).$$

(1) 若有 65 min 可用,计算

$$P\{X \leqslant 65\} = P\left\{\frac{X-50}{10} \leqslant \frac{65-50}{10}\right\} = \Phi(1.5),$$

$$P\{Y \leqslant 65\} = P\left\{\frac{Y-60}{4} \leqslant \frac{65-60}{4}\right\} = \Phi(1.25),$$

因为 $P\{X \leqslant 65\} = \Phi(1.5) > \Phi(1.25) = P\{Y \leqslant 65\}$,所以选择穿行城市.

(2) 若有 70 min 可用,计算可得

$$P\{X \leqslant 70\} = P\left\{\frac{X-50}{10} \leqslant \frac{70-50}{10}\right\} = \Phi(2),$$

$$P\{Y \leqslant 70\} = P\left\{\frac{Y-60}{4} \leqslant \frac{70-60}{4}\right\} = \Phi(2.5),$$

因为 $P\{X \leqslant 70\} = \Phi(2) < \Phi(2.5) = P\{Y \leqslant 70\}$,所以选择绕行城市.

16. 设某仪器上的电子元件寿命 X(单位:h)服从参数为 $\lambda = \dfrac{1}{1\,000}$ 的指数分布,求:(1)寿命至少为 1 000 h 的概率;(2)寿命在 1 000 h 至 1 200 h 之间的概率;(3)如果已知电子元件已经正常工作 1 000 h,还能再正常工作 1 000 h 以上的概率.

解 (1) 由题意可知随机变量 X 的概率密度为

$$f(x) = \begin{cases} \dfrac{1}{1\,000} \mathrm{e}^{-\frac{1}{1\,000}x}, & x \geqslant 0, \\ 0, & x < 0. \end{cases}$$

寿命至少为 1 000 h 的概率为

$$P\{X \geqslant 1\,000\} = \int_{1\,000}^{+\infty} f(x)\,\mathrm{d}x = \int_{1\,000}^{+\infty} \frac{1}{1\,000} \mathrm{e}^{-\frac{1}{1\,000}x}\,\mathrm{d}x = \mathrm{e}^{-1}.$$

(2) 寿命在 1 000 h 至 1 200 h 之间的概率为

$$P\{1\,000 \leqslant X \leqslant 1\,200\} = \int_{1\,000}^{1\,200} f(x)\,\mathrm{d}x = \int_{1\,000}^{1\,200} \frac{1}{1\,000} \mathrm{e}^{-\frac{1}{1\,000}x}\,\mathrm{d}x = \mathrm{e}^{-1} - \mathrm{e}^{-1.2}.$$

(3) 正常工作 1 000 h 后还能再正常工作 1 000 h 以上的概率为

$$P\{X \geqslant 1\,000 + 1\,000 \mid X \geqslant 1\,000\} = \frac{P\{X \geqslant 2\,000, X \geqslant 1\,000\}}{P\{X \geqslant 1\,000\}} = \frac{P\{X \geqslant 2\,000\}}{P\{X \geqslant 1\,000\}}$$

$$= \frac{\displaystyle\int_{2\,000}^{+\infty} \frac{1}{1\,000} \mathrm{e}^{-\frac{1}{1\,000}x}\,\mathrm{d}x}{\displaystyle\int_{1\,000}^{+\infty} \frac{1}{1\,000} \mathrm{e}^{-\frac{1}{1\,000}x}\,\mathrm{d}x} = \frac{\mathrm{e}^{-2}}{\mathrm{e}^{-1}} = \mathrm{e}^{-1}.$$

17. 设随机变量 X 服从区间 $[a,b]$ 上的均匀分布,其中 $0<a<b$.且 $P\{0<X<3\}=\dfrac{1}{4}$,$P\{X>4\}=\dfrac{1}{2}$.求:(1)随机变量 X 的概率密度函数;(2)$P\{1<X<5\}$.

解 (1)因为随机变量 X 服从区间 $[a,b]$ 上的均匀分布,所以其概率密度函数为

$$f(x)=\begin{cases}\dfrac{1}{b-a}, & a<x<b,\\ 0, & \text{其他}.\end{cases}$$

因为

$$P\{0<X<3\}=P\{a<X<3\}=\int_a^3\frac{1}{b-a}\mathrm{d}x=\frac{1}{4},$$

可得 $\dfrac{3-a}{b-a}=\dfrac{1}{4}$,由

$$P\{X>4\}=\int_4^b\frac{1}{b-a}\mathrm{d}x=\frac{1}{2},$$

可得 $\dfrac{b-4}{b-a}=\dfrac{1}{2}$,所以可得方程组

$$\begin{cases}\dfrac{3-a}{b-a}=\dfrac{1}{4},\\ \dfrac{b-4}{b-a}=\dfrac{1}{2},\end{cases}\quad\text{解得}\begin{cases}a=2,\\ b=6,\end{cases}$$

所以

$$f(x)=\begin{cases}\dfrac{1}{4}, & 2<x<6,\\ 0, & \text{其他}.\end{cases}$$

(2) $P\{1<X<5\}=\displaystyle\int_1^5 f(x)\mathrm{d}x=\int_1^2 0\mathrm{d}x+\int_2^5\frac{1}{4}\mathrm{d}x=\frac{3}{4}$.

18. 设随机变量 X 服从 $(0,10)$ 上的均匀分布,现对 X 进行 4 次独立观测,试求至少有 3 次观测值大于 5 的概率.

解 设 Y 表示 4 次独立观测中,观测值大于 5 的次数,p 为观测值大于 5 的概率,则 $Y\sim b(4,p)$.

由题意可知随机变量 X 的概率密度函数为

$$f_X(x)=\begin{cases}\dfrac{1}{10}, & 0<x<10,\\ 0, & \text{其他},\end{cases}$$

观测值大于 5 的概率为

$$p=P\{X>5\}=\int_5^{10}\frac{1}{10}\mathrm{d}x=\frac{1}{2}.$$

所以至少有 3 次观测值大于 5 的概率为

$$P\{Y\geqslant 3\}=P\{X=3\}+P\{X=4\}=C_4^3 p^3\ (1-p)^1+C_4^4 p^4\ (1-p)^0=\frac{5}{16}.$$

19. 设随机变量 X 和 Y 具有相同的概率密度函数,X 的概率密度为

$$f(x)=\begin{cases}\frac{3}{8}x^2, & 0<x<2,\\ 0, & \text{其他}.\end{cases}$$

若已知事件 $A=\{X>a\}$ 和 $B=\{Y>a\}$ 相互独立,且 $P(A\cup B)=\frac{3}{4}$,求常数 a.

解 因为事件 A 与 B 独立,所以

$$P(A\cup B)=P(A)+P(B)-P(A)P(B).$$

而

$$P(A)=P\{X>a\}=\int_a^2 \frac{3}{8}x^2 \mathrm{d}x=1-\frac{a^3}{8},$$

$$P(B)=P\{Y>a\}=\int_a^2 \frac{3}{8}y^2 \mathrm{d}y=1-\frac{a^3}{8},$$

故有

$$2\left(1-\frac{a^3}{8}\right)-\left(1-\frac{a^3}{8}\right)^2=\frac{3}{4},$$

解得 $1-\frac{a^3}{8}=\frac{1}{2}$ 或 $1-\frac{a^3}{8}=\frac{3}{2}$,于是可得 $a=\pm\sqrt[3]{4}$.又因为 $P(A\cup B)=\frac{3}{4}$,可知 $0<P(A)<1$,所以 $0<a<2$,常数 $a=\sqrt[3]{4}$.

20. 若 $\alpha=0.005$,计算标准正态分布上 α 分位点: z_α 和 $z_{\frac{\alpha}{2}}$.

解 设随机变量 $Z\sim N(0,1)$,由标准正态分布上 α 分位点的定义可知

$$P\{Z>z_\alpha\}=\alpha.$$

当 $\alpha=0.005$ 时,$P\{Z>z_{0.005}\}=0.005$,于是可知

$$P\{Z>z_{0.005}\}=1-P\{Z\leqslant z_{0.005}\}=1-\Phi(z_{0.005})=0.005,$$

进而有 $\Phi(z_{0.005})=0.995$,查表可知 $z_{0.005}\approx 2.575$.

同理可得 $z_{0.0025}\approx 2.81$.

21. 设一部机器在一天内发生故障的概率为 0.2,机器发生故障时全天停止工作.若一周 5 个工作日里无故障可获利润 10 万元,发生一次故障可获利润 5 万元,发生两次故障可获利润 0 元;发生三次或三次以上故障就要亏损 2 万元,求一周内利润的分布律.

解 设 X 表示一周内机器发生故障的次数,Y 表示一周内的利润,由题意可知 $X\sim b(5,0.2)$,Y 的可能取值为 $-2,0,5,10$,且

$$P\{Y=-2\}=P\{X\geqslant 3\}=P\{X=3\}+P\{X=4\}+P\{X=5\}\approx 0.057\ 9,$$

$$P\{Y=0\}=P\{X=2\}=C_5^2 0.2^2\cdot 0.8^3=0.204\ 8,$$

$$P\{Y=5\}=P\{X=1\}=C_5^1 0.2^1\cdot 0.8^4=0.409\ 6,$$

$$P\{Y=10\}=P\{X=0\}=C_5^0 0.2^0\cdot 0.8^5\approx 0.327\ 7,$$

一周内利润的分布律为

Y	-2	0	5	10
P	0.057 9	0.204 8	0.409 6	0.327 7

22. 某工厂生产的零件直径 X(单位:cm)服从正态分布 $N(10,1)$.零件直径在 9 cm 到 11 cm 之间为合格品,销售一个合格品可获利 10 元,销售一个直径小于 9 cm 的零件没有利润,销售一个直径大于 11 cm 的零件亏损 2 元.求销售一个零件获得利润 Y(单位:元)的概率分布.

解 Y 的可能取值为 $-2,0,10$.由题意可知随机变量 $X \sim N(10,1)$,则有

$$P\{Y=-2\} = P\{X>11\} = P\left\{\frac{X-10}{1} > \frac{11-10}{1}\right\} = 1-\Phi(1),$$

$$P\{Y=0\} = P\{X<9\} = P\left\{\frac{X-10}{1} < \frac{9-10}{1}\right\} = 1-\Phi(1),$$

$$P\{Y=10\} = P\{9 \leqslant X \leqslant 11\} = P\left\{\frac{9-10}{1} \leqslant \frac{X-10}{1} \leqslant \frac{11-10}{1}\right\} = 2\Phi(1)-1,$$

故每销售一个零件所获得利润的分布律为

Y	-2	0	10
P	$1-\Phi(1)$	$1-\Phi(1)$	$2\Phi(1)-1$

其中 $\Phi(x)$ 是标准正态分布的分布函数.

23. 设随机变量 X 的分布律为

X	-1	0	1	2	$\dfrac{5}{2}$
P	$\dfrac{1}{5}$	$\dfrac{1}{10}$	$\dfrac{1}{10}$	$\dfrac{3}{10}$	$\dfrac{3}{10}$

求 $Y=(X-1)^2$ 的分布律.

解 Y 的可能取值为 $0,1,\dfrac{9}{4},4$,且

$$P\{Y=0\} = P\{X=1\} = \frac{1}{10}, \quad P\{Y=1\} = P\{X=0\} + P\{X=2\} = \frac{2}{5},$$

$$P\left\{Y=\frac{9}{4}\right\} = P\left\{X=\frac{5}{2}\right\} = \frac{3}{10}, \quad P\{Y=4\} = P\{X=-1\} = \frac{1}{5},$$

故 $Y=(X-1)^2$ 的分布律为

Y	0	1	$\dfrac{9}{4}$	4
p	$\dfrac{1}{10}$	$\dfrac{2}{5}$	$\dfrac{3}{10}$	$\dfrac{1}{5}$

24. 设随机变量 X 的概率密度函数为 $f_X(x) = \begin{cases} e^{-x}, & x>0, \\ 0, & 其他, \end{cases}$ 求随机变量 $Y=e^X$ 的概率密度函

数 $f_Y(y)$.

解 因为当 $x>0$ 时,函数 $f_X(x) \neq 0$,故只需考虑区间 $(0, +\infty)$ 上函数 $y = e^x$ 的性质.在区间 $(0, +\infty)$ 上 $y = e^x$ 为单调函数,其反函数记为 $h(y)$,即 $x = h(y) = \ln y$,且有 $y = e^x > 1$,于是有

$$f_Y(y) = f_X(h(y)) |h'(y)| = e^{-\ln y} \cdot \frac{1}{y} = \frac{1}{y^2}, \quad y > 1,$$

所以随机变量 Y 的概率密度为

$$f_Y(y) = \begin{cases} \dfrac{1}{y^2}, & y > 1, \\ 0, & \text{其他}. \end{cases}$$

25. 设随机变量 X 服从区间 $\left(-\dfrac{\pi}{2}, \dfrac{\pi}{2}\right)$ 上的均匀分布,求 $Y = \tan X$ 的分布.

解 由题意可知,随机变量 X 的概率密度为

$$f_X(x) = \begin{cases} \dfrac{1}{\pi}, & -\dfrac{\pi}{2} < x < \dfrac{\pi}{2}, \\ 0, & \text{其他}. \end{cases}$$

方法一:设随机变量 Y 的分布函数为 $F_Y(y)$,有

$$\begin{aligned} F_Y(y) &= P\{Y \leqslant y\} = P\{\tan X \leqslant y\} = P\{X \leqslant \arctan y\} \\ &= \int_{-\infty}^{\arctan y} f(x)\,\mathrm{d}x = \int_{-\frac{\pi}{2}}^{\arctan y} \frac{1}{\pi}\,\mathrm{d}x = \frac{1}{\pi}\arctan y + \frac{1}{2}, \end{aligned}$$

故 Y 的分布函数为

$$F_Y(y) = \frac{1}{\pi}\arctan y + \frac{1}{2}, \quad -\infty < y < +\infty.$$

进一步可得到 Y 的概率密度函数为

$$f_Y(y) = F'(y) = \frac{1}{\pi(1+y^2)}, \quad -\infty < y < +\infty.$$

方法二:因为仅当 $-\dfrac{\pi}{2} < x < \dfrac{\pi}{2}$ 时,函数 $f_X(x) \neq 0$,故只需考虑 $y = \tan x$ 在区间 $\left(-\dfrac{\pi}{2}, \dfrac{\pi}{2}\right)$ 上的性质. $y = \tan x$ 在区间 $\left(-\dfrac{\pi}{2}, \dfrac{\pi}{2}\right)$ 是单调函数,故存在反函数为

$$x = h(y) = \arctan y, \quad -\infty < y < +\infty,$$

由此可知 Y 的概率密度函数为

$$f_Y(y) = f_X(h(y)) |h'(y)| = \frac{1}{\pi(1+y^2)}, \quad -\infty < y < +\infty.$$

26. 设随机变量 X 的概率密度函数为 $f_X(x) = \begin{cases} 1 - |x|, & -1 < x < 1, \\ 0, & \text{其他}, \end{cases}$ 求随机变量 $Y = X^2 + 1$ 的分布函数与概率密度函数.

解 方法一:设随机变量 Y 的分布函数为 $F_Y(y)$,概率密度函数为 $f_Y(y)$,由分布函数定义可知

$$F_Y(y) = P\{Y \leqslant y\} = P\{X^2 + 1 \leqslant y\}.$$

当 $y \leqslant 1$ 时，$F_Y(y) = P\{X^2 + 1 \leqslant y\} = 0$；当 $y > 1$ 时，

$$F_Y(y) = P\{X^2 + 1 \leqslant y\} = P\{-\sqrt{y-1} \leqslant X \leqslant \sqrt{y-1}\} = \int_{-\sqrt{y-1}}^{\sqrt{y-1}} f_X(x)\,\mathrm{d}x.$$

进一步地，当 $\sqrt{1-y} < 1$ 即 $1 < y < 2$ 时，

$$F_Y(y) = \int_{-\sqrt{y-1}}^{\sqrt{y-1}} f_X(x)\,\mathrm{d}x = \int_{-\sqrt{y-1}}^{\sqrt{y-1}} (1-|x|)\,\mathrm{d}x = 2\int_0^{\sqrt{y-1}} (1-x)\,\mathrm{d}x = 2\sqrt{y-1} - y + 1,$$

当 $y \geqslant 2$ 时，

$$F_Y(y) = \int_{-\sqrt{y-1}}^{\sqrt{y-1}} f_X(x)\,\mathrm{d}x = \int_{-1}^{1} (1-|x|)\,\mathrm{d}x = 1.$$

综上可知，随机变量 Y 的分布函数为

$$F_Y(y) = \begin{cases} 0, & y \leqslant 1, \\ 2\sqrt{y-1} - y + 1, & 1 < y < 2, \\ 1, & y \geqslant 2, \end{cases}$$

从而随机变量 Y 的概率密度函数为

$$f_Y(y) = \begin{cases} \dfrac{1}{\sqrt{y-1}} - 1, & 1 < y < 2, \\ 0, & \text{其他.} \end{cases}$$

方法二：因为仅当 $-1 < x < 1$ 时，函数 $f_X(x) \neq 0$，只需考虑当 $-1 < x < 1$ 时，函数 $y = x^2 + 1$ 的性质. 记 $I_1 = (-1, 0)$，$I_2 = [0, 1)$，可知函数 $y = x^2 + 1$ 在区间 I_1，I_2 上均是单调函数，反函数分别记为 $h_1(y)$，$h_2(y)$，即在区间 I_1 上，

$$x = h_1(y) = -\sqrt{y-1}, \quad 1 < y < 2,$$

在区间 I_2 上，

$$x = h_2(y) = \sqrt{y-1}, \quad 1 \leqslant y < 2,$$

所以当 $1 < y < 2$ 时，有

$$f_Y(y) = f_X(h_1(y))|h_1'(y)| + f_X(h_2(y))|h_2'(y)|$$

$$= (1 - |h_1(y)|)\frac{1}{2\sqrt{y-1}} + (1 - |h_2(y)|)\frac{1}{2\sqrt{y-1}}$$

$$= \frac{1}{\sqrt{y-1}} - 1,$$

即随机变量 Y 的概率密度函数为

$$f_Y(y) = \begin{cases} \dfrac{1}{\sqrt{y-1}} - 1, & 1 < y < 2, \\ 0, & \text{其他.} \end{cases}$$

27. 设随机变量 X 服从标准正态分布 $N(0, 1)$，求（1）$Y = 2X^2 + 1$ 的概率密度函数 $f_Y(y)$；（2）$Z = |X|$ 的概率密度函数 $f_Z(z)$.

解 （1）由题意可知，随机变量 X 的概率密度函数为

$$f_X(x) = \frac{1}{\sqrt{2\pi}} e^{-\frac{x^2}{2}}, \quad -\infty < x < +\infty.$$

设随机变量 Y 的分布函数为 $F_Y(y)$，由分布函数定义可知

$$F_Y(y) = P\{Y \leqslant y\} = P\{2X^2 + 1 \leqslant y\}.$$

当 $y < 1$ 时，

$$F_Y(y) = P\{Y \leqslant y\} = P\{2X^2 + 1 \leqslant y\} = P(\varnothing) = 0;$$

当 $y \geqslant 1$ 时，

$$F_Y(y) = P\{Y \leqslant y\} = P\{2X^2 + 1 \leqslant y\} = P\left\{-\sqrt{\frac{y-1}{2}} \leqslant X \leqslant \sqrt{\frac{y-1}{2}}\right\}$$

$$= \Phi\left(\sqrt{\frac{y-1}{2}}\right) - \Phi\left(-\sqrt{\frac{y-1}{2}}\right) = 2\Phi\left(\sqrt{\frac{y-1}{2}}\right) - 1,$$

于是随机变量 Y 的分布函数为

$$F_Y(y) = \begin{cases} 2\Phi\left(\sqrt{\dfrac{y-1}{2}}\right) - 1, & y \geqslant 1, \\ 0, & y < 1, \end{cases}$$

从而可得 Y 的概率密度函数为

$$f_Y(y) = F_Y'(y) = \begin{cases} \dfrac{1}{2\sqrt{\pi(y-1)}} e^{-\frac{y-1}{4}}, & y > 1, \\ 0, & y \leqslant 1. \end{cases}$$

（2）设随机变量 Z 的分布函数为 $F_Z(z)$，由分布函数定义可知

$$F_Z(z) = P\{Z \leqslant z\} = P\{|X| \leqslant z\}.$$

当 $z < 0$ 时，

$$F_Z(z) = P\{Z \leqslant z\} = P\{|X| \leqslant z\} = P(\varnothing) = 0;$$

当 $z \geqslant 0$ 时，

$$F_Z(z) = P\{Z \leqslant z\} = P\{|X| \leqslant z\} = P\{-z \leqslant X \leqslant z\} = \int_{-z}^{z} \frac{1}{\sqrt{2\pi}} e^{-\frac{x^2}{2}} dx,$$

从而可得 Z 的概率密度为

$$f_Z(z) = F_Z'(z) = \begin{cases} \sqrt{\dfrac{2}{\pi}} e^{-\frac{x^2}{2}}, & z \geqslant 0, \\ 0, & z < 0. \end{cases}$$

习　题　3

1. 从 $1,2,3$ 三个数字中任取两个数. 考虑两种取法：（1）第一次取数后放回再取第二次；（2）第一次取数后不放回再取第二次. 记第一次取数为 X，第二次取数为 Y，分别就两种取数方法求 (X, Y) 的联合分布律.

解 （1）对有放回情形,X 的可能取值为 $1,2,3$,Y 的可能取值为 $1,2,3$.由于放回取数,两次取数互不影响.可知

$$P\{X=i,Y=j\}=\frac{1}{3}\times\frac{1}{3}=\frac{1}{9},\quad i,j=1,2,3,$$

所以 (X,Y) 的联合分布律为

Y	X		
	1	2	3
1	$\frac{1}{9}$	$\frac{1}{9}$	$\frac{1}{9}$
2	$\frac{1}{9}$	$\frac{1}{9}$	$\frac{1}{9}$
3	$\frac{1}{9}$	$\frac{1}{9}$	$\frac{1}{9}$

（2）对无放回情形,一次取出的两个数不能相等,所以 $P\{X=Y\}=0$,且

$$P\{X=i,Y=j\}=\frac{1}{3}\times\frac{1}{2}=\frac{1}{6},\quad i\neq j,i,j=1,2,3.$$

所以 (X,Y) 的联合分布律为

Y	X		
	1	2	3
1	0	$\frac{1}{6}$	$\frac{1}{6}$
2	$\frac{1}{6}$	0	$\frac{1}{6}$
3	$\frac{1}{6}$	$\frac{1}{6}$	0

2. 袋子里装有 2 只黑球,3 只红球,3 只白球,在其中任取 4 只球,以 X 表示取到的红球数,以 Y 表示取到的黑球数,求 X,Y 的联合分布律.

解 X 的可能取值为 $0,1,2,3$,Y 的可能取值为 $0,1,2$,且

$$P\{X=0,Y=0\}=0,\quad P\{X=1,Y=0\}=\frac{C_3^1}{C_8^4}=\frac{3}{70},$$

$$P\{X=2,Y=0\}=\frac{C_3^2C_3^2}{C_8^4}=\frac{9}{70},\quad P\{X=3,Y=0\}=\frac{C_3^3}{C_8^4}=\frac{3}{70},$$

$$P\{X=0,Y=1\}=\frac{C_2^1}{C_8^4}=\frac{2}{70}=\frac{1}{35},\quad P\{X=1,Y=1\}=\frac{C_2^1C_3^1C_3^2}{C_8^4}=\frac{18}{70}=\frac{9}{35},$$

$$P\{X=2,Y=1\}=\frac{C_3^2C_2^1C_3^1}{C_8^4}=\frac{18}{70}=\frac{9}{35},\quad P\{X=3,Y=1\}=\frac{C_2^1}{C_8^4}=\frac{2}{70}=\frac{1}{35},$$

$$P\{X=0,Y=2\}=\frac{C_3^2}{C_8^4}=\frac{3}{70}, \quad P\{X=1,Y=2\}=\frac{C_3^1 C_3^1}{C_8^4}=\frac{9}{70},$$

$$P\{X=2,Y=2\}=\frac{C_3^2}{C_8^4}=\frac{3}{70}, \quad P\{X=3,Y=2\}=0,$$

所以,(X,Y)的联合分布律为

Y	X			
	0	1	2	3
0	0	$\frac{3}{70}$	$\frac{9}{70}$	$\frac{3}{70}$
1	$\frac{1}{35}$	$\frac{9}{35}$	$\frac{9}{35}$	$\frac{1}{35}$
2	$\frac{3}{70}$	$\frac{9}{70}$	$\frac{3}{70}$	0

3. 设随机变量(X,Y)的分布函数为

$$F(x,y)=A\left(B+\arctan\frac{x}{2}\right)\left(C+\arctan\frac{y}{3}\right),$$

求:(1)系数A,B,C;(2)(X,Y)的概率密度.

解 (1)由分布函数的性质$F(-\infty,y)=F(x,-\infty)=F(-\infty,-\infty)=0,F(+\infty,+\infty)=1$可得

$$\begin{cases} F(-\infty,y)=A\left(B-\frac{\pi}{2}\right)\left(C+\arctan\frac{y}{3}\right)=0, \\[2mm] F(x,-\infty)=A\left(B+\arctan\frac{x}{2}\right)\left(C-\frac{\pi}{2}\right)=0, \\[2mm] F(+\infty,+\infty)=A\left(B+\frac{\pi}{2}\right)\left(C+\frac{\pi}{2}\right)=1, \end{cases}$$

解得$A=\frac{1}{\pi^2},B=C=\frac{\pi}{2}$.

(2)(X,Y)的概率密度为

$$f(x,y)=\frac{\partial^2(F(x,y))}{\partial x \partial y}=\frac{6}{\pi^2(4+x^2)(9+y^2)}.$$

4. 设二维随机变量(X,Y)具有概率密度

$$f(x,y)=\begin{cases} 2e^{-(2x+y)}, & x>0,y>0, \\ 0, & \text{其他}, \end{cases}$$

求:(1)(X,Y)的分布函数;(2)$P\{X\geqslant Y\}$.

解 (1)由连续型随机变量的分布函数的定义可知当$x>0,y>0$时,有

$$F(x,y)=\int_{-\infty}^{x}\int_{-\infty}^{y}f(x,y)\mathrm{d}x\mathrm{d}y=\int_0^x\int_0^y 2e^{-(2x+y)}\mathrm{d}x\mathrm{d}y$$

$$=\int_0^x 2e^{-2x}\mathrm{d}x\int_0^y e^{-y}\mathrm{d}y=(1-e^{-2x})(1-e^{-y}),$$

所以 (X,Y) 的分布函数为

$$F(x,y) = \begin{cases} (1-e^{-2x})(1-e^{-y}), & x>0, y>0, \\ 0, & \text{其他}. \end{cases}$$

（2）如图 4 所示，

$$P\{X \geqslant Y\} = \iint\limits_{x \geqslant y} f(x,y)\,\mathrm{d}x\mathrm{d}y = \int_0^{+\infty} \int_0^x 2e^{-(2x+y)}\,\mathrm{d}x\mathrm{d}y$$

$$= \int_0^{+\infty} (2e^{-2x} - 2e^{-3x})\,\mathrm{d}x = \frac{1}{3}.$$

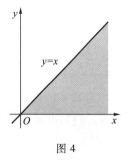

图 4

5. 设二维随机变量 (X,Y) 的分布函数为

$$F(x,y) = \begin{cases} k(1-e^{-x})(1-e^{-y}), & x>0, y>0, \\ 0, & \text{其他}, \end{cases}$$

求：（1）常数 k 的值；（2）(X,Y) 的概率密度.

解　（1）由分布函数的性质有

$$F(+\infty, +\infty) = \lim_{\substack{x\to+\infty \\ y\to+\infty}} k(1-e^{-x})(1-e^{-y}) = 1,$$

所以 $k=1$.

（2）(X,Y) 的概率密度为

$$f(x,y) = \frac{\partial^2 F(x,y)}{\partial x \partial y} = \begin{cases} e^{-(x+y)}, & x>0, y>0, \\ 0, & \text{其他}. \end{cases}$$

6. 设二维随机变量 (X,Y) 的概率密度为

$$f(x,y) = \begin{cases} \dfrac{x}{2} + kxy, & 0<x<1, 0<y<2, \\ 0, & \text{其他}, \end{cases}$$

求：（1）常数 k 的值；（2）$P\{X+Y>1\}$.

解　（1）由概率密度的性质，有

$$\int_{-\infty}^{+\infty} \int_{-\infty}^{+\infty} f(x,y)\,\mathrm{d}x\mathrm{d}y = \int_0^1 \int_0^2 \left(\frac{x}{2} + kxy\right)\,\mathrm{d}y\mathrm{d}x = \int_0^1 (x + 2kx)\,\mathrm{d}x = \frac{1}{2} + k = 1,$$

因此，$k = \dfrac{1}{2}$.

（2）如图 5 所示，

$$P\{X+Y>1\} = \iint\limits_{x+y>1} f(x,y)\,\mathrm{d}x\mathrm{d}y = \int_0^1 \int_{1-x}^2 \left(\frac{x}{2} + \frac{xy}{2}\right)\,\mathrm{d}y\mathrm{d}x$$

$$= \int_0^1 \frac{x}{2}\left(\frac{5}{2} + 2x - \frac{x^3}{2}\right)\,\mathrm{d}x = \frac{43}{48}.$$

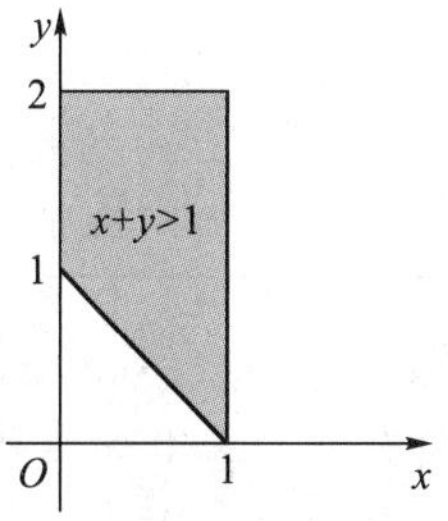

7. 设随机变量 (X,Y) 的分布律为

图 5

Y	X		
	0	1	2
0	a	$\dfrac{1}{5}$	$\dfrac{2}{15}$
1	$\dfrac{1}{15}$	$\dfrac{1}{15}$	$\dfrac{1}{3}$

求:(1)常数 a 的值;(2)X,Y 的边缘分布律.

解 (1)由分布律的性质有

$$a+\frac{1}{5}+\frac{2}{15}+\frac{1}{15}+\frac{1}{15}+\frac{1}{3}=1,$$

所以 $a=\dfrac{1}{5}$.

(2)X 的边缘分布律为

X	0	1	2
P	$\dfrac{4}{15}$	$\dfrac{4}{15}$	$\dfrac{7}{15}$

Y 的边缘分布律为

Y	0	1
P	$\dfrac{8}{15}$	$\dfrac{7}{15}$

8. 设随机变量 (X,Y) 的分布律为

Y	X			
	0	1	2	3
0	a	0.2	0.2	0.1
1	0.2	0.1	0.1	b

又知 $P\{Y=0\}=0.55$,求:(1)常数 a,b 的值;(2)X,Y 的边缘分布律;(3)在 $X=1$ 的条件下,Y 的条件分布律;(4)$P\{X<2|Y=1\}$.

解 (1)因为

$$P\{Y=0\}=a+0.2+0.2+0.1=0.55,$$

可知 $a=0.05$.由分布律的性质,

$$a+0.2+0.2+0.1+0.2+0.1+0.1+b=1,$$

解得 $b=0.05$.

(2)X 的边缘分布律为

X	0	1	2	3
P	0.25	0.3	0.3	0.15

Y 的边缘分布律为

Y	0	1
P	0.55	0.45

（3）因为 $P\{X=1\}=0.2+0.1=0.3$，所以

$$P\{Y=0 \mid X=1\} = \frac{P\{X=1,Y=0\}}{P\{X=1\}} = \frac{0.2}{0.3} = \frac{2}{3},$$

$$P\{Y=1 \mid X=1\} = \frac{P\{X=1,Y=1\}}{P\{X=1\}} = \frac{0.1}{0.3} = \frac{1}{3},$$

即在 $X=1$ 的条件下，Y 的分布律为

Y	0	1
$P\{Y=k \mid X=1\}$	$\dfrac{2}{3}$	$\dfrac{1}{3}$

（4）由已知，

$$P\{X<2 \mid Y=1\} = \frac{P\{X<2,Y=1\}}{P\{Y=1\}} = \frac{P\{X=0,Y=1\}+P\{X=1,Y=1\}}{P\{Y=1\}}$$

$$= \frac{0.2+0.1}{0.45} = \frac{2}{3}.$$

9. 设随机变量 (X,Y) 的概率密度为

$$f(x,y) = \frac{k}{(1+y^2)(1+x^2)}, \quad -\infty < x < +\infty, \ -\infty < y < +\infty,$$

（1）求常数 k 的值；（2）求 X 和 Y 的边缘概率密度；（3）判定 X 和 Y 是否独立，为什么？

解 （1）由概率密度性质可知

$$\int_{-\infty}^{+\infty} \int_{-\infty}^{+\infty} \frac{k}{(1+y^2)(1+x^2)}\mathrm{d}x\mathrm{d}y = k \int_{-\infty}^{+\infty} \frac{1}{1+x^2}\mathrm{d}x \int_{-\infty}^{+\infty} \frac{1}{1+y^2}\mathrm{d}y = k\pi^2 = 1,$$

解得 $k=\dfrac{1}{\pi^2}$.

（2）由边缘密度的定义，X 和 Y 的边缘概率密度分别为

$$f_X(x) = \int_{-\infty}^{+\infty} f(x,y)\mathrm{d}y = \int_{-\infty}^{+\infty} \frac{1}{\pi^2(1+x^2)(1+y^2)}\mathrm{d}y = \frac{1}{\pi(1+x^2)}, \quad -\infty < x < +\infty,$$

$$f_Y(y) = \int_{-\infty}^{+\infty} f(x,y)\mathrm{d}x = \int_{-\infty}^{+\infty} \frac{1}{\pi^2(1+x^2)(1+y^2)}\mathrm{d}x = \frac{1}{\pi(1+y^2)}, \quad -\infty < y < +\infty.$$

（3）对于任意的 x,y，均有 $f(x,y)=f_X(x)f_Y(y)$，所以 X 和 Y 相互独立.

10. 设二维随机变量 (X,Y) 的概率密度为

$$f(x,y) = \begin{cases} k, & (x,y) \in D, \\ 0, & \text{其他}, \end{cases}$$

其中 $D = \{(x,y) \mid 0 < x^3 < y < x^2\}$. 求:(1)常数 k 的值;(2)边缘概率密度 $f_X(x)$,$f_Y(y)$;(3)条件概率密度 $f_{X|Y}(x|y)$,$f_{Y|X}(y|x)$.

解 (1)如图 6 所示,由密度函数性质有

$$\int_{-\infty}^{+\infty} \int_{-\infty}^{+\infty} f(x,y)\,\mathrm{d}x\mathrm{d}y = \iint_D k\,\mathrm{d}x\mathrm{d}y = k\left(\frac{1}{3} - \frac{1}{4}\right) = 1,$$

可得 $k = 12$.

(2)因为 $f_X(x) = \int_{-\infty}^{+\infty} f(x,y)\,\mathrm{d}y$,若 $0 < x < 1$,对于固定的 x,

当 $x^3 < y < x^2$ 时,$f(x,y) = 12$,当 $y \leqslant x^3$ 或 $y \geqslant x^2$ 时,$f(x,y) = 0$,
此时

$$f_X(x) = \int_{-\infty}^{+\infty} f(x,y)\,\mathrm{d}y = \int_{-\infty}^{x^3} 0\mathrm{d}y + \int_{x^3}^{x^2} 12\mathrm{d}y + \int_{x^2}^{+\infty} 0\mathrm{d}y$$
$$= 12(x^2 - x^3);$$

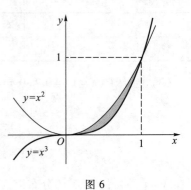

图 6

若 $x \leqslant 0$ 或 $x \geqslant 1$,对于任意的 y,均有 $f(x,y) = 0$,此时

$$f_X(x) = \int_{-\infty}^{+\infty} f(x,y)\,\mathrm{d}y = \int_{-\infty}^{+\infty} 0\mathrm{d}y = 0,$$

所以 X 的边缘概率密度为

$$f_X(x) = \begin{cases} 12(x^2 - x^3), & 0 < x < 1, \\ 0, & \text{其他}. \end{cases}$$

同理可得 Y 的边缘概率密度

$$f_Y(y) = \begin{cases} 12(\sqrt[3]{y} - \sqrt{y}), & 0 < y < 1, \\ 0, & \text{其他}. \end{cases}$$

(3)当 $0 < y < 1$ 时,$f_Y(y) > 0$,在 $Y = y$ 的条件下,X 的条件概率密度为

$$f_{X|Y}(x|y) = \frac{f(x,y)}{f_Y(y)} = \frac{12}{12(\sqrt[3]{y} - \sqrt{y})} = \frac{1}{\sqrt[3]{y} - \sqrt{y}}, \quad \sqrt{y} < x < \sqrt[3]{y},$$

即

$$f_{X|Y}(x|y) = \begin{cases} \dfrac{1}{\sqrt[3]{y} - \sqrt{y}}, & 0 < y < 1, \sqrt{y} < x < \sqrt[3]{y}, \\ 0, & \text{其他}. \end{cases}$$

当 $0 < x < 1$ 时,$f_X(x) > 0$,在 $X = x$ 的条件下,Y 的条件概率密度为

$$f_{Y|X}(y|x) = \frac{f(x,y)}{f_X(x)} = \frac{12}{12(x^2 - x^3)} = \frac{1}{x^2 - x^3}, \quad x^3 < y < x^2,$$

即

$$f_{Y|X}(y|x) = \begin{cases} \dfrac{1}{x^2 - x^3}, & 0 < x < 1, x^3 < y < x^2, \\ 0, & \text{其他}. \end{cases}$$

11. 设随机变量 (X,Y) 的概率密度为

$$f(x,y)=\begin{cases}6(1-y), & 0<x<y<1,\\ 0, & 其他,\end{cases}$$

求条件概率密度 $f_{X|Y}(x|y)$，$f_{Y|X}(y|x)$.

解 先求 X 与 Y 的边缘概率密度. 若 $0<x<1$，对于固定的 x，当 $x<y<1$ 时，有 $f(x,y)=6(1-y)$，当 $y\leqslant x$ 或 $y\geqslant 1$ 时，有 $f(x,y)=0$，此时

$$f_X(x)=\int_{-\infty}^{+\infty}f(x,y)\,\mathrm{d}y=\int_{-\infty}^{x}0\mathrm{d}y+\int_{x}^{1}6(1-y)\mathrm{d}y+\int_{1}^{+\infty}0\mathrm{d}y=3\,(x-1)^2;$$

若 $x\leqslant 0$ 或 $x\geqslant 1$，对于任意的 y 均有 $f(x,y)=0$，此时

$$f_X(x)=\int_{-\infty}^{+\infty}f(x,y)\,\mathrm{d}y=\int_{-\infty}^{+\infty}0\mathrm{d}y=0,$$

所以 X 的边缘概率密度为

$$f_X(x)=\begin{cases}3\,(x-1)^2, & 0<x<1,\\ 0, & 其他.\end{cases}$$

同理可得 Y 的边缘概率密度为

$$f_Y(y)=\begin{cases}6y(1-y), & 0<y<1,\\ 0, & 其他.\end{cases}$$

当 $0<x<1$ 时，$f_X(x)>0$，在 $X=x$ 的条件下，Y 的条件概率密度为

$$f_{Y|X}(y|x)=\frac{f(x,y)}{f_X(x)}=\begin{cases}\dfrac{2(1-y)}{(x-1)^2}, & 0<x<y<1,\\ 0, & 其他.\end{cases}$$

当 $0<y<1$ 时，$f_Y(y)>0$，在 $Y=y$ 的条件下，X 的条件概率密度为

$$f_{X|Y}(x|y)=\frac{f(x,y)}{f_Y(y)}=\begin{cases}\dfrac{1}{y}, & 0<x<y<1,\\ 0, & 其他.\end{cases}$$

12. 设某机场日到港人数 X 服从参数为 $\lambda(\lambda>0)$ 的泊松分布，从机场到市区可选择乘坐巴士或不坐巴士，每位旅客选择乘坐巴士到市区的概率为 $p(0<p<1)$，且每位旅客乘坐巴士与否相互独立，以 Y 表示选择乘坐巴士的人数. 求二维随机变量 (X,Y) 的概率分布.

解 由二维随机变量 (X,Y) 的分布律与边缘分布律和条件分布律的关系有

$$P\{X=m,Y=n\}=P\{X=m\}P\{Y=n|X=m\},\quad n=0,1,\cdots,m,m=0,1,2,\cdots.$$

因为机场到港人数 X 服从参数为 $\lambda(\lambda>0)$ 的泊松分布，可知

$$P\{X=m\}=\frac{\lambda^m\mathrm{e}^{-\lambda}}{m!},\quad m=0,1,\cdots.$$

又因为在到港人数为 m 的条件下，乘坐巴士的人数 $Y\sim b(m,p)$，可知

$$P\{Y=n|X=m\}=C_m^n p^n\,(1-p)^{m-n},\quad n=0,1,\cdots,m.$$

所以有

$$P\{X=m,Y=n\}=P\{X=m\}P\{Y=n|X=m\}$$
$$=C_m^n p^n\,(1-p)^{m-n}\frac{\lambda^m\mathrm{e}^{-\lambda}}{m!},\quad n=0,1,\cdots,m,m=0,1,2,\cdots.$$

13. 设随机变量 X 与 Y 相互独立,分布律为

X	-1	0	1
P	0.3	0.2	0.5

Y	-1	1
P	0.2	0.8

求:(1)(X,Y) 的分布律;(2)$P\{X=Y\}$;(3)关于 t 的方程 $t^2+2Xt+Y+\dfrac{3}{2}=0$ 有实根的概率.

解 (1)因为 X 与 Y 相互独立,所以有 $p_{ij}=p_{i\cdot}\,p_{\cdot j}$,计算可得 (X,Y) 的分布律为

Y	X		
	-1	0	1
-1	0.06	0.04	0.1
1	0.24	0.16	0.4

(2)$P\{X=Y\}=P\{X=-1,Y=-1\}+P\{X=1,Y=1\}=0.06+0.4=0.46.$

(3)方程 $t^2+2Xt+Y+\dfrac{3}{2}=0$ 有实根,当且仅当 $\Delta=(2X)^2-4\left(Y+\dfrac{3}{2}\right)\geqslant 0$,因此方程有实根的概率为

$$P\left\{(2X)^2-4\left(Y+\dfrac{3}{2}\right)\geqslant 0\right\}$$
$$=P\left\{X^2\geqslant Y+\dfrac{3}{2}\right\}=P\{X=-1,Y=-1\}+P\{X=1,Y=-1\}$$
$$=0.06+0.1=0.16.$$

14. 设二维随机变量 (X,Y) 的概率密度为 $f(x,y)=\begin{cases}kx^2y, & x^2\leqslant y\leqslant 1,\\ 0, & \text{其他.}\end{cases}$ 求:(1)常数 k 的值;(2)边缘概率密度 $f_X(x),f_Y(y)$;(3)$P\{X>Y\}$;(4)条件概率密度 $f_{X|Y}(x|y),f_{Y|X}(y|x)$;(5)判断 X 与 Y 是否相互独立.

解 (1)如图 7 所示,由概率密度性质可知

$$\int_{-\infty}^{+\infty}\int_{-\infty}^{+\infty}f(x,y)\,\mathrm{d}x\mathrm{d}y=\int_0^1\mathrm{d}y\int_{-\sqrt{y}}^{\sqrt{y}}kx^2y\,\mathrm{d}x$$
$$=k\int_0^1\dfrac{2}{3}y^{\frac{5}{2}}\,\mathrm{d}y$$
$$=\dfrac{4}{21}k=1,$$

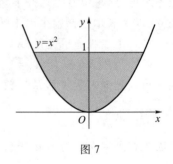

图 7

解得 $k=\dfrac{21}{4}$.

(2)因为若 $-1\leqslant x\leqslant 1$,对于固定的 x,当 $x^2\leqslant y\leqslant 1$ 时,$f(x,y)=\dfrac{21}{4}x^2y$,当 $y<x^2$ 或 $y>1$ 时,$f(x,y)=0$,此时

$$f_X(x) = \int_{-\infty}^{+\infty} f(x,y)\,\mathrm{d}y = \int_{-\infty}^{x^2} 0\,\mathrm{d}y + \int_{x^2}^{1} \frac{21}{4}x^2 y\,\mathrm{d}y + \int_{1}^{+\infty} 0\,\mathrm{d}y = \frac{21}{8}x^2(1-x^4)\,;$$

若 $x<-1$ 或 $x>1$，对于任意的 y，均有 $f(x,y)=0$，此时

$$f_X(x) = \int_{-\infty}^{+\infty} f(x,y)\,\mathrm{d}y = \int_{-\infty}^{+\infty} 0\,\mathrm{d}y = 0,$$

所以 X 的边缘概率密度 $f_X(x)$ 为

$$f_X(x) = \begin{cases} \dfrac{21}{8}x^2(1-x^4), & -1 \leqslant x \leqslant 1, \\ 0, & \text{其他.} \end{cases}$$

同理可得 Y 的边缘概率密度 $f_Y(y)$ 为

$$f_Y(y) = \begin{cases} \dfrac{7}{2}y^{\frac{5}{2}}, & 0 \leqslant y \leqslant 1, \\ 0, & \text{其他.} \end{cases}$$

（3）$P\{X > Y\} = \iint\limits_{x>y} f(x,y)\,\mathrm{d}x\mathrm{d}y = \int_0^1 \left(\int_{x^2}^{x} \dfrac{21}{4}x^2 y\,\mathrm{d}y \right)\mathrm{d}x = \dfrac{3}{20}.$

（4）当 $-1<x<1$ 时，$f_X(x)>0$，在 $X=x$ 的条件下的条件概率密度 $f_{Y|X}(y\,|\,x)$ 为

$$f_{Y|X}(y\,|\,x) = \frac{f(x,y)}{f_X(x)} = \begin{cases} \dfrac{2y}{1-x^4}, & x^2 < y < 1, \\ 0, & \text{其他.} \end{cases}$$

当 $0<y<1$ 时，$f_Y(y)>0$，在 $Y=y$ 的条件下的条件概率密度 $f_{X|Y}(x\,|\,y)$ 为

$$f_{X|Y}(x\,|\,y) = \frac{f(x,y)}{f_Y(x)} = \begin{cases} \dfrac{3}{2}x^2 y^{-\frac{3}{2}}, & -\sqrt{y} < x < \sqrt{y}, \\ 0, & \text{其他.} \end{cases}$$

（5）由于 $f(x,y) \neq f_X(x)f_Y(y)$，所以 X 与 Y 不独立.

15. 设随机变量 (X,Y) 的联合分布律如下：

Y	X			
	-1	0	2	3
0	0	$\dfrac{1}{8}$	$\dfrac{1}{4}$	0
2	$\dfrac{3}{8}$	0	$\dfrac{1}{8}$	$\dfrac{1}{8}$

求：（1）X,Y 的边缘分布律；（2）$P\{X=2\,|\,Y=2\}$；（3）$P\{X+Y>2\}$；（4）X 与 Y 是否相互独立；（5）$M = \max\{X,Y\}$ 的分布律；（6）$N = \min\{X,Y\}$ 的分布律；（7）$Z = X^2-3Y$ 的分布律.

解 （1）X,Y 的边缘分布律为

X	-1	0	2	3
P	$\dfrac{3}{8}$	$\dfrac{1}{8}$	$\dfrac{3}{8}$	$\dfrac{1}{8}$

Y	0	2
P	$\dfrac{3}{8}$	$\dfrac{5}{8}$

（2）$P\{X=2\,|\,Y=2\}=\dfrac{P\{X=2,Y=2\}}{P\{Y=2\}}=\dfrac{\dfrac{1}{8}}{\dfrac{5}{8}}=\dfrac{1}{5}$.

（3）$P\{X+Y>2\}=P\{X=2,Y=2\}+P\{X=3,Y=0\}+P\{X=3,Y=2\}$

$$=\dfrac{1}{8}+0+\dfrac{1}{8}=\dfrac{1}{4}.$$

（4）因为 $0=P\{X=-1,Y=0\}\neq P\{X=-1\}P\{Y=0\}=\dfrac{9}{64}$，$X$ 与 Y 不相互独立.

（5）$M=\max\{X,Y\}$ 的可能取值为 $0,2,3$，分布律为

$M=\max\{X,Y\}$	0	2	3
P	$\dfrac{1}{8}$	$\dfrac{3}{4}$	$\dfrac{1}{8}$

（6）$N=\min\{X,Y\}$ 的可能取值为 $-1,0,2$，分布律为

$N=\min\{X,Y\}$	-1	0	2
P	$\dfrac{3}{8}$	$\dfrac{3}{8}$	$\dfrac{1}{4}$

（7）$Z=X^2-3Y$ 的所有可能取值为 $-6,-5,-2,0,1,3,4,9$，分布律为

$Z=X^2-3Y$	-6	-5	-2	0	1	3	4	9
P	0	$\dfrac{3}{8}$	$\dfrac{1}{8}$	$\dfrac{1}{8}$	0	$\dfrac{1}{8}$	$\dfrac{1}{4}$	0

16. 设随机变量 X 与 Y 相互独立，且 X 服从区间 $(0,1)$ 上的均匀分布，Y 服从参数为 $\dfrac{1}{8}$ 的指数分布. 求:（1）概率 $P\{X^2>Y\}$；（2）$Z=X+Y$ 的概率密度 $f_Z(z)$.

解 （1）由题意可知 X 与 Y 的概率密度为

$$f_X(x)=\begin{cases}1,&0<x<1,\\0,&其他,\end{cases}\qquad f_Y(y)=\begin{cases}\dfrac{1}{8}\mathrm{e}^{-\frac{y}{8}},&y>0,\\0,&其他.\end{cases}$$

因为 X 与 Y 相互独立，可知 (X,Y) 的概率密度为

$$f(x,y)=f_X(x)f_Y(y)=\begin{cases}\dfrac{1}{8}\mathrm{e}^{-\frac{y}{8}},&0<x<1,y>0,\\0,&其他,\end{cases}$$

所以

$$P\{X^2 > Y\} = \iint\limits_{x^2 > y} f(x,y)\,\mathrm{d}x\mathrm{d}y = \int_0^1 \left[\int_0^{x^2} \frac{1}{8} \mathrm{e}^{-\frac{y}{8}}\mathrm{d}y \right] \mathrm{d}x$$

$$= \int_0^1 \left(1 - \mathrm{e}^{-\frac{x^2}{8}} \right) \mathrm{d}x = 1 - \int_0^1 \mathrm{e}^{-\frac{x^2}{8}}\mathrm{d}x$$

$$= 1 - 2\sqrt{2\pi} \int_0^1 \frac{1}{2\sqrt{2\pi}} \mathrm{e}^{-\frac{x^2}{2\cdot 2^2}}\mathrm{d}x = 1 - 2\sqrt{2\pi} \left(\varPhi\left(\frac{1}{2}\right) - \varPhi(0) \right)$$

$$= 1 - \sqrt{2\pi} \left(2\varPhi\left(\frac{1}{2}\right) - 1 \right).$$

（2）随机变量 X 与 Y 相互独立，$Z = X + Y$ 的概率密度 $f_Z(z)$ 为

$$f_Z(z) = \int_{-\infty}^{+\infty} f_X(z-y)f_Y(y)\,\mathrm{d}y.$$

当 $0 < x = z - y < 1$，$y > 0$，即 $z-1 < y < z$，$y > 0$ 时，$f_X(z-y)f_Y(y) \neq 0$，由此可知当 $z \leq 0$ 时，$f_X(z-y)f_Y(y) = 0$，即 $f_Z(z) = 0$；当 $0 < z < 1$ 时，

$$f_Z(z) = \int_0^z \frac{1}{8} \mathrm{e}^{-\frac{y}{8}}\mathrm{d}y = 1 - \mathrm{e}^{-\frac{z}{8}};$$

当 $z \geq 1$ 时，

$$f_Z(z) = \int_{z-1}^z \frac{1}{8} \mathrm{e}^{-\frac{y}{8}}\mathrm{d}y = \mathrm{e}^{-\frac{z-1}{8}} - \mathrm{e}^{-\frac{z}{8}},$$

故

$$f_Z(z) = \begin{cases} 0, & z \leq 0, \\ 1 - \mathrm{e}^{-\frac{z}{8}}, & 0 < z < 1, \\ \mathrm{e}^{-\frac{z-1}{8}} - \mathrm{e}^{-\frac{z}{8}}, & z \geq 1. \end{cases}$$

17. 设某水果每周的需求量 X 是随机变量，其概率密度为

$$f_X(x) = \begin{cases} x\mathrm{e}^{-x}, & x > 0, \\ 0, & 其他, \end{cases}$$

并设各周的需求量是相互独立的，求三周总需求量 U 的概率密度.

解 设第 $i(i=1,2,3)$ 周的需求量为 X_i，两周总需求量为 $Z = X_1 + X_2$，由卷积公式 $f_Z(z) = f_{X_1} * f_{X_2}(z)$，即 $f_Z(z) = \int_{-\infty}^{+\infty} f_{X_1}(x)f_{X_2}(z-x)\,\mathrm{d}x$，可得当 $z > 0$ 时，

$$f_Z(z) = \int_0^z x\mathrm{e}^{-x}(z-x)\mathrm{e}^{-(z-x)}\,\mathrm{d}x = \frac{z^3 \mathrm{e}^{-z}}{6};$$

当 $z \leq 0$ 时，$f_Z(z) = 0$. 因此，两周总需求量 Z 的概率密度为

$$f_Z(z) = \begin{cases} \dfrac{z^3 \mathrm{e}^{-z}}{6}, & z > 0, \\ 0, & z \leq 0. \end{cases}$$

设三周总需求量为 U，即前两周需求量加上第三周需求量，$U = Z + X_3$，由卷积公式 $f_U(u) = f_Z * f_{X_3}(u)$，即 $f_U(u) = \int_{-\infty}^{+\infty} f_Z(z)f_{X_3}(u-z)\,\mathrm{d}z$，可得当 $u > 0$ 时，

$$f_U(u) = \int_0^u \frac{z^3 e^{-z}}{6}(u-z)e^{-(u-z)}\,dz = \frac{e^{-u}u^5}{120};$$

当 $u \le 0$ 时，$f_U(u) = 0$.因此，三周总需求量 U 的概率密度为

$$f_U(u) = \begin{cases} \dfrac{e^{-u}u^5}{120}, & u>0, \\ 0, & u \le 0. \end{cases}$$

18. 设随机变量 $X \sim b\left(1, \dfrac{2}{5}\right)$，随机变量 $Y \sim N(1,4)$，且 X,Y 相互独立，求概率 $P\{X-Y \le 1\}$.

解　因为 $X \sim b\left(1, \dfrac{2}{5}\right)$，所以 X 的分布律为

X	0	1
P	$\dfrac{3}{5}$	$\dfrac{2}{5}$

而

$$P\{X-Y \le 1\} = P\{X=0\}P\{X-Y \le 1 | X=0\} + P\{X=1\}P\{X-Y \le 1 | X=1\}$$
$$= P\{X=0\}P\{Y \ge -1 | X=0\} + P\{X=1\}P\{Y \ge 0 | X=1\},$$

因为 X,Y 相互独立，可知

$$P\{Y \ge -1 | X=0\} = P\{Y \ge -1\}, \quad P\{Y \ge 0 | X=1\} = P\{Y \ge 0\},$$

所以有

$$P\{X-Y \le 1\} = P\{X=0\}P\{Y \ge -1\} + P\{X=1\}P\{Y \ge 0\}.$$

由 $Y \sim N(1,4)$，可知

$$P\{Y \ge -1\} = P\left\{\frac{Y-1}{2} \ge \frac{-1-1}{2}\right\} = 1 - \Phi(-1) = \Phi(1),$$

$$P\{Y \ge 0\} = P\left\{\frac{Y-1}{2} \ge \frac{0-1}{2}\right\} = 1 - \Phi\left(-\frac{1}{2}\right) = \Phi\left(\frac{1}{2}\right),$$

故

$$P\{X-Y \le 1\} = P\{X=0\}P\{Y \ge -1\} + P\{X=1\}P\{Y \ge 0\}$$
$$= \frac{3}{5}\Phi(1) + \frac{2}{5}\Phi\left(\frac{1}{2}\right) \approx 0.781\,38.$$

19. 设 X,Y 分别表示两只不同型号灯泡的寿命，X,Y 相互独立，它们的概率密度分别为

$$f_X(x) = \begin{cases} e^{-x}, & x>0, \\ 0, & \text{其他,} \end{cases} \qquad f_Y(y) = \begin{cases} 2e^{-2y}, & y>0, \\ 0, & \text{其他,} \end{cases}$$

求 $Z = \dfrac{X}{Y}$ 的概率密度.

解　Z 的概率密度为 $f_Z(z) = \displaystyle\int_{-\infty}^{+\infty} |y| f_X(zy) f_Y(y)\,dy$.当 $z>0$ 时，

$$f_Z(z) = \int_0^{+\infty} y e^{-yz} 2e^{-2y}\,dy = \int_0^{+\infty} 2y e^{-(2+z)y}\,dy = \frac{2}{(2+z)^2};$$

当 $z \leqslant 0$ 时, $f_Z(z) = 0$. 于是, $Z = \dfrac{X}{Y}$ 的概率密度为

$$f_Z(z) = \begin{cases} \dfrac{2}{(2+z)^2}, & z > 0, \\ 0, & z \leqslant 0. \end{cases}$$

20. 设二维随机变量 (X,Y) 的概率密度为

$$f(x,y) = \begin{cases} x\mathrm{e}^{-x(1+y)}, & x > 0, y > 0, \\ 0, & \text{其他}, \end{cases}$$

求 $Z = XY$ 的概率密度.

解 $Z = XY$ 的概率密度为 $f_Z(z) = \displaystyle\int_{-\infty}^{+\infty} \dfrac{1}{|x|} f\left(x, \dfrac{z}{x}\right) \mathrm{d}x$. 当 $z > 0$ 时,

$$f_Z(z) = \int_{-\infty}^{+\infty} \dfrac{1}{|x|} f\left(x, \dfrac{z}{x}\right) \mathrm{d}x = \int_0^{+\infty} \dfrac{1}{x} x \mathrm{e}^{-x(1+z/x)} \mathrm{d}x = \mathrm{e}^{-z} \int_0^{+\infty} \mathrm{e}^{-x} \mathrm{d}x = \mathrm{e}^{-z};$$

当 $z \leqslant 0$ 时, $f_Z(z) = 0$. 所以, $Z = XY$ 的概率密度为

$$f_Z(z) = \begin{cases} \mathrm{e}^{-z}, & z > 0, \\ 0, & z \leqslant 0. \end{cases}$$

21. 对某种电子装备进行 4 次独立观测, 观测值记为 X_1, X_2, X_3, X_4, 设它们均服从正态分布 $N(1, \sigma^2)$. 求: (1) $Z = \max\{X_1, X_2, X_3, X_4\}$ 的分布函数; (2) $P\{\max\{X_1, X_2, X_3, X_4\} > 1\}$.

解 (1) 由观测的独立性,

$$F_Z(z) = P\{Z \leqslant z\} = P\{\max\{X_1, X_2, X_3, X_4\} \leqslant z\}$$
$$= (P\{X_1 \leqslant z\})^4 = \left[\Phi\left(\dfrac{z-1}{\sigma}\right)\right]^4.$$

(2) 由 (1),

$$P\{\max\{X_1, X_2, X_3, X_4\} > 1\} = 1 - P\{\max\{X_1, X_2, X_3, X_4\} \leqslant 1\} = 1 - (P\{X_1 \leqslant 1\})^4$$
$$= 1 - \left(P\left\{\dfrac{X_1-1}{\sigma} \leqslant \dfrac{1-1}{\sigma}\right\}\right)^4 = 1 - (\Phi(0))^4$$
$$= 1 - \left(\dfrac{1}{2}\right)^4 = \dfrac{15}{16}.$$

22. 设二维随机变量 (X,Y) 的概率密度为 $f(x,y) = \dfrac{1}{2\pi} \mathrm{e}^{-\frac{x^2+y^2}{2}}$, 求 $Z = \sqrt{X^2+Y^2}$ 的概率密度.

解 由分布函数的定义可知

$$F_Z(z) = P\{Z \leqslant z\} = P\{\sqrt{X^2+Y^2} \leqslant z\}$$
$$= \iint\limits_{\sqrt{x^2+y^2} \leqslant z} f(x,y) \mathrm{d}x \mathrm{d}y.$$

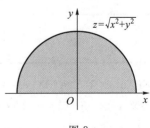

图 8

如图 8 所示, 当 $z > 0$ 时, 令 $\begin{cases} x = r\cos\theta, \\ y = r\sin\theta, \end{cases} 0 \leqslant r \leqslant z, 0 \leqslant \theta \leqslant 2\pi$, 可得

$$F_Z(z) = \iint\limits_{\sqrt{x^2+y^2} \leq z} f(x,y)\,\mathrm{d}x\mathrm{d}y = \frac{1}{2\pi}\int_0^{2\pi}\mathrm{d}\theta\int_0^z re^{-\frac{r^2}{2}}\mathrm{d}r = 1 - e^{-\frac{z^2}{2}};$$

当 $z \leq 0$ 时，$f_Z(z) = 0$. 因此，Z 的分布函数为

$$F_Z(z) = \begin{cases} 1 - e^{-\frac{z^2}{2}}, & z > 0, \\ 0, & z \leq 0. \end{cases}$$

所以 Z 的概率密度为

$$f_Z(z) = F_Z'(z) = \begin{cases} ze^{-\frac{z^2}{2}}, & z > 0, \\ 0, & z \leq 0. \end{cases}$$

23. 设二维随机变量 (X, Y) 的概率密度为 $f(x,y) = \begin{cases} e^{-(x+y)}, & x>0, y>0, \\ 0, & 其他, \end{cases}$ 求 $Z = \dfrac{X+Y}{2}$ 的概率密度.

解 设 Z 的分布函数为 $F_Z(z)$，由分布函数的定义可知

$$F_Z(z) = P\{Z \leq z\} = P\left\{\frac{X+Y}{2} \leq z\right\}$$

$$= P\{X+Y \leq 2z\} = \iint\limits_{x+y \leq 2z} f(x,y)\,\mathrm{d}x\mathrm{d}y.$$

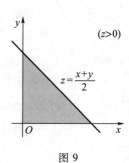

图 9

当 $x>0, y>0$ 时，$f(x,y) = e^{-(x+y)}$，其他情况均有 $f(x,y) = 0$，所以当 $z>0$ 时，如图 9 所示，

$$F_Z(z) = \iint\limits_{x+y \leq 2z} f(x,y)\,\mathrm{d}x\mathrm{d}y = \int_0^{2z}\left(\int_0^{2z-x} e^{-(x+y)}\,\mathrm{d}y\right)\mathrm{d}x = 1 - e^{-2z} - 2ze^{-2z};$$

当 $z \leq 0$ 时，$f_Z(z) = 0$. 因此 $Z = \dfrac{X+Y}{2}$ 的概率密度为

$$f_Z(z) = F_Z'(z) = \begin{cases} 4ze^{-2z}, & z>0, \\ 0, & z \leq 0. \end{cases}$$

习　题　4

1. 设随机变量 X 的分布律为

X	-2	0	2
P	0.4	0.3	0.3

求 $E(X), E(X^2), E(3X^2+5)$.

解 （1）$E(X) = (-2)\times0.4 + 0\times0.3 + 2\times0.3 = -0.2$；

（2）$E(X^2) = (-2)^2\times0.4 + 0^2\times0.3 + 2^2\times0.3 = 2.8$；

（3）$E(3X^2+5) = 3E(X^2) + 5 = 3\times2.8 + 5 = 13.4$.

2. 设随机变量 X 服从泊松分布 $P(\lambda)$，求 $E\left(\dfrac{1}{X+1}\right)$.

解 由题意可知 $P\{X=k\}=\dfrac{\lambda^k e^{-\lambda}}{k!}$，因此

$$E\left(\frac{1}{X+1}\right)=\sum_{k=0}^{+\infty}\frac{1}{k+1}\frac{\lambda^k e^{-\lambda}}{k!}=\frac{e^{-\lambda}}{\lambda}\sum_{k=0}^{+\infty}\frac{\lambda^{k+1}}{(k+1)!}$$

$$=\frac{e^{-\lambda}}{\lambda}\sum_{i=1}^{+\infty}\frac{\lambda^i}{i!}=\frac{e^{-\lambda}}{\lambda}(e^\lambda-1)=\frac{1}{\lambda}-\frac{e^{-\lambda}}{\lambda}.$$

3. 设随机变量 X 的概率密度函数为

$$f(x)=\begin{cases}x, & 0\leqslant x<1,\\ 2-kx, & 1\leqslant x<2,\\ 0, & \text{其他},\end{cases}$$

求：(1)常数 k；(2) $E(X^2)$；(3) $D(X)$.

解 （1）由题意可知

$$\int_{-\infty}^{+\infty}f(x)\,\mathrm{d}x=\int_0^1 x\,\mathrm{d}x+\int_1^2(2-kx)\,\mathrm{d}x=\frac{1}{2}+\left(2-\frac{3}{2}k\right)=1,$$

因此 $k=1$.

（2）$E(X^2)=\displaystyle\int_{-\infty}^{+\infty}x^2 f(x)\,\mathrm{d}x=\int_0^1 x^3\,\mathrm{d}x+\int_1^2 x^2(2-x)\,\mathrm{d}x=\frac{7}{6}.$

（3）$E(X)=\displaystyle\int_{-\infty}^{+\infty}xf(x)\,\mathrm{d}x=\int_0^1 x^2\,\mathrm{d}x+\int_1^2 x(2-x)\,\mathrm{d}x=1$，因此

$$D(X)=E(X^2)-[E(X)]^2=\frac{1}{6}.$$

4. 某设备由三大部件构成，设备运转时，各部件需调整的概率分别为 $0.1,0.2,0.3$，若各部件的状态是相互独立的.求同时需要调整的部件数 X 的数学期望与方差.

解 由题意，X 的可能取值为 $0,1,2,3$，A_i 表示第 i 个设备需调整，$i=1,2,3$，因此

$$P\{X=0\}=P(\overline{A}_1\overline{A}_2\overline{A}_3)=(1-0.1)(1-0.2)(1-0.3)=0.504,$$

$$P\{X=1\}=P(A_1\overline{A}_2\overline{A}_3\cup\overline{A}_1 A_2\overline{A}_3\cup\overline{A}_1\overline{A}_2 A_3)=0.398,$$

$$P\{X=3\}=P(A_1 A_2 A_3)=0.1\cdot0.2\cdot0.3=0.006,$$

$$P\{X=2\}=1-P\{X=0\}-P\{X=1\}-P\{X=3\}=0.092,$$

其分布律为

X	0	1	2	3
P	0.504	0.398	0.092	0.006

因此

$$E(X)=0\times0.504+1\times0.398+2\times0.092+3\times0.006=0.6,$$

$$E(X^2)=0^2\times0.504+1^2\times0.398+2^2\times0.092+3^2\times0.006=0.82,$$

则 $D(X)=E(X^2)-[E(X)]^2=0.46.$

5. 有两个相互独立工作的电子装置,它们的寿命 X_1, X_2 参数为 λ 的指数分布,其概率密度函数为

$$f(x) = \begin{cases} \lambda e^{-\lambda x}, & x>0, \\ 0, & \text{其他}, \end{cases} \quad \lambda>0,$$

(1) 若将这两个电子装置串联连接组成整机,求整机寿命(单位:h)N 的数学期望;

(2) 若将这两个电子装置并联连接组成整机,求整机寿命(单位:h)M 的数学期望.

解 (1) 由题意可知

$$F(x) = \begin{cases} 1-e^{-\lambda x}, & x>0 \\ 0, & \text{其他}, \end{cases}$$

又由串联连接知 $N=\min\{X_1, X_2\}$,则

$$F_N(z) = 1-[1-F(z)]^2 = \begin{cases} 1-e^{-2\lambda z}, & z>0, \\ 0, & \text{其他}, \end{cases}$$

因此

$$f_N(z) = F'_N(z) = \begin{cases} 2\lambda e^{-2\lambda z}, & z>0, \\ 0, & \text{其他}, \end{cases}$$

所以

$$E(N) = \int_{-\infty}^{+\infty} z f_N(z)\,\mathrm{d}z = \int_0^{+\infty} 2\lambda z e^{-2\lambda z}\,\mathrm{d}z = \frac{1}{2\lambda}.$$

(2) 由并联连接知 $M=\max\{X_1, X_2\}$,则

$$F_M(z) = F^2(z) = \begin{cases} (1-e^{-\lambda z})^2, & z>0, \\ 0, & \text{其他}, \end{cases}$$

因此

$$f_M(z) = F'_M(z) = \begin{cases} 2\lambda(1-e^{-\lambda z})e^{-\lambda z}, & z>0, \\ 0, & \text{其他}, \end{cases}$$

所以

$$E(M) = \int_{-\infty}^{+\infty} z f_M(z)\,\mathrm{d}z = \int_0^{+\infty} 2\lambda z(1-e^{-\lambda z})e^{-\lambda z}\,\mathrm{d}z = \frac{3}{2\lambda}.$$

6. 袋中有 N 只球,其中白球的个数 X 为一随机变量,已知 $E(X)=n$,求从袋中任取一球得到的是白球的概率.

解 记 $A=\{$从袋中任取一球为白球$\}$,则由全概率公式,

$$P(A) = \sum_{k=0}^{N} P\{A|X=k\} \cdot P\{X=k\} = \sum_{k=0}^{N} \frac{k}{N} P\{X=k\}$$

$$= \frac{1}{N}\sum_{k=0}^{N} kP\{X=k\} = \frac{1}{N}E(X) = \frac{n}{N}.$$

7. 某公司生产的机器无故障工作时间 X(单位:10^4 h)是一个随机变量,其概率密度函数为

$$f(x) = \begin{cases} \dfrac{1}{x^2}, & x>1, \\ 0, & \text{其他}, \end{cases}$$

公司每出售一台机器可获利 1 600 元.若机器售出后使用 1.2×10^4 h 之内出现故障,则公司予以更换,更换一台机器公司需花费 2 800 元;若在 1.2×10^4 h 到 2×10^4 h 内出现故障,则予以维修,维修一台机器公司需花费 400 元;若使用 2×10^4 h 以后出现故障,则公司不承担售后服务,求该公司售出每台机器的平均获利.

解 由题意可知每台机器利润 Y(单位:元)可能取值为 $-1\,200,1\,200,1\,600$,且

$$P\{Y=-1\,200\}=P\{X<1.2\}=\int_1^{1.2}\frac{1}{x^2}dx=\frac{1}{6},$$

$$P\{Y=1\,200\}=P\{1.2\leqslant X<2\}=\int_{1.2}^2\frac{1}{x^2}dx=\frac{1}{3},$$

$$P\{Y=1\,600\}=P\{X>2\}=\int_2^{+\infty}\frac{1}{x^2}dx=\frac{1}{2},$$

因此每台机器利润 Y 的分布律为

Y	$-1\,200$	$1\,200$	$1\,600$
P	$\frac{1}{6}$	$\frac{1}{3}$	$\frac{1}{2}$

因此

$$E(Y)=-1\,200\cdot\frac{1}{6}+1\,200\cdot\frac{1}{3}+1\,600\cdot\frac{1}{2}=1\,000(元).$$

8. 设电压(单位:V) $X\sim N(0,9)$,将电压施加于一检波器,其输出电压 $Y=5X^2$,求输出电压 Y 的均值.

解 由题意可知

$$E(Y)=\int_{-\infty}^{+\infty}5x^2f(x)dx=\int_{-\infty}^{+\infty}5x^2\cdot\frac{1}{3\sqrt{2\pi}}e^{-\frac{x^2}{18}}dx$$

$$=-\frac{45}{3\sqrt{2\pi}}\int_{-\infty}^{+\infty}xd(e^{-\frac{x^2}{18}})=\frac{45}{3\sqrt{2\pi}}\int_{-\infty}^{+\infty}e^{-\frac{x^2}{18}}dx$$

$$=45\int_{-\infty}^{+\infty}\frac{1}{3\sqrt{2\pi}}e^{-\frac{x^2}{18}}dx=45.$$

9. 设袋中装有 5 个白球、3 个红球.第一次从袋中任取一球不放回,第二次又从袋中任取两个球.设"第一次从袋中取得白球数"为随机变量 X,"第二次从袋中取得白球数"为随机变量 Y.求:
(1)X 与 Y 的联合分布律;(2)$E(X),E(Y),E(3X+Y)$;(3)$\text{Cov}(X,Y)$.

解 (1)由题意可知 X 与 Y 的联合分布律为

X	Y		
	0	1	2
0	$\dfrac{1}{56}$	$\dfrac{10}{56}$	$\dfrac{10}{56}$
1	$\dfrac{5}{56}$	$\dfrac{20}{56}$	$\dfrac{10}{56}$

（2）由（1）知

$$E(X) = 0\times\left(\frac{1}{56}+\frac{10}{56}+\frac{10}{56}\right)+1\times\left(\frac{5}{56}+\frac{20}{56}+\frac{10}{56}\right)=\frac{5}{8},$$

$$E(Y) = 0\times\left(\frac{1}{56}+\frac{5}{56}\right)+1\times\left(\frac{10}{56}+\frac{20}{56}\right)+2\times\left(\frac{10}{56}+\frac{10}{56}\right)=\frac{5}{4},$$

因此 $E(3X+Y)=\dfrac{25}{8}$.

（3）又由 XY 的分布律

XY	0	1	2
P	$\dfrac{26}{56}$	$\dfrac{20}{56}$	$\dfrac{10}{56}$

知 $E(XY)=\dfrac{5}{7}$,所以

$$\mathrm{Cov}(X,Y)=E(XY)-E(X)E(Y)=-\frac{15}{224}.$$

10. 设随机变量 (X,Y) 的概率密度函数为

$$f(x,y)=\begin{cases}12y^2, & 0<y<x<1,\\ 0, & \text{其他},\end{cases}$$

求 $E(X),E(Y),E(XY),E(X^2+Y^2)$.

解 由题意可知

$$E(X) = \int_{-\infty}^{+\infty}\int_{-\infty}^{+\infty} xf(x,y)\,\mathrm{d}x\mathrm{d}y = \int_0^1\mathrm{d}x\int_0^x x\cdot 12y^2\,\mathrm{d}y = \frac{4}{5},$$

$$E(Y) = \int_{-\infty}^{+\infty}\int_{-\infty}^{+\infty} yf(x,y)\,\mathrm{d}x\mathrm{d}y = \int_0^1\mathrm{d}x\int_0^x y\cdot 12y^2\,\mathrm{d}y = \frac{3}{5},$$

$$E(XY) = \int_{-\infty}^{+\infty}\int_{-\infty}^{+\infty} xyf(x,y)\,\mathrm{d}x\mathrm{d}y = \int_0^1\mathrm{d}x\int_0^x xy\cdot 12y^2\,\mathrm{d}y = \frac{1}{2},$$

$$E(X^2+Y^2) = \int_{-\infty}^{+\infty}\int_{-\infty}^{+\infty} (x^2+y^2)f(x,y)\,\mathrm{d}x\mathrm{d}y = \int_0^1\mathrm{d}x\int_0^x (x^2+y^2)\cdot 12y^2\,\mathrm{d}y = \frac{16}{15}.$$

11. 设随机变量 X,Y 的概率密度函数分别为

$$f_X(x)=\begin{cases}2\mathrm{e}^{-2x}, & x>0,\\ 0, & \text{其他},\end{cases} \qquad f_Y(y)=\begin{cases}4\mathrm{e}^{-4y}, & y>0,\\ 0, & \text{其他}.\end{cases}$$

（1）求 $E(X+Y)$，$E(3X-Y^2)$；（2）当 X,Y 相互独立时，求 $E(XY)$.

解　（1）由题意知随机变量 $X\sim E(2)$，$Y\sim E(4)$，因此

$$E(X+Y)=E(X)+E(Y)=\frac{3}{4},$$

$$E(3X-Y^2)=3E(X)-E(Y^2)=3E(X)-\{D(Y)+[E(Y)]^2\}$$

$$=\frac{3}{2}-\left(\frac{1}{16}+\frac{1}{16}\right)=\frac{11}{8}.$$

（2）$E(XY)=E(X)E(Y)=\frac{1}{8}$.

12. 一个小班有 n 个同学，编号为 $1,2,\cdots,n$，中秋节每人准备一件礼物，相应的编号为 $1,2,\cdots,n$，将所有的礼物集中放在一起，然后每个同学随机取一件，若取到自己的礼物，就认为配对成功，以 X 表示 n 个同学配对成功的个数，求 $E(X)$.

解　引入随机变量

$$X_i=\begin{cases}1,&\text{第 }i\text{ 个同学取得第 }i\text{ 个礼物},\\0,&\text{其他},\end{cases}\quad i=1,2,\cdots,n,$$

由题意知，其分布律为

X_i	0	1
P	$1-\dfrac{1}{n}$	$\dfrac{1}{n}$

又由 $X=X_1+X_2+\cdots+X_n$ 知

$$E(X)=E(X_1+X_2+\cdots+X_n)=nE(X_i)=n\cdot\frac{1}{n}=1.$$

13. r 个人从楼的底层进入电梯，楼上有 n 层，设每个乘客在任何一层楼出电梯的概率相同，如果某一层无乘客下电梯，电梯就不停. 试求直到乘客全部出电梯为止时，电梯需停次数的数学期望.

解　设电梯停的次数为随机变量 X，又引入随机变量

$$X_i=\begin{cases}0,&\text{第 }i\text{ 层没有人下电梯},\\1,&\text{在第 }i\text{ 层有人下电梯},\end{cases}\quad i=1,2,\cdots,n,$$

其分布律为

X_i	0	1
P	$\left(1-\dfrac{1}{n}\right)^r$	$1-\left(1-\dfrac{1}{n}\right)^r$

又由 $X=X_1+X_2+\cdots+X_n$，因此

$$E(X)=E(X_1+X_2+\cdots+X_n)=nE(X_i)=n\cdot\left[1-\left(1-\frac{1}{n}\right)^r\right].$$

14. 袋中有 n 张卡片,分别记有号码 $1,2,\cdots,n$,从中有放回地抽取 k 次,每次抽取一张卡片,以 X 表示所得号码之和,求 $E(X),D(X)$.

解 设 X_i 为第 i 张的号码,$i=1,2,\cdots,k$,则 X_i 的分布律为

X_i	1	2	$\cdots$	n
P	$\dfrac{1}{n}$	$\dfrac{1}{n}$	$\cdots$	$\dfrac{1}{n}$

因此

$$E(X_i)=\frac{1}{n}(1+2+\cdots+n)=\frac{n+1}{2},$$

$$E(X_i^2)=\frac{1}{n}(1+4+\cdots+n^2)=\frac{(n+1)(2n+1)}{6},$$

$$D(X_i)=E(X_i^2)-[E(X_i)]^2=\frac{(n+1)(2n+1)}{6}-\frac{(n+1)^2}{4}$$

$$=\frac{n+1}{12}(4n+2-3n-3)=\frac{n^2-1}{12},\quad i=1,2,\cdots,k,$$

所以 $E(X)=\dfrac{k(n+1)}{2},D(X)=\dfrac{k(n^2-1)}{12}$.

15. 某鲜肉经销店每日进货量 X(单位:kg)与顾客的需求量 Y(单位:kg)是相互独立的随机变量,且都服从区间 $(10,20)$ 上的均匀分布.经销店每售出 1 kg 鲜肉可得利润 10 元;若进货量超过了需求量,未售出的鲜肉由总店回收制作熟食,经销店不受损失;若需求量超过了进货量,经销店可从总店调剂供应,调剂的鲜肉每千克获利润 5 元,试计算鲜肉经销店每天所得利润的数学期望.

解 设 T 为一天内所得利润(单位:元),则

$$T=g(X,Y)=\begin{cases}10Y, & X>Y,\\ 10X+5(Y-X), & X\leqslant Y,\end{cases}=\begin{cases}10Y, & X>Y,\\ 5(X+Y), & X\leqslant Y.\end{cases}$$

因为 $E(T)=E[g(X,Y)]=\displaystyle\int_{-\infty}^{+\infty}g(x,y)f(x,y)\mathrm{d}x\mathrm{d}y$,其中

$$f(x,y)=\begin{cases}\dfrac{1}{100}, & 10\leqslant x\leqslant20,10\leqslant y\leqslant20,\\ 0, & \text{其他}.\end{cases}$$

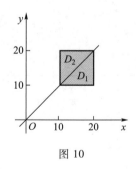

图 10

所以由图 10 可得

$$E(T)=\iint_{D_1}10y\cdot\frac{1}{100}\mathrm{d}x\mathrm{d}y+\iint_{D_2}5(x+y)\cdot\frac{1}{100}\mathrm{d}x\mathrm{d}y$$

$$=0.1\int_{10}^{20}\mathrm{d}y\int_y^{20}y\mathrm{d}x+0.05\int_{10}^{20}\mathrm{d}y\int_{10}^{y}(x+y)\mathrm{d}x$$

$$=0.1\int_{10}^{20}y(20-y)\mathrm{d}y+0.05\int_{10}^{20}\left(\frac{3}{2}y^2-10y-50\right)\mathrm{d}y$$

$$= \frac{200}{3} + 5 \times 15 \approx 141.67 \, (\vec{\pi}).$$

16. 设随机变量 X, 有 $E(X) = \mu$, $D(X) = \sigma^2 (\sigma > 0)$, 证明: 对任意常数 c, $E[(X-\mu)^2] \leqslant E[(X-c)^2]$, 即 $D(X) \leqslant E[(X-c)^2]$, 当且仅当 $c = \mu$ 时等号成立.

证明 由题意可知

$$
\begin{aligned}
D(X) - E(X-c)^2 &= E(X^2) - [E(X)]^2 - E(X^2) + 2cE(X) - c^2 \\
&= -\{[E(X)]^2 - 2cE(X) + c^2\} \\
&= -[E(X) - c]^2 \leqslant 0,
\end{aligned}
$$

当且仅当 $c = \mu$ 时等号成立.

17. 设随机变量 X 的概率密度函数为

$$
f(x) = \begin{cases} \dfrac{1}{2}\cos\dfrac{x}{2}, & 0 \leqslant x \leqslant \pi, \\ 0, & \text{其他,} \end{cases}
$$

对 X 独立地重复观察 4 次, 用 Y 表示观察值大于 $\dfrac{\pi}{3}$ 的次数, 求 Y^2 的数学期望.

解 由于

$$P\left\{X > \frac{\pi}{3}\right\} = \int_{\frac{\pi}{3}}^{\pi} \frac{1}{2}\cos\frac{x}{2}\mathrm{d}x = \frac{1}{2}, \qquad Y \sim b\left(4, \frac{1}{2}\right),$$

因此

$$E(Y) = 4 \times \frac{1}{2} = 2, \quad D(Y) = 4 \times \frac{1}{2} \times \left(1 - \frac{1}{2}\right) = 1,$$

所以

$$E(Y^2) = D(Y) + [E(Y)]^2 = 1 + 2^2 = 5.$$

18. 设随机变量 X, Y 相互独立且都服从 $N(2,4)$. 求: (1) $P\{X > Y\}$; (2) $E(|X-Y|)$, $D(|X-Y|)$.

解 (1) 由题意可知, 令 $Z = X - Y \sim N(0,8)$, 因此

$$P\{X > Y\} = P\{X - Y > 0\} = P\{Z > 0\} = \frac{1}{2}.$$

(2) 由 $Z \sim N(0,8)$ 知 Z 的概率密度函数为

$$f(z) = \frac{1}{\sqrt{2\pi \cdot 8}} e^{-\frac{z^2}{2 \cdot 8}}, \quad -\infty < z < +\infty,$$

因此

$$
\begin{aligned}
E(|X-Y|) = E(|Z|) &= \int_{-\infty}^{+\infty} |z| f(z) \mathrm{d}z \\
&= 2\int_0^{+\infty} z \frac{1}{\sqrt{2\pi \cdot 8}} e^{-\frac{z^2}{2 \cdot 8}} \mathrm{d}z = \frac{1}{2\sqrt{\pi}} \int_0^{+\infty} z e^{-\frac{z^2}{2 \cdot 8}} \mathrm{d}z \\
&= -\frac{4}{\sqrt{\pi}} e^{-(z/4)^2} \Big|_0^{+\infty} = \frac{4}{\sqrt{\pi}},
\end{aligned}
$$

$$D(\,|X-Y|\,)=D(\,|Z|\,)=E(Z^2)-[\,E(\,|Z|\,)\,]^2$$
$$=D(Z)+[\,E(Z)\,]^2-[\,E(\,|Z|\,)\,]^2$$
$$=8+0-\frac{16}{\pi}=8-\frac{16}{\pi}.$$

19. 设随机变量(X,Y)的联合分布律为

Y	X		
	-1	0	1
0	0	0.2	0.1
1	0.3	0.4	0

（1）求$E(X),E(Y),\mathrm{Cov}(X,Y),\rho_{XY}$和$(X,Y)$的协方差矩阵；

（2）求$D(X-Y)$；

解（1）由题意可知，

$$E(X)=-1\times0.3+0\times0.6+1\times0.1=-0.2,$$
$$E(X^2)=(-1)^2\times0.3+0^2\times0.6+1^2\times0.1=0.4,$$
$$E(Y)=0\times0.3+1\times0.7=0.7,$$
$$E(Y^2)=0^2\times0.3+1^2\times0.7=0.7,$$

因此

$$D(X)=E(X^2)-[\,E(X)\,]^2=0.36,$$
$$D(Y)=E(Y^2)-[\,E(Y)\,]^2=0.21.$$

又由XY的分布律

XY	-1	0	1
P	0.3	0.7	0

知

$$E(XY)=-1\times0.3+0\times0.7+1\times0=-0.3,$$
$$\mathrm{Cov}(X,Y)=E(XY)-E(X)E(Y)=-0.16,$$
$$\rho_{XY}=\frac{\mathrm{Cov}(X,Y)}{\sqrt{D(X)}\sqrt{D(Y)}}\approx-0.582,$$

(X,Y)的协方差矩阵为

$$\begin{pmatrix} D(X) & \mathrm{Cov}(X,Y) \\ \mathrm{Cov}(X,Y) & D(Y) \end{pmatrix}=\begin{pmatrix} 0.36 & -0.16 \\ -0.16 & 0.21 \end{pmatrix}.$$

（2）由（1），

$$D(X-Y)=D(X)+D(Y)-2\mathrm{Cov}(X,Y)$$
$$=0.36+0.21-2\times(-0.16)=0.89.$$

20. 设二维随机变量(X,Y)在圆域$x^2+y^2\leqslant1$上服从均匀分布.

（1）判断 X 与 Y 是否相互独立；

（2）求 X 与 Y 的相关系数 ρ_{XY}，判断 X 与 Y 是否不相关.

解 由题意可知，X 的边缘概率密度为

$$f_X(x) = \int_{-\infty}^{+\infty} f(x,y)\,\mathrm{d}y = \begin{cases} \displaystyle\int_{-\sqrt{1-x^2}}^{\sqrt{1-x^2}} \frac{1}{\pi}\,\mathrm{d}y, & |x| < 1, \\ 0, & \text{其他} \end{cases}$$

$$= \begin{cases} \dfrac{2}{\pi}\sqrt{1-x^2}, & |x| < 1, \\ 0, & \text{其他}. \end{cases}$$

同理，Y 的概率密度为

$$f_Y(y) = \begin{cases} \dfrac{2}{\pi}\sqrt{1-y^2}, & |y| < 1, \\ 0, & \text{其他}. \end{cases}$$

因此

$$E(X) = \int_{-\infty}^{+\infty} xf(x)\,\mathrm{d}x = \int_{-1}^{1} \frac{2}{\pi}x\sqrt{1-x^2}\,\mathrm{d}x = 0,$$

同样可得 $E(Y) = 0$.

又

$$E(XY) = \int_{-\infty}^{+\infty}\int_{-\infty}^{+\infty} xyf(x,y)\,\mathrm{d}x\mathrm{d}y = \frac{1}{\pi}\iint\limits_{G} xy\mathrm{d}x\mathrm{d}y = 0,$$

所以

$$\mathrm{Cov}(X,Y) = E(XY) - E(X)E(Y) = 0,$$

故 X, Y 不相关. 但由于

$$f_X(x)f_Y(y) \neq f(x,y),$$

所以 X 与 Y 不相互独立.

21. 将一枚硬币重复投掷 n 次，以 X 和 Y 分别表示正面向上和反面向上的次数，求 X 与 Y 的相关系数 ρ_{XY}.

解 由题意可知，$X+Y=n$,

$$X \sim b\left(n, \frac{1}{2}\right), \quad Y \sim b\left(n, \frac{1}{2}\right),$$

则

$$E(X) = \frac{n}{2}, \ D(X) = \frac{n}{4}, \quad E(Y) = \frac{n}{2}, \ D(Y) = \frac{n}{4}.$$

所以

$$\mathrm{Cov}(X,Y) = E(XY) - E(X)E(Y) = E(nX - X^2) - \frac{n^2}{4}$$

$$= nE(X) - E(X^2) - \frac{n^2}{4}$$

$$= nE(X) - \{ D(X) + [E(X)]^2 \} - \frac{n^2}{4}$$

$$= -\frac{n}{4},$$

因此

$$\rho_{XY} = \frac{\text{Cov}(X,Y)}{\sqrt{D(X)}\sqrt{D(Y)}} = -1.$$

22. 设随机变量 X 与 Y 满足 $D(X) = 2, D(Y) = 4, \text{Cov}(X,Y) = -1$，求 $\text{Cov}(3X+2Y-1, X-4Y+3)$.

解 由题意可知

$$\text{Cov}(3X+2Y-1, X-4Y+3)$$
$$= 3\text{Cov}(X,X) - 12\text{Cov}(X,Y) + 2\text{Cov}(Y,X) - 8\text{Cov}(Y,Y)$$
$$= 3D(X) - 10\text{Cov}(X,Y) - 8D(Y)$$
$$= -16.$$

23. 设随机变量 $X \sim N(0,1), Y = X^2$，判断 X 与 Y 的相关性.

解 由题意可知

$$\text{Cov}(X,Y) = \text{Cov}(X,X^2) = E(X^3) - E(X)E(X^2).$$

又由 $E(X) = 0, D(X) = 1$，则 $E(X^2) = 1$. 而

$$E(X^3) = \int_{-\infty}^{+\infty} x^3 \frac{1}{\sqrt{2\pi}} e^{-\frac{x^2}{2}} dx = 0,$$

$$D(Y) = D(X^2) = E(X^4) - [E(X^2)]^2,$$

$$E(X^4) = \int_{-\infty}^{+\infty} x^4 \frac{1}{\sqrt{2\pi}} e^{-\frac{x^2}{2}} dx = -\int_{-\infty}^{+\infty} x^3 \frac{1}{\sqrt{2\pi}} d(e^{-\frac{x^2}{2}})$$

$$= \int_{-\infty}^{+\infty} 3x^2 \frac{1}{\sqrt{2\pi}} e^{-\frac{x^2}{2}} dx = 3E(X^2) = 3,$$

解得 $D(Y) = 2$. 因此

$$\rho_{XY} = \frac{\text{Cov}(X,Y)}{\sqrt{D(X)}\sqrt{D(Y)}} = \frac{0}{\sqrt{1}\sqrt{2}} = 0,$$

即 X 与 Y 不相关.

24. 设二维随机变量 (X,Y) 在矩形区域 $G = \{ (x,y) \mid 0 \leqslant x \leqslant 2, 0 \leqslant y \leqslant 1 \}$ 上服从均匀分布，记

$$U = \begin{cases} 0, & X \leqslant Y, \\ 1, & X > Y, \end{cases} \qquad V = \begin{cases} 0, & X \leqslant 2Y, \\ 1, & X > 2Y. \end{cases}$$

(1)求 U 和 V 的联合分布律;(2)求 U 和 V 的相关系数 ρ.

解 （1）如图 11 所示，由题意可知

$$P\{U=0, V=0\} = P\{X \leqslant Y, X \leqslant 2Y\} = P\{X \leqslant Y\} = \frac{1}{4},$$

$$P\{U=0, V=1\} = P\{X \leqslant Y, X > 2Y\} = 0,$$

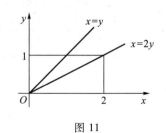

图 11

$$P\{U=1,V=0\}=P\{X>Y,X\leqslant 2Y\}=P\{Y<X\leqslant 2Y\}=\frac{1}{4},$$

$$P\{U=1,V=1\}=P\{X>Y,X>2Y\}=P\{X>2Y\}=\frac{1}{2},$$

即(U,V)的分布律为

U	V		$p_i.$
	0	1	
0	$\frac{1}{4}$	0	$\frac{1}{4}$
1	$\frac{1}{4}$	$\frac{1}{2}$	$\frac{3}{4}$
$p_{\cdot j}$	$\frac{1}{2}$	$\frac{1}{2}$	1

（2）由上表

$$E(U)=\frac{3}{4},\quad D(U)=\frac{3}{16},\quad E(V)=\frac{1}{2},\quad D(V)=\frac{1}{4},\quad E(UV)=\frac{1}{2},$$

所以U,V的相关系数为

$$\rho_{UV}=\frac{E(UV)-E(U)E(V)}{\sqrt{D(U)}\sqrt{D(V)}}=\frac{1/8}{\sqrt{3}/8}=\frac{1}{\sqrt{3}}.$$

25. 已知(X,Y)的协方差矩阵为$\begin{pmatrix}1&1\\1&4\end{pmatrix}$，设$Z_1=X-2Y,Z_2=2X-Y$. 求$Z_1,Z_2$的相关系数$\rho_{Z_1Z_2}$.

解 由题意可知

$$D(X)=1,\quad D(Y)=4,\quad \mathrm{Cov}(X,Y)=1,$$

因此

$$D(Z_1)=D(X-2Y)=D(X)+4D(Y)-4\mathrm{Cov}(X,Y)=1+4\times 4-4\times 1=13,$$

$$D(Z_2)=D(2X-Y)=4D(X)+D(Y)-4\mathrm{Cov}(X,Y)=4\times 1+4-4\times 1=4.$$

又由

$$\begin{aligned}\mathrm{Cov}(Z_1,Z_2)&=\mathrm{Cov}(X-2Y,2X-Y)\\&=2\mathrm{Cov}(X,X)-4\mathrm{Cov}(Y,X)-\mathrm{Cov}(X,Y)+2\mathrm{Cov}(Y,Y)\\&=2D(X)-5\mathrm{Cov}(X,Y)+2D(Y)\\&=2\times 1-5\times 1+2\times 4=5,\end{aligned}$$

因此

$$\rho_{Z_1Z_2}=\frac{\mathrm{Cov}(Z_1,Z_2)}{\sqrt{D(Z_1)}\sqrt{D(Z_2)}}=\frac{5}{\sqrt{13}\times\sqrt{4}}=\frac{5}{26}\sqrt{13}.$$

26. 设随机变量X与Y相互独立，且都服从$N(\mu,\sigma^2)$分布，求$E(\max\{X,Y\}),E(\min\{X,Y\})$.

提示：$\max\{X,Y\}=\frac{1}{2}[X+Y+|X-Y|],\min\{X,Y\}=\frac{1}{2}[X+Y-|X-Y|].$

解 由于 X 与 Y 相互独立,且都服从 $N(\mu, \sigma^2)$ 分布,若令 $Z = X - Y$,则 $Z \sim N(0, 2\sigma^2)$,

$$f_Z(z) = \frac{1}{\sqrt{2\pi}\sqrt{2}\sigma} e^{-\frac{z^2}{2 \cdot 2\sigma^2}}.$$

因此

$$E(|X - Y|) = E(|Z|) = \int_{-\infty}^{+\infty} |z| \frac{1}{\sqrt{2\pi}\sqrt{2}\sigma} e^{-\frac{z^2}{2 \cdot 2\sigma^2}} dz = \sigma \frac{2}{\sqrt{\pi}},$$

那么

$$E(\max\{X, Y\}) = E\left[\frac{1}{2}(X + Y + |X - Y|)\right] = \mu + \frac{1}{2} E(|X - Y|)$$

$$= \mu + \sigma \cdot \frac{1}{\sqrt{\pi}} = \mu + \frac{\sigma}{\sqrt{\pi}}.$$

同理

$$E(\min\{X, Y\}) = \mu - \frac{\sigma}{\sqrt{\pi}}.$$

27. 设二维随机变量 (X, Y) 的概率密度函数为 $f(x, y) = \frac{1}{2}[\varphi_1(x, y) + \varphi_2(x, y)]$,其中 $\varphi_1(x, y)$,$\varphi_2(x, y)$ 都是二维正态密度函数,且它们对应的二维随机变量的相关系数分别为 $\frac{1}{3}$ 和 $-\frac{1}{3}$,它们的边缘概率密度函数所对应的随机变量的数学期望都是 0,方差都是 1.求随机变量 X 和 Y 的边缘概率密度函数 $f_X(x)$ 和 $f_Y(y)$ 及 X 和 Y 的相关系数 ρ_{XY}.

解 由题意可知,

$$f_X(x) = \int_{-\infty}^{+\infty} f(x, y) dy = \frac{1}{2}\left[\int_{-\infty}^{+\infty} \varphi_1(x, y) dy + \int_{-\infty}^{+\infty} \varphi_2(x, y) dy\right]$$

$$= \frac{1}{2}\left[\frac{1}{\sqrt{2\pi}} e^{-\frac{x^2}{2}} + \frac{1}{\sqrt{2\pi}} e^{-\frac{x^2}{2}}\right] = \frac{1}{\sqrt{2\pi}} e^{-\frac{x^2}{2}}, \quad -\infty < x < +\infty.$$

同理

$$f_Y(y) = \frac{1}{\sqrt{2\pi}} e^{-\frac{y^2}{2}}, \quad -\infty < y < +\infty.$$

因为 $E(X) = E(Y) = 0, D(X) = D(Y) = 1$,所以 X 和 Y 的相关系数

$$\rho_{XY} = E(XY) = \int_{-\infty}^{+\infty} \int_{-\infty}^{+\infty} xy \cdot \frac{1}{2}[\varphi_1(x, y) + \varphi_2(x, y)] dx dy$$

$$= \frac{1}{2}\left[\int_{-\infty}^{+\infty} \int_{-\infty}^{+\infty} xy\varphi_1(x, y) dx dy + \int_{-\infty}^{+\infty} \int_{-\infty}^{+\infty} xy\varphi_2(x, y) dx dy\right]$$

$$= \frac{1}{2}\left(\frac{1}{3} - \frac{1}{3}\right) = 0.$$

习　题　5

1. 设随机变量 X 的数学期望 $E(X)=2$,方差 $D(X)=0.4$,根据切比雪夫不等式估计 $P\{1<X<3\}$.

解　根据切比雪夫不等式,

$$P\{1<X<3\}=P\{|X-E(X)|<1\}\geqslant 1-\frac{D(X)}{1^2}=0.6.$$

2. 分别利用切比雪夫不等式和棣莫弗—拉普拉斯中心极限定理估计,当掷一枚均匀硬币时,需掷多少次,才能保证正面出现的频率在 0.4 至 0.6 之间的概率不小于 90%.

解　(1) 由题意可知,设正面次数为随机变量 M,投掷次数为 n,则 $M\sim b\left(n,\frac{1}{2}\right)$,正面出现的频率为 $\frac{M}{n}$,且 $E(M)=0.5n$,$D(M)=0.25n$,则

$$P\left\{0.4<\frac{M}{n}<0.6\right\}=P\{0.4n<M<0.6n\}=P\{|M-0.5n|<0.1n\}$$

$$\geqslant 1-\frac{D(M)}{(0.1n)^2}=1-\frac{0.25n}{(0.1n)^2}.$$

因此只要 $1-\frac{0.25n}{(0.1n)^2}\geqslant 90\%$,解得 $n\geqslant 250$,至少 250 次即可.

(2) 由中心极限定理,二项分布的极限分布为正态分布,所以近似认为 $M\sim N(0.5n,0.25n)$,则

$$P\left\{0.4<\frac{M}{n}<0.6\right\}=P\{0.4n<M<0.6n\}=P\left\{\frac{0.4n-0.5n}{\sqrt{0.25n}}<M<\frac{0.6n-0.5n}{\sqrt{0.25n}}\right\}$$

$$\approx\Phi\left(\frac{0.1n}{\sqrt{0.25n}}\right)-\Phi\left(\frac{-0.1n}{\sqrt{0.25n}}\right)=2\Phi\left(\frac{0.1n}{\sqrt{0.25n}}\right)-1.$$

因此只要 $2\Phi\left(\frac{0.1n}{\sqrt{0.25n}}\right)-1\geqslant 90\%$,解得 $n\geqslant 67.24$,至少 68 次即可.

3. 设 X 是连续型随机变量,$E(e^{X^2})$ 存在,试证明对于任意的 $\varepsilon>0$,有 $P\{|X|\geqslant\varepsilon\}\leqslant\frac{E(e^{X^2})}{e^{\varepsilon^2}}$.

证明　设随机变量 X 的概率密度为 $f(x)$,则

$$P\{|X|\geqslant\varepsilon\}=\int_{|x|\geqslant\varepsilon}f(x)\mathrm{d}x\leqslant\int_{|x|\geqslant\varepsilon}\frac{e^{x^2}}{e^{\varepsilon^2}}f(x)\mathrm{d}x$$

$$\leqslant\frac{1}{e^{\varepsilon^2}}\int_{-\infty}^{+\infty}e^{x^2}f(x)\mathrm{d}x=\frac{E(e^{X^2})}{e^{\varepsilon^2}}.$$

4. 设随机变量序列 $\{X_n\}$ 中的随机变量相互独立,且都服从期望为 2 的泊松分布,则当 $n\to$

$+\infty$ 时，$Y_n = \dfrac{1}{n}\sum_{k=1}^{n} X_k$ 依概率收敛于多少？$Z_n = \dfrac{1}{n}\sum_{k=1}^{n} X_k^2$ 依概率收敛于多少？

解 由题意可知，

$$E(Y_n) = E\left(\frac{1}{n}\sum_{k=1}^{n} X_k\right) = 2,$$

$$E(Z_n) = E\left(\frac{1}{n}\sum_{k=1}^{n} X_k^2\right) = E(X_k^2) = D(X_k) + \left[E(X_k)\right]^2 = 6.$$

又由大数定律可知，$Y_n \xrightarrow{P} E(Y_n) = 2$，$Z_n \xrightarrow{P} E(Z_n) = 6$.

5. 设各零件的质量都是随机变量，它们相互独立，且都服从相同的分布，其数学期望 0.5 kg，均方差为 0.1 kg，问 5 000 个零件的总质量超过 2 510 kg 的概率是多少？

解 设 X_i 表示第 i 个零件的质量，$i=1,2,\cdots,5\,000$，则总质量为 $W = \sum_{i=1}^{5\,000} X_i$. 由于

$$E(X_i) = 0.5, \quad D(X_i) = 0.01,$$

因此

$$E(W) = E\left(\sum_{i=1}^{5\,000} X_i\right) = 2\,500, \quad D(W) = D\left(\sum_{i=1}^{5\,000} X_i\right) = 50.$$

又由中心极限定理可近似认为

$$W = \sum_{i=1}^{5\,000} X_i \sim N(2\,500, 50),$$

则

$$P\{W > 2\,510\} = P\left\{\frac{W-2\,500}{\sqrt{50}} > \frac{2\,510-2\,500}{\sqrt{50}}\right\}$$

$$\approx 1 - \Phi(\sqrt{2}) \approx 0.079\,3.$$

6. 设有一机床制造一批零件，标准质量为 1 kg，假设每个零件的质量与标准质量的误差（单位：kg）服从 $(-0.05, 0.05)$ 上的均匀分布，且每个零件的质量相互独立，求：

（1）制造 1 200 个零件，总质量大于 1 202 kg 的概率是多少？

（2）最多可以制造多少个零件，使得误差总和的绝对值小于 2 kg 的概率不小于 0.9？

解 （1）设 X_i 表示第 i 个零件的质量，则 $X_i \sim U(0.95, 1.05)$，因此

$$E(X_i) = 1, D(X_i) = \frac{1}{1\,200}, \quad i=1,2,\cdots,1\,200,$$

$$E\left(\sum_{i=1}^{1\,200} X_i\right) = 1\,200, \quad D\left(\sum_{i=1}^{1\,200} X_i\right) = 1.$$

又由中心极限定理可近似认为

$$\sum_{i=1}^{1\,200} X_i \sim N(1\,200, 1),$$

则

$$P\left\{\sum_{i=1}^{1\,200} X_i > 1\,202\right\} = P\left\{\frac{\sum_{i=1}^{1\,200} X_i - 1\,200}{\sqrt{1}} > \frac{1\,202 - 1\,200}{\sqrt{1}}\right\}$$

$$\approx 1-\Phi(2)\approx 0.022\ 8.$$

（2）设制造 n 个零件符合题意，因此总质量为 $\sum\limits_{i=1}^{n}X_i$，且

$$E\left(\sum_{i=1}^{n}X_i\right)=n,\quad D\left(\sum_{i=1}^{n}X_i\right)=\frac{n}{1\ 200}.$$

由中心极限定理可近似认为

$$\sum_{i=1}^{n}X_i\ \sim\ N\left(n,\frac{n}{1\ 200}\right),$$

则

$$P\left\{\left|\sum_{i=1}^{n}X_i-n\right|\leqslant 2\right\}=P\left\{\frac{\left|\sum\limits_{i=1}^{n}X_i-n\right|}{\sqrt{\dfrac{n}{1\ 200}}}\leqslant\frac{2}{\sqrt{\dfrac{n}{1\ 200}}}\right\}$$

$$\approx 2\Phi\left(\frac{40\sqrt{3}}{\sqrt{n}}\right)-1.$$

因此只需 $2\Phi\left(\dfrac{40\sqrt{3}}{\sqrt{n}}\right)-1\geqslant 0.9$，解得 $n\leqslant 1\ 773.82$ 即可，取 $n=1\ 773$.

7. 在一家保险公司里有 100 000 个人参加保险，每人每年付 12 元保险费，在一年里每个人死亡的概率为 0.001，并且假设每个人是否死亡之间相互独立，死亡时家属可向保险公司领得 10 000 元，试求：

（1）保险公司一年的利润至少为 60 000 元的概率；

（2）保险公司亏本的概率.

解（1）由题意可知，设在 100 000 个人中死亡人数为 X，则

$$X\sim b(100\ 000,0.001),$$

且

$$E(X)=100\ 000\times 0.001=100,\quad D(X)=100\ 000\times 0.001\times 0.999=99.9,$$

又由中心极限定理可知，二项分布的极限分布是正态分布，因此可近似认为

$$X\sim N(100,99.9).$$

因为利润至少为 60 000 元，则死亡人数概率满足

$$P\{X\leqslant 114\}=P\left\{\frac{X-100}{\sqrt{99.9}}\leqslant\frac{114-100}{\sqrt{99.9}}\right\}\approx\Phi(1.4)\approx 0.919\ 2.$$

（2）要使保险公司亏本，则死亡人数概率满足

$$P\{X>120\}=P\left\{\frac{X-100}{\sqrt{99.9}}>\frac{120-100}{\sqrt{99.9}}\right\}\approx 1-\Phi(2)\approx 0.022\ 8.$$

8. 某校有 1 000 名学生，每人以 80% 的概率去图书馆自习，问图书馆至少应设置多少座位，才能以至少 99% 的概率保证去上自习的同学都有座位.

解 设同时去图书馆上自习的人数为 X，且图书馆至少设置 n 个座位，才能保证达到要求，

由题意可知, $X \sim b(1\,000,0.8)$, 且
$$E(X) = 1\,000 \times 0.8 = 800, \quad D(X) = 1\,000 \times 0.8 \times 0.2 = 160.$$
又由中心极限定理可知, 二项分布的极限分布是正态分布, 则可近似认为
$$X \sim N(800,160),$$
因此
$$P\{X \leqslant n\} = P\left\{\frac{X-800}{\sqrt{160}} \leqslant \frac{n-800}{\sqrt{160}}\right\} \approx \Phi\left(\frac{n-800}{4\sqrt{10}}\right).$$
因此只需 $\Phi\left(\dfrac{n-800}{4\sqrt{10}}\right) \geqslant 0.99$, 解得 $n \geqslant 829.5$, 取 $n = 830$.

9. 甲乙两个戏院在争夺 1 000 名观众, 假设每个观众完全随意地选择一个戏院, 且观众之间选择戏院是相互独立的, 问每个戏院应该设置多少个座位才能保证因缺少座位而使观众离去的概率小于 1%.

解 以甲戏院为例, 设
$$X_i = \begin{cases} 0, & \text{第 } i \text{ 个人没有选择甲戏院}, \\ 1, & \text{第 } i \text{ 个人选择了甲戏院}, \end{cases} \quad i = 1,2,\cdots,1\,000,$$
因此
$$X = \sum_{i=1}^{1\,000} X_i \sim b(1\,000,0.5),$$
且有 $E(X) = 500, D(X) = 250$. 设甲戏院有 m 个座位, 依题意 $P\{X > m\} < 0.01$. 由中心极限定理, 可近似认为 $X \sim N(500,250)$, 因此
$$P\{X \leqslant m\} = P\left\{\frac{X-500}{\sqrt{250}} \leqslant \frac{m-500}{\sqrt{250}}\right\} \approx \Phi\left(\frac{m-500}{5\sqrt{10}}\right).$$
因此只需 $\Phi\left(\dfrac{m-500}{5\sqrt{10}}\right) \geqslant 0.99$, 解得 $m \geqslant 536.84$, 取 $m = 537$.

习 题 6

1. 在正态总体 $N(7.6,4)$ 中抽取容量为 n 的样本, 如果要求样本均值落在 $(5.6,9.6)$ 内的概率不小于 0.95, 则样本容量 n 至少为多少?

解 由于 $\overline{X} \sim N\left(7.6,\dfrac{4}{n}\right)$, 那么 $\dfrac{\overline{X}-7.6}{\sqrt{4/n}} \sim N(0,1)$, 则
$$P\{5.6 < \overline{X} < 9.6\} = P\left\{\frac{5.6-7.6}{\sqrt{4/n}} < \frac{\overline{X}-7.6}{\sqrt{4/n}} < \frac{9.6-7.6}{\sqrt{4/n}}\right\}$$
$$= P\left\{-\sqrt{n} < \frac{\overline{X}-7.6}{\sqrt{4/n}} < \sqrt{n}\right\} = \Phi(\sqrt{n}) - \Phi(-\sqrt{n})$$
$$= 2\Phi(\sqrt{n}) - 1 \geqslant 0.95,$$

整理得 $\Phi(\sqrt{n}) \geqslant 0.975$. 查表 $\Phi(1.96) \approx 0.975$, 所以 $\sqrt{n} \geqslant 1.96$, 解得 $n \geqslant 3.84$, 取 $n = 4$.

2. 设 $X_1, X_2, \cdots, X_5$ 为来自总体 $N(0, \sigma^2)$ 的一个样本, 其中 $\sigma > 0$, $Y = C_1(X_1 + X_2)^2 + C_2(X_3 + X_4 + X_5)^2$ 服从 χ^2 分布, 试求常数 C_1, C_2 及 χ^2 分布的自由度.

解 由已知, $X_1 + X_2 \sim N(0, 2\sigma^2)$, $X_3 + X_4 + X_5 \sim N(0, 3\sigma^2)$, 所以

$$\frac{X_1 + X_2}{\sqrt{2}\,\sigma} \sim N(0, 1)\,, \qquad \frac{X_3 + X_4 + X_5}{\sqrt{3}\,\sigma} \sim N(0, 1)$$

且 $\dfrac{X_1 + X_2}{\sqrt{2}\,\sigma}$ 与 $\dfrac{X_3 + X_4 + X_5}{\sqrt{3}\,\sigma}$ 相互独立, 则

$$\left(\frac{X_1 + X_2}{\sqrt{2}\,\sigma}\right)^2 + \left(\frac{X_3 + X_4 + X_5}{\sqrt{3}\,\sigma}\right)^2 \sim \chi^2(2)\,,$$

即

$$\frac{1}{2\sigma^2}(X_1 + X_2)^2 + \frac{1}{3\sigma^2}(X_3 + X_4 + X_5)^2 \sim \chi^2(2)\,,$$

从而, $C_1 = \dfrac{1}{2\sigma^2}$, $C_2 = \dfrac{1}{3\sigma^2}$, 且 χ^2 分布的自由度为 2.

3. 设 $X_1, X_2, \cdots, X_n, X_{n+1}$ 是来自总体 $N(\mu, \sigma^2)$ 的样本, $\overline{X} = \dfrac{1}{n}\sum_{i=1}^{n} X_i$, 试讨论 $a\overline{X} + bX_{n+1}$ 和 $a\overline{X} + bX_n$ 的分布, 其中 a, b 均为不为零的常数.

解 由于 $\overline{X} \sim N\left(\mu, \dfrac{\sigma^2}{n}\right)$, $X_{n+1} \sim N(\mu, \sigma^2)$, 且 $\overline{X}$ 与 X_{n+1} 相互独立, 则

$$a\overline{X} + bX_{n+1} \sim N\left(a\mu + b\mu, \frac{a^2\sigma^2}{n} + b^2\sigma^2\right)\,.$$

因为

$$a\overline{X} + bX_n = a \cdot \frac{1}{n}\sum_{i=1}^{n} X_i + bX_n = \frac{a}{n}\sum_{i=1}^{n} X_i + \frac{a}{n}X_n + bX_n = \frac{a}{n}\sum_{i=1}^{n-1} X_i + \left(\frac{a}{n} + b\right)X_n\,,$$

由此可以看出 $a\overline{X} + bX_n$ 是由 $X_1, X_2, \cdots, X_n$ 构成的线性函数, 因此 $a\overline{X} + bX_n$ 服从正态分布. 所以

$$E(a\overline{X} + bX_n) = aE(\overline{X}) + bE(X_n) = a\mu + b\mu = (a + b)\mu\,,$$

$$\begin{aligned} D(a\overline{X} + bX_n) &= D\left(\frac{a}{n}\sum_{i=1}^{n-1} X_i + \left(\frac{a}{n} + b\right)X_n\right) = \frac{a^2}{n^2}\sum_{i=1}^{n-1} D(X_i) + \left(\frac{a}{n} + b\right)^2 D(X_n) \\ &= \frac{a^2}{n^2}\sum_{i=1}^{n-1} \sigma^2 + \left(\frac{a}{n} + b\right)^2 \sigma^2 = \frac{(n-1)a^2}{n^2}\sigma^2 + \left(\frac{a}{n} + b\right)^2 \sigma^2 \\ &= \left(\frac{a^2}{n} + b^2 + \frac{2ab}{n}\right)\sigma^2\,, \end{aligned}$$

则 $a\overline{X} + bX_n \sim N\left((a + b)\mu, \left(\dfrac{a^2}{n} + b^2 + \dfrac{2ab}{n}\right)\sigma^2\right)$.

4. 设 $X_1, X_2, \cdots, X_n$ 是来自总体 $N(\mu, \sigma^2)$ 的样本, 记 $\overline{X}_k = \dfrac{1}{k}\sum_{i=1}^{k} X_i (1 \leqslant k < n)$, 求统计量

$\overline{X}_{k+1} - \overline{X}_k$ 的分布 $(1 \le k < n)$.

解 由

$$\overline{X}_{k+1} - \overline{X}_k = \frac{1}{k+1} \sum_{i=1}^{k+1} X_i - \frac{1}{k} \sum_{i=1}^{k} X_i = \left(\frac{1}{k+1} - \frac{1}{k}\right) \sum_{i=1}^{k} X_i + \frac{1}{k+1} X_{k+1}$$

可以看出 $\overline{X}_{k+1} - \overline{X}_k$ 是 $X_1, X_2, \cdots, X_n$ 的线性函数,又由于 $X_1, X_2, \cdots, X_n$ 是相互独立的且服从正态分布,所以 $\overline{X}_{k+1} - \overline{X}_k$ 服从正态分布.因为

$$E(\overline{X}_{k+1} - \overline{X}_k) = E(\overline{X}_{k+1}) - E(\overline{X}_k) = \mu - \mu = 0,$$

$$D(\overline{X}_{k+1} - \overline{X}_k) = D\left[\left(\frac{1}{k+1} - \frac{1}{k}\right) \sum_{i=1}^{k} X_i + \frac{1}{k+1} X_{k+1}\right]$$

$$= \left(\frac{1}{k+1} - \frac{1}{k}\right)^2 \sum_{i=1}^{k} D(X_i) + \left(\frac{1}{k+1}\right)^2 D(X_{k+1})$$

$$= \left(\frac{1}{k+1} - \frac{1}{k}\right)^2 \cdot k\sigma^2 + \left(\frac{1}{k+1}\right)^2 \sigma^2$$

$$= \frac{\sigma^2}{k(k+1)},$$

所以 $\overline{X}_{k+1} - \overline{X}_k \sim N\left(0, \frac{\sigma^2}{k(k+1)}\right)$.

5. 设 $X_1, X_2, \cdots, X_9$ 是来自总体 $N(\mu, \sigma^2)$ 的样本,样本均值为 $\overline{X} = \frac{1}{9} \sum_{i=1}^{9} X_i$,样本方差为 $S^2 = \frac{1}{8} \sum_{i=1}^{8} (X_i - \overline{X})^2$,已知存在常数 a,使得 $P\left\{\frac{\overline{X} - \mu}{S} \le a\right\} = 0.95$,试求常数 a 的值.

解 由于 $\frac{\overline{X} - \mu}{S/\sqrt{n}} \sim t(n-1)$,所以 $\frac{(\overline{X} - \mu)}{S/\sqrt{9}} \sim t(8)$,即 $\frac{3(\overline{X} - \mu)}{S} \sim t(8)$,则

$$P\left\{\frac{\overline{X} - \mu}{S} \le a\right\} = P\left\{\frac{3(\overline{X} - \mu)}{S} \le 3a\right\} = 0.95,$$

即

$$P\left\{\frac{3(\overline{X} - \mu)}{S} > 3a\right\} = 0.05,$$

得 $3a = t_{0.05}(8) \approx 1.859\ 5$,即 $a \approx 0.619\ 8$.

6. 设 $X_1, X_2, \cdots, X_9$ 是来自总体 $N(2, 4)$ 的样本,$\overline{X}, S^2$ 分别是其样本均值和样本方差.求 $P\{1 < \overline{X} < 3, 1.37 < S^2 < 7.75\}$.

解 由于 $\overline{X} \sim N\left(\mu, \frac{\sigma^2}{n}\right)$,得 $\overline{X} \sim N\left(2, \frac{4}{9}\right)$.由于 $\frac{(n-1)S^2}{\sigma^2} \sim \chi^2(n-1)$,得 $\frac{8S^2}{4} \sim \chi^2(8)$,即 $2S^2 \sim \chi^2(8)$.因为 $\overline{X}$ 与 S^2 相互独立,那么

$$P\{1 < \overline{X} < 3, 1.37 < S^2 < 7.75\} = P\{1 < \overline{X} < 3\} P\{1.37 < S^2 < 7.75\}$$

$$= P\left\{\frac{1-2}{2/3} < \frac{\overline{X} - 2}{2/3} < \frac{3-2}{2/3}\right\} P\{2 \times 1.37 < 2S^2 < 2 \times 7.75\}$$

$$= P\left\{-\frac{3}{2} < \frac{\overline{X}-2}{2/3} < \frac{3}{2}\right\} P\{2.74 < 2S^2 < 15.5\}$$

$$= \left[2\Phi\left(\frac{3}{2}\right)-1\right]\left[P\{2S^2 < 15.5\} - P\{2S^2 \leqslant 2.74\}\right].$$

查表知,

$$上式 \approx (2 \times 0.933\,2 - 1)\left[(1-0.05)-(1-0.95)\right] = 0.866\,4 \times 0.9 \approx 0.779\,8.$$

7. 设 $X_1, X_2, \cdots, X_n, X_{n+1}$ 是来自总体 $N(\mu, \sigma^2)$ 的样本, $\overline{X} = \dfrac{1}{n}\sum\limits_{i=1}^{n} X_i$, $S^2 = \dfrac{1}{n-1}\sum\limits_{i=1}^{n}(X_i - \overline{X})^2$,

求常数 c 使得 $\dfrac{c(\overline{X}-X_{n+1})}{S}$ 服从 t 分布, 并求出分布的自由度.

解 由于 $\overline{X} \sim N\left(\mu, \dfrac{\sigma^2}{n}\right)$, $X_{n+1} \sim N(\mu, \sigma^2)$, 且 $\overline{X}$ 与 X_{n+1} 相互独立, 则

$$\overline{X} - X_{n+1} \sim N\left(0, \frac{\sigma^2}{n} + \sigma^2\right), \quad 即 \quad \frac{\overline{X}-X_{n+1}}{\sqrt{\dfrac{\sigma^2}{n}+\sigma^2}} \sim N(0,1).$$

又由于 $\dfrac{(n-1)S^2}{\sigma^2} \sim \chi^2(n-1)$, 且 $\dfrac{\overline{X}-X_{n+1}}{\sqrt{\dfrac{\sigma^2}{n}+\sigma^2}}$ 与 $\dfrac{(n-1)S^2}{\sigma^2}$ 相互独立, 由 t 分布的定义,

$$\frac{\dfrac{\overline{X}-X_{n+1}}{\sqrt{\dfrac{\sigma^2}{n}+\sigma^2}}}{\sqrt{\dfrac{(n-1)S^2}{\sigma^2(n-1)}}} = \frac{\sqrt{\dfrac{n}{n+1}}(\overline{X}-X_{n+1})}{S} \sim t(n-1),$$

则 $c = \sqrt{\dfrac{n}{n+1}}$, 且 t 分布的自由度为 $n-1$.

8. 设总体 $X \sim N(0, \sigma^2)$, $X_1, X_2, \cdots, X_8$ 是其样本, 求下列统计量的分布:

(1) $T_1 = \dfrac{1}{2\sigma^2}\left[(X_1+X_2)^2 + (X_3-X_4)^2\right]$;

(2) $T_2 = \dfrac{X_1+X_2+X_3}{\sqrt{X_4^2+X_5^2+X_6^2}}$;

(3) $T_3 = \dfrac{(X_1+X_2)^2 + (X_3+X_4)^2}{(X_5-X_6)^2 + (X_7-X_8)^2}$.

解 (1) $X_1+X_2 \sim N(0, 2\sigma^2)$, $X_3-X_4 \sim N(0, 2\sigma^2)$, 标准化得

$$\frac{X_1+X_2}{\sqrt{2}\,\sigma} \sim N(0,1), \quad \frac{X_3-X_4}{\sqrt{2}\,\sigma} \sim N(0,1),$$

且 $\dfrac{X_1+X_2}{\sqrt{2}\,\sigma}$ 与 $\dfrac{X_3-X_4}{\sqrt{2}\,\sigma}$ 相互独立, 由 χ^2 分布的定义知

$$\left(\frac{X_1+X_2}{\sqrt{2}\sigma}\right)^2+\left(\frac{X_3-X_4}{\sqrt{2}\sigma}\right)^2\sim\chi^2(2),$$

整理得

$$T_1=\frac{1}{2\sigma^2}\left[(X_1+X_2)^2+(X_3-X_4)^2\right]\sim\chi^2(2).$$

（2）$X_1+X_2+X_3\sim N(0,3\sigma^2)$，标准化得 $\dfrac{X_1+X_2+X_3}{\sqrt{3}\sigma}\sim N(0,1)$. 由于 $X_i\sim N(0,\sigma^2)$，则 $\dfrac{X_i}{\sigma}\sim$

$N(0,1),i=4,5,6$，且相互独立，由 χ^2 分布的定义知

$$\left(\frac{X_4}{\sigma}\right)^2+\left(\frac{X_5}{\sigma}\right)^2+\left(\frac{X_6}{\sigma}\right)^2\sim\chi^2(3),\quad\text{即}\quad\frac{X_4^2+X_5^2+X_6^2}{\sigma^2}\sim\chi^2(3).$$

因为 $\dfrac{X_1+X_2+X_3}{\sqrt{3}\sigma}$ 与 $\dfrac{X_4^2+X_5^2+X_6^2}{\sigma^2}$ 相互独立，根据 t 分布的定义知

$$\frac{\dfrac{X_1+X_2+X_3}{\sqrt{3}\sigma}}{\sqrt{\dfrac{X_4^2+X_5^2+X_6^2}{3\sigma^2}}}\sim t(3),\quad\text{整理得}\quad T_2=\frac{X_1+X_2+X_3}{\sqrt{X_4^2+X_5^2+X_6^2}}\sim t(3).$$

（3）根据（1）的思路可知

$$\frac{1}{2\sigma^2}\left[(X_1+X_2)^2+(X_3+X_4)^2\right]\sim\chi^2(2),$$

$$\frac{1}{2\sigma^2}\left[(X_5-X_6)^2+(X_7-X_8)^2\right]\sim\chi^2(2),$$

且相互独立，再根据 F 分布的定义知

$$\frac{\dfrac{1}{2\sigma^2}\left[(X_1+X_2)^2+(X_3+X_4)^2\right]/2}{\dfrac{1}{2\sigma^2}\left[(X_5-X_6)^2+(X_7-X_8)^2\right]/2}\sim F(2,2),$$

整理得

$$T_3=\frac{(X_1+X_2)^2+(X_3+X_4)^2}{(X_5-X_6)^2+(X_7-X_8)^2}\sim F(2,2).$$

9. 设随机变量 $X\sim F(n,n)$，证明：$P\{X<1\}=0.5$.

证明　由于 $X\sim F(n,n)$，那么 $Y=\dfrac{1}{X}\sim F(n,n)$，所以 X 与 Y 同分布，从而

$$P\{X>1\}=P\{Y>1\}=P\left\{\frac{1}{X}>1\right\}=P\{X<1\}.$$

又因为 $P\{X>1\}+P\{X<1\}=1$，所以 $P\{X>1\}=P\{X<1\}=0.5$.

10. 设 $X_1,X_2,\cdots,X_n$ 是来自总体 $N(\mu,\sigma^2)$ 的样本，样本方差为 S^2，求 $D(S^2)$.

解 由于 $\dfrac{(n-1)S^2}{\sigma^2} \sim \chi^2(n-1)$，则

$$D\left[\dfrac{(n-1)S^2}{\sigma^2}\right] = \dfrac{(n-1)^2}{\sigma^4}D(S^2) = 2(n-1),$$

得 $D(S^2) = \dfrac{2\sigma^4}{n-1}$.

11. 设 $X_1, X_2, \cdots, X_n$ 是来自总体 $N(0, \sigma^2)$ 的样本，$A_2 = \dfrac{1}{n}\sum\limits_{i=1}^{n} X_i^2$ 为此样本的二阶原点矩，证明：$E(A_2) = \sigma^2, D(A_2) = \dfrac{2\sigma^4}{n}$.

证明 依题意，$E(A_2) = \dfrac{1}{n}\sum\limits_{i=1}^{n} E(X_i^2) = \sigma^2$，

$$D(A_2) = \dfrac{1}{n^2}\sum\limits_{i=1}^{n} D(X_i^2) = \dfrac{1}{n^2}\sum\limits_{i=1}^{n} \{E(X_i^4) - [E(X_i^2)]^2\}$$

$$= \dfrac{1}{n^2}\sum\limits_{i=1}^{n} (3\sigma^4 - \sigma^4) = \dfrac{2\sigma^4}{n}.$$

12. 设 $X_1, X_2, \cdots, X_9$ 是来自总体 $N(\mu, \sigma^2)$ 的样本，且 $Y_1 = \dfrac{1}{6}\sum\limits_{i=1}^{6} X_i, Y_2 = \dfrac{1}{3}\sum\limits_{i=7}^{9} X_i, S^2 = \dfrac{1}{2}\sum\limits_{i=7}^{9}(X_i - Y_2)^2, Z = \dfrac{\sqrt{2}(Y_1 - Y_2)}{S}$，证明：统计量 Z 服从自由度为 2 的 t 分布.

证明 依题意 $X_i \sim N(\mu, \sigma^2)$，有

$$Y_1 = \dfrac{1}{6}\sum\limits_{i=1}^{6} X_i \sim N\left(\mu, \dfrac{\sigma^2}{6}\right), \quad Y_2 = \dfrac{1}{3}\sum\limits_{i=7}^{9} X_i \sim N\left(\mu, \dfrac{\sigma^2}{3}\right),$$

则 $Y_1 - Y_2 \sim N\left(0, \dfrac{\sigma^2}{2}\right)$，由于 $\dfrac{(n-1)S^2}{\sigma^2} \sim \chi^2(n-1)$，得出 $\dfrac{2S^2}{\sigma^2} \sim \chi^2(2)$，则有

$$\dfrac{\dfrac{\sqrt{2}}{\sigma}(Y_1 - Y_2)}{\sqrt{\dfrac{2S^2}{\sigma^2 2}}} \sim t(2), \quad 即 \quad Z = \dfrac{\sqrt{2}(Y_1 - Y_2)}{S} \sim t(2).$$

13. 设总体 X 的概率密度 $f(x) = \begin{cases} 6x(1-x), & 0 < x < 1, \\ 0, & 其他, \end{cases}$ $X_1, X_2, \cdots, X_n$ 是来自该总体 X 的样本，$\overline{X}, S^2$ 分别为其样本均值和样本方差，试求 $E(\overline{X}), D(\overline{X}), E(S^2)$.

解 由已知，

$$E(\overline{X}) = E(X) = \int_0^1 x \cdot 6x(1-x)\,\mathrm{d}x = \dfrac{1}{2},$$

$$E(X^2) = \int_0^1 x^2 \cdot 6x(1-x)\,\mathrm{d}x = \dfrac{3}{10},$$

$$D(X) = E(X^2) - [E(X)]^2 = \frac{3}{10} - \frac{1}{4} = \frac{1}{20},$$

$$D(\overline{X}) = \frac{D(X)}{n} = \frac{1}{20n}, \quad E(S^2) = D(X) = \frac{1}{20}.$$

14. 设 X,Y 是两个相互独立的总体，$X_1, X_2, \cdots, X_{n_1}$ 和 $Y_1, Y_2, \cdots, Y_{n_2}$ 为分别来自总体 $X \sim N(\mu_1, \sigma^2)$ 和 $Y \sim N(\mu_2, \sigma^2)$ 的样本，$\overline{X}, \overline{Y}$ 分别是这两个样本的样本均值，S_1^2, S_2^2 分别是这两个样本的样本方差，α, β 是两个不为零的实数，求随机变量 $\dfrac{\alpha(\overline{X} - \mu_1) + \beta(\overline{Y} - \mu_2)}{\sqrt{\dfrac{\alpha^2}{n_1} + \dfrac{\beta^2}{n_2}} \sqrt{\dfrac{(n_1-1)S_1^2 + (n_2-1)S_2^2}{n_1 + n_2 - 2}}}$ 的分布.

解 由于

$$\overline{X} \sim N\left(\mu_1, \frac{\sigma^2}{n_1}\right) \Rightarrow \overline{X} - \mu_1 \sim N\left(0, \frac{\sigma^2}{n_1}\right),$$

$$\overline{Y} \sim N\left(\mu_2, \frac{\sigma^2}{n_2}\right) \Rightarrow \overline{Y} - \mu_2 \sim N\left(0, \frac{\sigma^2}{n_2}\right),$$

且 $\overline{X} - \mu_1$ 与 $\overline{Y} - \mu_2$ 相互独立，则

$$\alpha(\overline{X} - \mu_1) + \beta(\overline{Y} - \mu_2) \sim N\left(0, \frac{\alpha^2 \sigma^2}{n_1} + \frac{\beta^2 \sigma^2}{n_2}\right),$$

标准化

$$\frac{\alpha(\overline{X} - \mu_1) + \beta(\overline{Y} - \mu_2)}{\sigma \sqrt{\dfrac{\alpha^2}{n_1} + \dfrac{\beta^2}{n_2}}} \sim N(0,1).$$

由于 $\dfrac{(n_1-1)S_1^2}{\sigma^2} \sim \chi^2(n_1-1)$，$\dfrac{(n_2-1)S_2^2}{\sigma^2} \sim \chi^2(n_2-1)$，且 $\dfrac{(n_1-1)S_1^2}{\sigma^2}$ 与 $\dfrac{(n_2-1)S_2^2}{\sigma^2}$ 相互独立，则

$$\frac{(n_1-1)S_1^2}{\sigma^2} + \frac{(n_2-1)S_2^2}{\sigma^2} \sim \chi^2(n_1 + n_2 - 2).$$

因为 $\dfrac{\alpha(\overline{X} - \mu_1) + \beta(\overline{Y} - \mu_2)}{\sigma \sqrt{\dfrac{\alpha^2}{n_1} + \dfrac{\beta^2}{n_2}}}$ 与 $\dfrac{(n_1-1)S_1^2}{\sigma^2} + \dfrac{(n_2-1)S_2^2}{\sigma^2}$ 相互独立，根据 t 分布的定义知

$$\frac{\dfrac{\alpha(\overline{X} - \mu_1) + \beta(\overline{Y} - \mu_2)}{\sigma \sqrt{\dfrac{\alpha^2}{n_1} + \dfrac{\beta^2}{n_2}}}}{\sqrt{\dfrac{(n_1-1)S_1^2 + (n_2-1)S_2^2}{\sigma^2(n_1 + n_2 - 2)}}} \sim t(n_1 + n_2 - 2),$$

整理得

$$\frac{\alpha(\overline{X} - \mu_1) + \beta(\overline{Y} - \mu_2)}{\sqrt{\dfrac{\alpha^2}{n_1} + \dfrac{\beta^2}{n_2}} \sqrt{\dfrac{(n_1-1)S_1^2 + (n_2-1)S_2^2}{n_1 + n_2 - 2}}} \sim t(n_1 + n_2 - 2).$$

习 题 7

1. 设总体 X 服从泊松分布 $P(\lambda)$，其中 λ 为未知参数，$X_1, X_2 \cdots, X_n$ 为来自 X 的简单随机样本，求 λ 的矩估计量和最大似然估计量.

解 （1）求 λ 的矩估计量 $\hat{\lambda}_1$. 因为总体一阶原点矩 $E(X) = \lambda$，令 $E(X) = \overline{X}$，其中 $\overline{X} = \dfrac{1}{n} \sum\limits_{i=1}^{n} X_i$，即 $\lambda = \overline{X}$，则 λ 的矩估计量 $\hat{\lambda}_1 = \overline{X}$.

（2）求 λ 的最大似然估计量 $\hat{\lambda}_2$. 由于 $X_1, X_2, \cdots, X_n$ 为 X 的一个容量为 n 的样本，则

$$P\{X_i = x_i\} = \frac{\lambda^{x_i}}{x_i!} e^{-\lambda}, \quad i = 1, 2, \cdots, n,$$

似然函数为

$$L(\lambda) = \prod_{i=1}^{n} \left(\frac{\lambda^{x_i}}{x_i!} e^{-\lambda} \right) = \frac{\lambda^{\sum\limits_{i=1}^{n} x_i}}{x_1! x_2! \cdots x_n!} e^{-n\lambda}, \quad \lambda > 0,$$

取对数得

$$\ln L(\lambda) = \left(\sum_{i=1}^{n} x_i \right) \ln \lambda - \ln(x_1! x_2! \cdots x_n!) - n\lambda.$$

关于 λ 求导数，令导数为零，

$$\frac{\mathrm{d}\ln L(\lambda)}{\mathrm{d}\lambda} = \frac{1}{\lambda} \sum_{i=1}^{n} x_i - n = 0,$$

解得 $\lambda = \dfrac{1}{n} \sum\limits_{i=1}^{n} x_i = \bar{x}$，即 λ 的最大似然估计值为 $\hat{\lambda}_2 = \dfrac{1}{n} \sum\limits_{i=1}^{n} x_i = \bar{x}$. 所以 λ 的最大似然估计量为 $\hat{\lambda}_2 = \dfrac{1}{n} \sum\limits_{i=1}^{n} X_i = \overline{X}$.

2. 设总体 X 的分布律为

$$P\{X = k\} = (1-p)^{k-1} p, \quad k = 1, 2, \cdots,$$

其中 p 为未知参数，$X_1, X_2 \cdots, X_n$ 为来自 X 的简单随机样本，求 p 的矩估计量和最大似然估计量.

解 （1）根据总体的分布律，可求得

$$E(X) = \sum_{k=1}^{n} k (1-p)^{k-1} p = \frac{1}{p}.$$

令 $E(X) = \overline{X}$，其中 $\overline{X} = \dfrac{1}{n} \sum\limits_{i=1}^{n} X_i$，即 $\dfrac{1}{p} = \overline{X}$，解得 $p = \dfrac{1}{\overline{X}}$，所以 p 的矩估计量 $\hat{p} = \dfrac{1}{\overline{X}}$.

（2）似然函数为

$$L(p) = \prod_{k=1}^{n} P\{X_k = x_k\} = \prod_{k=1}^{n} \left[(1-p)^{x_k-1} p \right] = p^n (1-p)^{\sum\limits_{k=1}^{n} x_k - n},$$

取对数得

$$\ln L(p) = n\ln p + \left(\sum_{k=1}^{n} x_k - n\right)\ln(1-p),$$

关于 p 求导数并令导数为零,

$$\frac{\mathrm{d}\ln L(p)}{\mathrm{d}p} = \frac{n}{p} - \frac{\sum\limits_{k=1}^{n} x_k - n}{1-p} = 0,$$

解得 $p = \dfrac{1}{\dfrac{1}{n}\sum\limits_{k=1}^{n} x_k} = \dfrac{1}{\bar{x}}$,所以 p 的最大似然估计量 $\hat{p} = \dfrac{1}{\bar{X}}$.

3. 设总体 X 的概率密度函数为

$$f(x) = \frac{1}{2\sigma}\mathrm{e}^{-\frac{|x|}{\sigma}}, \quad -\infty < x < +\infty,$$

其中 σ 为未知参数,$X_1, X_2, \cdots, X_n$ 是来自 X 的简单随机样本,求 σ 的最大似然估计量.

解 似然函数为

$$L(\sigma) = \prod_{i=1}^{n} f(x_i) = \prod_{i=1}^{n}\frac{1}{2\sigma}\mathrm{e}^{-\frac{|x_i|}{\sigma}} = \frac{1}{(2\sigma)^n}\mathrm{e}^{-\frac{1}{\sigma}\sum\limits_{i=1}^{n}|x_i|},$$

取对数,

$$\ln L(\sigma) = -n\ln(2\sigma) - \frac{1}{\sigma}\sum_{i=1}^{n}|x_i|,$$

关于 σ 求导数并令导数为零,

$$\frac{\mathrm{d}\ln L(\sigma)}{\mathrm{d}\sigma} = -\frac{n}{\sigma} + \frac{1}{\sigma^2}\sum_{i=1}^{n}|x_i| = 0,$$

解得 $\sigma = \dfrac{\sum\limits_{i=1}^{n}|x_i|}{n}$,所以 σ 的最大似然估计量为 $\hat{\sigma} = \dfrac{\sum\limits_{i=1}^{n}|X_i|}{n}$.

4. 设总体 X 的概率密度函数为

$$f(x) = \begin{cases} \dfrac{1}{\theta}\mathrm{e}^{-(x-\mu)/\theta}, & x \geqslant \mu, \\ 0, & \text{其他}, \end{cases}$$

其中 θ, μ 均为未知参数且 $\theta > 0$,$X_1, X_2, \cdots, X_n$ 为来自 X 的简单随机样本,求 θ, μ 的最大似然估计量。

解 (1) 由已知,

$$E(X) = \int_{\mu}^{+\infty} x\frac{1}{\theta}\mathrm{e}^{-\frac{x-\mu}{\theta}}\mathrm{d}x = \theta + \mu, \quad E(X^2) = \theta^2 + (\theta+\mu)^2.$$

令 $\begin{cases} E(X) = \bar{X}, \\ E(X^2) = \dfrac{1}{n}\sum\limits_{i=1}^{n}X_i^2, \end{cases}$ 其中 $\bar{X} = \dfrac{1}{n}\sum\limits_{i=1}^{n}X_i$,即 $\begin{cases} \theta + \mu = \bar{X}, \\ \theta^2 + (\theta+\mu)^2 = \dfrac{1}{n}\sum\limits_{i=1}^{n}X_i^2, \end{cases}$ 解得

![230]

$$\begin{cases} \hat{\theta} = \sqrt{\dfrac{1}{n}\sum_{i=1}^{n} X_i^2 - \overline{X}^2} = \sqrt{\dfrac{1}{n}\sum_{i=1}^{n}(X_i - \overline{X})^2}, \\ \hat{\mu} = \overline{X} - \hat{\theta} = \overline{X} - \sqrt{\dfrac{1}{n}\sum_{i=1}^{n}(X_i - \overline{X})^2}. \end{cases}$$

（2）当 $x_i \geqslant \mu$ 时，似然函数为

$$L(\theta,\mu) = \prod_{i=1}^{n} f(x_i) = \prod_{i=1}^{n} \frac{1}{\theta} e^{-\frac{x_i - \mu}{\theta}} = \frac{1}{\theta^n} e^{-\frac{1}{\theta}\sum_{i=1}^{n}(x_i - \mu)},$$

取对数得，

$$\ln L(\theta,\mu) = -n\ln\theta - \frac{1}{\theta}\sum_{i=1}^{n}(x_i - \mu) = -n\ln\theta - \frac{1}{\theta}\left(\sum_{i=1}^{n} x_i - n\mu\right),$$

求偏导

$$\begin{cases} \dfrac{\partial \ln L(\theta,\mu)}{\partial \theta} = -\dfrac{n}{\theta} + \dfrac{1}{\theta^2}\left(\sum_{i=1}^{n} x_i - n\mu\right), \\ \dfrac{\partial \ln L(\theta,\mu)}{\partial \mu} = \dfrac{n}{\theta}. \end{cases}$$

由 $\dfrac{\partial \ln L(\theta,\mu)}{\partial \mu} = \dfrac{n}{\theta} > 0$ 可知 $L(\theta,\mu)$ 是关于 μ 的单调递增函数，求 $L(\theta,\mu)$ 的最大值对应求 μ 的最大值，且使得 $x_i \geqslant \mu$，即 $\mu \leqslant x_{(1)}$，其中 $x_{(1)} = \min_{1 \leqslant i \leqslant n}\{x_i\}$，取 $\hat{\mu} = x_{(1)}$ 为 μ 的最大似然估计值. 所以 μ 的最大似然估计量为 $\min_{1 \leqslant i \leqslant n}\{X_i\}$. 令

$$\frac{\partial \ln L(\theta,\mu)}{\partial \theta} = -\frac{n}{\theta} + \frac{1}{\theta^2}\left(\sum_{i=1}^{n} x_i - n\mu\right) = 0,$$

解得 $\hat{\theta} = \dfrac{1}{n}\left(\sum_{i=1}^{n} x_i - n\mu\right) = \overline{x} - \mu = \overline{x} - x_{(1)}$ 为 θ 的最大似然估计值. 所以 θ 的最大似然估计量为 $\overline{X} - \min_{1 \leqslant i \leqslant n}\{X_i\}$.

5. 设总体 X 的分布律为

X	0	1	2	3
P	θ^2	$2\theta(1-\theta)$	θ^2	$1-2\theta$

其中 $\theta\left(0 < \theta < \dfrac{1}{2}\right)$ 是未知参数，利用总体 X 的样本值

$$3, \quad 1, \quad 3, \quad 0, \quad 3, \quad 1, \quad 2, \quad 3,$$

求 θ 的矩估计值和最大似然估计值。

解 （1）总体一阶矩

$$E(X) = 0 \cdot \theta^2 + 1 \cdot 2\theta(1-\theta) + 2 \cdot \theta^2 + 3 \cdot (1-2\theta) = 3 - 4\theta,$$

样本均值

$$\overline{x} = (3+1+3+0+3+1+2+3) \div 8 = 2.$$

令 $E(X) = \bar{x}$，即 $3-4\theta = 2$，解得 $\theta = \dfrac{1}{4}$，所以 θ 的矩估计值 $\hat{\theta}_1 = \dfrac{1}{4}$.

（2）似然函数

$$L(\theta) = \prod_{i=1}^{8} P\{X_i = x_i\} = P\{X_1 = 3\} P\{X_2 = 1\} \cdots P\{X_8 = 3\}$$

$$= (1-2\theta)^4 \cdot \theta^2 \cdot [2\theta(1-\theta)]^2 \cdot \theta^2 = 4\theta^6 (1-\theta)^2 (1-2\theta)^4,$$

取对数

$$\ln L(\theta) = \ln 4 + 6\ln \theta + 2\ln(1-\theta) + 4\ln(1-2\theta),$$

关于 θ 求导数并令导数得零，

$$\frac{\mathrm{d}\ln L(\theta)}{\mathrm{d}\theta} = \frac{6}{\theta} - \frac{2}{1-\theta} - \frac{8}{1-2\theta} = \frac{24\theta^2 - 28\theta + 6}{\theta(1-\theta)(1-2\theta)} = 0,$$

解得 $\theta = \dfrac{7 \pm \sqrt{13}}{12}$. 由于 $\theta = \dfrac{7+\sqrt{13}}{12} > \dfrac{1}{2}$ 不合题意，所以 θ 的最大似然估计值为 $\hat{\theta}_2 = \dfrac{7-\sqrt{13}}{12}$.

6. 设总体 X 的概率密度函数为

$$f(x) = \begin{cases} \dfrac{6x}{\theta^3}(\theta - x), & 0 < x < \theta, \\ 0, & \text{其他}, \end{cases}$$

$X_1, X_2 \cdots, X_n$ 是来自 X 的简单随机样本.

（1）求 θ 的矩估计量 $\hat{\theta}$；

（2）求 $\hat{\theta}$ 的方差 $D(\hat{\theta})$；

（3）讨论 $\hat{\theta}$ 的无偏性和一致性.

解 （1）总体的一阶矩

$$\mu_1 = E(X) = \int_{-\infty}^{+\infty} xf(x)\,\mathrm{d}x = \int_0^{\theta} x \cdot \frac{6x}{\theta^3}(\theta - x)\,\mathrm{d}x = \int_0^{\theta} \left(\frac{6x^2}{\theta^2} - \frac{6x^3}{\theta^3} \right)\,\mathrm{d}x$$

$$= \frac{2x^3}{\theta^2}\bigg|_0^{\theta} - \frac{3x^4}{2\theta^3}\bigg|_0^{\theta} = 2\theta - \frac{3}{2}\theta = \frac{\theta}{2},$$

令 $\dfrac{\theta}{2} = \bar{X}$，解得 $\theta = 2\bar{X}$，所以参数 θ 的矩估计量为 $\hat{\theta} = 2\bar{X}$.

（2）$D(\hat{\theta}) = D(2\bar{X}) = 4D(\bar{X}) = \dfrac{4}{n}D(X)$. 而

$$\mu_2 = E(X^2) = \int_{-\infty}^{+\infty} x^2 f(x)\,\mathrm{d}x = \int_0^{\theta} x^2 \cdot \frac{6x}{\theta^3}(\theta - x)\,\mathrm{d}x = \int_0^{\theta} \left(\frac{6x^3}{\theta^2} - \frac{6x^4}{\theta^3} \right)\,\mathrm{d}x$$

$$= \frac{3x^4}{2\theta^2}\bigg|_0^{\theta} - \frac{6x^5}{5\theta^3}\bigg|_0^{\theta} = \frac{3}{2}\theta^2 - \frac{6}{5}\theta^2 = \frac{3}{10}\theta^2,$$

故

$$D(X) = E(X^2) - [E(X)]^2 = \frac{3}{10}\theta^2 - \frac{1}{4}\theta^2 = \frac{1}{20}\theta^2,$$

从而

$$D(\hat{\theta}) = \frac{4}{n} \cdot \frac{1}{20}\theta^2 = \frac{1}{5n}\theta^2.$$

（3）由于

$$E(\hat{\theta}) = E(2\overline{X}) = 2E(\overline{X}) = 2E(X) = 2 \cdot \frac{\theta}{2} = \theta,$$

所以 $\hat{\theta} = 2\overline{X}$ 是 θ 的无偏估计量.

讨论 $\hat{\theta}$ 的一致性，即讨论 $\hat{\theta}$ 是否依概率收敛于 θ. 由切比雪夫不等式，

$$P\{|\hat{\theta} - E(\hat{\theta})| \leqslant \varepsilon\} \geqslant 1 - \frac{D(\hat{\theta})}{\varepsilon^2}, \quad 即 \quad P\{|\hat{\theta} - \theta| \leqslant \varepsilon\} \geqslant 1 - \frac{\theta^2}{5n\varepsilon^2}.$$

当 $n \to +\infty$ 时，$P\{|\hat{\theta} - \theta| \leqslant \varepsilon\} \to 1$，因此 $\hat{\theta}$ 是 θ 的一致估计量.

7. 设 X_1, X_2, X_3 是来自正态总体 $N(\mu, 1)$ 的一个样本，其中 μ 为未知参数. 试证如下三个估计量均为 μ 的无偏估计量，并确定最有效的一个：

$$\hat{\mu}_1 = \frac{1}{2}X_1 + \frac{1}{4}X_2 + \frac{1}{4}X_3;$$

$$\hat{\mu}_2 = \frac{1}{3}X_1 + \frac{1}{3}X_2 + \frac{1}{3}X_3;$$

$$\hat{\mu}_3 = \frac{1}{2}X_1 + \frac{1}{3}X_2 + \frac{1}{6}X_3.$$

解 已知总体 X 服从正态分布 $N(\mu, 1)$，μ 是总体的均值，那么 $E(X) = \mu$，$D(X) = 1$，于是 $E(X_i) = \mu$，$D(X_i) = 1$，$i = 1, 2, 3$，且

$$E(\hat{\mu}_1) = E\left(\frac{1}{2}X_1 + \frac{1}{4}X_2 + \frac{1}{4}X_3\right) = \frac{1}{2}E(X_1) + \frac{1}{4}E(X_2) + \frac{1}{4}E(X_3)$$

$$= \frac{1}{2}\mu + \frac{1}{4}\mu + \frac{1}{4}\mu = \mu;$$

$$E(\hat{\mu}_2) = E\left(\frac{1}{3}X_1 + \frac{1}{3}X_2 + \frac{1}{3}X_3\right) = \frac{1}{3}E(X_1) + \frac{1}{3}E(X_2) + \frac{1}{3}E(X_3)$$

$$= \frac{1}{3}\mu + \frac{1}{3}\mu + \frac{1}{3}\mu = \mu;$$

$$E(\hat{\mu}_3) = E\left(\frac{1}{2}X_1 + \frac{1}{3}X_2 + \frac{1}{6}X_3\right) = \frac{1}{2}E(X_1) + \frac{1}{3}E(X_2) + \frac{1}{6}E(X_3)$$

$$= \frac{1}{2}\mu + \frac{1}{3}\mu + \frac{1}{6}\mu = \mu,$$

所以三个估计量均为 μ 的无偏估计量. 因为

$$D(\hat{\mu}_1) = D\left(\frac{1}{2}X_1 + \frac{1}{4}X_2 + \frac{1}{4}X_3\right) = \frac{1}{4}D(X_1) + \frac{1}{16}D(X_2) + \frac{1}{16}D(X_3)$$

$$= \frac{1}{4} + \frac{1}{16} + \frac{1}{16} = \frac{3}{8};$$

$$D(\hat{\mu}_2) = D\left(\frac{1}{3}X_1 + \frac{1}{3}X_2 + \frac{1}{3}X_3\right) = \frac{1}{9}D(X_1) + \frac{1}{9}D(X_2) + \frac{1}{9}D(X_3)$$

$$= \frac{1}{9} + \frac{1}{9} + \frac{1}{9} = \frac{1}{3};$$

$$D(\hat{\mu}_3) = D\left(\frac{1}{2}X_1 + \frac{1}{3}X_2 + \frac{1}{6}X_3\right) = \frac{1}{4}D(X_1) + \frac{1}{9}D(X_2) + \frac{1}{36}D(X_3)$$

$$= \frac{1}{4} + \frac{1}{9} + \frac{1}{36} = \frac{7}{18},$$

而 $\frac{1}{3} < \frac{3}{8} < \frac{7}{18}$, 即 $D(\hat{\mu}_2) < D(\hat{\mu}_1) < D(\hat{\mu}_3)$, 所以 $\hat{\mu}_2$ 更有效.

8. 设 $X_1, X_2, \cdots, X_n$ 为来自总体 $N(\mu, \sigma^2)$ 的简单随机样本, 试选择常数 C, 使 $C\sum_{i=1}^{n-1}(X_{i+1} - X_i)^2$ 为 σ^2 的无偏估计.

解 要使 $C\sum_{i=1}^{n-1}(X_{i+1} - X_i)^2$ 为 σ^2 的无偏估计, 即 $E\left[C\sum_{i=1}^{n-1}(X_{i+1} - X_i)^2\right] = \sigma^2$, 需求出 $E[(X_{i+1}-X_i)^2], i=1,2,\cdots,n-1$. 由于总体服从 $N(\mu, \sigma^2)$, 那么样本满足 $E(X_i)=\mu, D(X_i)=\sigma^2, i=1,2,\cdots,n$, 且相互独立, 则

$$E(X_{i+1}-X_i) = E(X_{i+1}) - E(X_i) = \mu - \mu = 0,$$

$$D(X_{i+1}-X_i) = D(X_{i+1}) + D(X_i) = \sigma^2 + \sigma^2 = 2\sigma^2,$$

那么

$$E[(X_{i+1}-X_i)^2] = D(X_{i+1}-X_i) + [E(X_{i+1}-X_i)]^2 = 2\sigma^2,$$

$$E\left[C\sum_{i=1}^{n-1}(X_{i+1} - X_i)^2\right] = C\sum_{i=1}^{n-1}E[(X_{i+1} - X_i)^2] = 2C(n-1)\sigma^2.$$

令 $E\left[C\sum_{i=1}^{n-1}(X_{i+1} - X_i)^2\right] = \sigma^2$, 即 $2C(n-1)\sigma^2 = \sigma^2$, 解得 $C = \frac{1}{2(n-1)}$. 所以当 $C = \frac{1}{2(n-1)}$ 时, $C\sum_{i=1}^{n-1}(X_{i+1} - X_i)^2$ 为 σ^2 的无偏估计.

9. 设 $X_1, X_2, \cdots, X_n (n>2)$ 为来自正态总体 $N(\mu, \sigma^2)$ 的简单随机样本, 记

$$T = \overline{X}^2 - \frac{1}{n}S^2.$$

(1) 证明: T 是 μ^2 的无偏估计量;

(2) 当 $\mu=0, \sigma=1$ 时, 求 $D(T)$.

解 (1) 要证 T 是 μ^2 的无偏估计, 即证 $E(T) = \mu^2$. 由于总体 $X \sim N(\mu, \sigma^2)$, 那么

$$E(\overline{X}) = E(X) = \mu, \quad D(\overline{X}) = \frac{D(X)}{n} = \frac{\sigma^2}{n},$$

$$E(\overline{X}^2) = D(\overline{X}) + [E(\overline{X})]^2 = \frac{\sigma^2}{n} + \mu^2, \quad E(S^2) = D(X) = \sigma^2,$$

则

$$E(T) = E(\overline{X}^2) - \frac{1}{n}E(S^2) = \frac{\sigma^2}{n} + \mu^2 - \frac{1}{n}\sigma^2 = \mu^2.$$

（2）当 $\mu = 0, \sigma = 1$ 时，总体 $X \sim N(0,1)$，$\overline{X} \sim N\left(0, \frac{1}{n}\right)$. 把 $\overline{X}$ 标准化得

$$\frac{\overline{X}}{\frac{1}{\sqrt{n}}} = \sqrt{n}\,\overline{X} \sim N(0,1)，\quad 即 \quad n\overline{X}^2 \sim \chi^2(1)，$$

所以 $D(n\overline{X}^2) = 2$，得 $D(\overline{X}^2) = \frac{2}{n^2}$. 因为

$$\frac{(n-1)S^2}{\sigma^2} = (n-1)S^2 \sim \chi^2(n-1)，$$

所以

$$D[(n-1)S^2] = 2(n-1)，\quad 得 \quad D(S^2) = \frac{2}{n-1}.$$

由于 $\overline{X}$ 与 S^2 相互独立，$\overline{X}^2$ 与 S^2 也相互独立，那么

$$D(T) = D\left(\overline{X}^2 - \frac{1}{n}S^2\right) = D(\overline{X}^2) + \frac{1}{n^2}D(S^2)$$

$$= \frac{2}{n^2} + \frac{1}{n^2} \cdot \frac{2}{n-1} = \frac{2}{n(n-1)}.$$

10. 设从均值为 μ，方差为 $\sigma^2 > 0$ 的总体中分别抽取容量为 n_1, n_2 的两个独立样本，样本均值分别记为 $\overline{X}_1, \overline{X}_2$. 试证：对于任意满足 $a+b=1$ 的常数 a 和 b，$T = a\overline{X}_1 + b\overline{X}_2$ 都是 μ 的无偏估计，并问 a, b 为多少时，$D(T)$ 达到最小？

证明 设总体为 X，则 $E(X) = \mu, D(X) = \sigma^2$，

$$E(T) = E(a\overline{X}_1 + b\overline{X}_2) = aE(\overline{X}_1) + bE(\overline{X}_2) = aE(X) + bE(X)$$

$$= a\mu + b\mu = (a+b)\mu = \mu，$$

所以 T 都是 μ 的无偏估计量.

因为

$$D(T) = D(a\overline{X}_1 + b\overline{X}_2) = a^2 D(\overline{X}_1) + b^2 D(\overline{X}_2)$$

$$= \frac{a^2\sigma^2}{n_1} + \frac{b^2\sigma^2}{n_2} = \left[\frac{a^2}{n_1} + \frac{(1-a)^2}{n_2}\right]\sigma^2，$$

关于 a 求导并令导数为零，

$$\frac{\mathrm{d}D(T)}{\mathrm{d}a} = \left[\frac{2a}{n_1} + \frac{-2(1-a)}{n_2}\right]\sigma^2 = \frac{2(n_2 a + n_1 a - n_1)}{n_1 n_2}\sigma^2 = 0，$$

解得 $a = \frac{n_1}{n_1 + n_2}$. 又由于

$$\frac{\mathrm{d}^2 D(T)}{\mathrm{d}a^2} = \frac{2(n_2 + n_1)}{n_1 n_2}\sigma^2 > 0，$$

所以当 $a = \dfrac{n_1}{n_1 + n_2}$ 时,$D(T)$ 达到最小,此时

$$b = 1 - a = 1 - \frac{n_1}{n_1 + n_2} = \frac{n_2}{n_1 + n_2}.$$

11. 从一批钉子中随机抽取 16 枚,测得其长度(单位:cm)为

$$2.14,\ 2.10,\ 2.13,\ 2.15,\ 2.13,\ 2.12,\ 2.13,\ 2.10,$$
$$2.15,\ 2.12,\ 2.14,\ 2.10,\ 2.13,\ 2.11,\ 2.14,\ 2.11.$$

假设钉子的长度 X 服从正态分布 $N(\mu, \sigma^2)$,在下列两种情况下分别求总体均值 μ 的置信水平为 90% 的置信区间.

(1)已知 $\sigma = 0.01$;

(2)σ 未知.

解 依题意知,$n = 16, \bar{x} = 2.125, s^2 \approx 0.000\,3, 1 - \alpha = 0.9, \dfrac{\alpha}{2} = 0.05.$

(1)已知 $\sigma = 0.01$,统计量 $\dfrac{\overline{X} - \mu}{\sigma / \sqrt{n}} \sim N(0,1)$ 查表知 $z_{0.05} \approx 1.65, \mu$ 的置信水平为 $1 - \alpha$ 的置信区间为

$$\left(\bar{x} - \frac{\sigma}{\sqrt{n}} z_{\frac{\alpha}{2}}, \bar{x} + \frac{\sigma}{\sqrt{n}} z_{\frac{\alpha}{2}} \right) \approx \left(2.125 - \frac{0.01}{\sqrt{16}} \times 1.65, 2.125 - \frac{0.01}{\sqrt{16}} \times 1.65 \right),$$

即 $(2.120\,9, 2.129\,1).$

(2)当 σ 未知时,统计量 $\dfrac{\overline{X} - \mu}{S / \sqrt{n}} \sim t(n-1)$,查表 $t_{0.05}(15) \approx 1.753\,1$,则 μ 的置信水平为 $1 - \alpha$ 的置信区间为

$$\left(\bar{x} - \frac{s}{\sqrt{n}} t_{\frac{\alpha}{2}}(n-1), \bar{x} + \frac{s}{\sqrt{n}} t_{\frac{\alpha}{2}}(n-1) \right)$$
$$\approx \left(2.125 - \frac{0.000\,3}{\sqrt{16}} \times 1.753\,1, 2.125 + \frac{0.000\,3}{\sqrt{16}} \times 1.753\,1 \right),$$

即 $(2.124\,9, 2.125\,1).$

12. 随机地取某种炮弹 9 发做试验,测得炮口速度(单位:m/s)的样本标准差 $s = 11$.设炮口速度 X 服从 $N(\mu, \sigma^2)$,求这种炮弹的炮口速度的标准差 σ 的置信水平为 95% 的置信区间.

解 对于正态总体 $N(\mu, \sigma^2)$,当 μ 未知时,σ^2 的置信水平为 $1 - \alpha$ 的置信区间为

$$\left(\frac{(n-1)s^2}{\chi^2_{\frac{\alpha}{2}}(n-1)}, \frac{(n-1)s^2}{\chi^2_{1-\frac{\alpha}{2}}(n-1)} \right),$$

那么标准差 σ 的置信水平为 $1 - \alpha$ 的置信区间为

$$\left(\frac{\sqrt{(n-1)}\,s}{\sqrt{\chi^2_{\frac{\alpha}{2}}(n-1)}}, \frac{\sqrt{(n-1)}\,s}{\sqrt{\chi^2_{1-\frac{\alpha}{2}}(n-1)}} \right).$$

依题意知,$n = 9, s = 11, 1 - \alpha = 0.95, \dfrac{\alpha}{2} = 0.025,$

$$\chi^2_{\frac{\alpha}{2}}(n-1)=\chi^2_{0.025}(8)\approx17.534,\quad \chi^2_{1-\frac{\alpha}{2}}(n-1)=\chi^2_{0.975}(8)\approx2.180,$$

得标准差 σ 的置信水平为 0.95 的置信区间为

$$\left(\frac{\sqrt{8}\times11}{\sqrt{17.535}},\frac{\sqrt{8}\times11}{\sqrt{2.180}}\right)\approx(7.4,21.1).$$

习 题 8

1. 设某次考试的考生成绩服从正态分布,从中随机抽取 36 位考生的成绩,得样本均值和样本标准差为 $\bar{x}=66.5,s=15$,问在显著性水平 $\alpha=0.05$ 下,是否可以认为这次考试全体考生的平均成绩为 70 分?

解 设这次考试的考生成绩为 X,则 $X\sim N(\mu,\sigma^2)$,把从 X 中抽取的容量为 n 的样本均值记为 $\bar{X}$,样本标准差记为 S,本题是在显著性水平 $\alpha=0.05$ 下检验假设.

(1)提出假设 $H_0:\mu=\mu_0=70,H_1:\mu\neq\mu_0=70$.

(2)由 σ^2 未知,因此应选择检验统计量 $T=\dfrac{\bar{X}-\mu_0}{S/\sqrt{n}}\sim t(n-1)$.

(3)由检验水平 $\alpha=0.05$,查 t 分布表,得临界值 $t_{\frac{\alpha}{2}}(n-1)=t_{0.025}(35)\approx2.030\,1$.

(4)由 $n=36,\bar{x}=66.5,s=15$,算得统计量 T 的观察值

$$t=\frac{66.5-70}{15/\sqrt{36}}=-1.4.$$

(5)在显著性水平 0.05 下,拒绝域为 $|t|\geq t_{\frac{\alpha}{2}}(n-1)$.由于 $|t|=1.4<t_{0.025}(35)\approx2.030\,1$,所以接受假设 $H_0:\mu=70$,可以认为这次考试全体考生的平均成绩为 70 分.

2. 某批矿砂的 5 个样品中镍含量(单位:%)经测定为

$$3.25,\quad 3.27,\quad 3.24,\quad 3.26,\quad 3.24.$$

设测定的总体服从正态分布,问在显著性水平 $\alpha=0.01$ 下能否接受假设:这批矿砂的镍含量均值为 3.25.

解 在 σ^2 未知的条件下检验假设.

(1)提出假设 $H_0:\mu=3.25,H_1:\mu\neq3.25$.

(2)选取检验统计量为 $T=\dfrac{\bar{X}-3.25}{S/\sqrt{n}}\sim t_{\frac{\alpha}{2}}(n-1)$.

(3)由 $n=5,\alpha=0.01$,查表知 $t_{\frac{\alpha}{2}}(n-1)=t_{0.005}(4)\approx4.604\,1$.

(4)根据样本值计算知

$$\bar{x}=3.252,\quad s^2=\frac{1}{4}\left(\sum_{i=1}^{5}x_i^2-5\bar{x}^2\right)=0.000\,17,\quad s\approx0.013,$$

$$t=\frac{\bar{x}-3.25}{S}\sqrt{5}\approx\frac{3.252-3.25}{0.013}\times2.24\approx0.345.$$

(5) 拒绝域为 $|t| \geqslant t_{\frac{\alpha}{2}}(n-1)$, 由于 $|t| \approx 0.345 < 4.604\ 1 \approx t_{0.005}(4)$, 所以接受 H_0, 即可以认为这批矿砂的镍含量均值为 3.25.

3. 假设某种电池的工作时间(单位:h)服从正态分布, 观测到 5 个电池的工作时间为

$$32, \quad 41, \quad 42, \quad 49, \quad 53.$$

说明书上写明工作时间为 50 h, 取显著性水平 $\alpha = 0.1$.

(1) 若已知标准差 $\sigma = 8.08$ (由长期经验得到), 问这批样本是否取自均值为 50 的总体?

(2) 若标准差未知, 问这批样本是否取自均值为 50 的总体?

解 (1) 在标准差 $\sigma = 8.08$ 已知的条件下对均值 μ 是否等于 50 进行检验.

1) 提出假设 $H_0:\mu=50, H_1:\mu \neq 50$.

2) 选取检验统计量为 $U = \dfrac{\overline{X}-50}{\sigma/\sqrt{n}} \sim N(0,1)$.

3) 由 $n=5, \alpha=0.1$, 查表知 $z_{\frac{\alpha}{2}} = z_{0.05} \approx 1.65$.

4) 根据样本值计算得 $\overline{x} = 43.4, s \approx 8.08, u \approx \dfrac{43.4-50}{8.08/\sqrt{5}} \approx -1.83$.

5) 拒绝域为 $|z| \geqslant z_{\frac{\alpha}{2}}$, 由于 $|z| \approx 1.83 > z_{0.05} \approx 1.65$, 所以拒绝 H_0, 不能认为这批样本取自均值为 50 的总体.

(2) 在标准差 σ 未知的条件下对均值 μ 是否等于 50 进行检验.

1) 提出假设 $H_0:\mu=50, H_1:\mu \neq 50$.

2) 选取检验统计量为 $T = \dfrac{\overline{X}-50}{S/\sqrt{n}} \sim t(n-1)$.

3) 由 $n=5, \alpha=0.1$, 查表知 $t_{\frac{\alpha}{2}}(n-1) = t_{0.05}(4) \approx 2.131\ 8$.

4) 根据样本值计算得 $\overline{x} = 43.4, s \approx 8.08, t \approx \dfrac{43.4-50}{8.08/\sqrt{5}} \approx -1.83$.

5) 拒绝域为 $|t| \geqslant t_{\frac{\alpha}{2}}(n-1)$, 由于 $|t| \approx 1.83 < t_{0.05}(4) = 2.131\ 8$, 所以接受 H_0, 可以认为这批样本取自均值为 50 的总体.

4. 测定某电子元件的可靠性 15 次, 计算得样本均值和样本标准差为 $\overline{x} = 0.94$ 和 $s = 0.03$. 该元件的订货合同规定可靠性的总体参数 $\mu_0 = 0.96$ 而 $\sigma_0 = 0.05$, 并假定可靠性服从正态分布, 试在显著性水平 $\alpha = 0.05$ 下按合同标准检验总体的均值和标准差.

(1) 采用双侧检验;

(2) 采用适当的单侧检验.

解 (1) 双侧检验.

在正态总体标准差 σ 未知的条件下, 检验总体均值 μ 是否达到规定参数 $\mu_0 = 0.96$.

1) 提出假设 $H_0:\mu=0.96, H_1:\mu \neq 0.96$.

2) 选取检验统计量为 $T = \dfrac{\overline{X}-0.96}{S/\sqrt{n}} \sim t(n-1)$.

3) 由 $n=15, \alpha=0.05$, 查表知 $t_{\frac{\alpha}{2}}(n-1) = t_{0.025}(14) \approx 2.144\ 8$,

4）根据已知条件 $\bar{x}=0.94, s=0.03, t=\dfrac{0.94-0.96}{0.03/\sqrt{15}}\approx -2.58.$

5）拒绝域为 $|t|\geqslant t_{\frac{\alpha}{2}}(n-1)$，由于 $|t|\approx 2.58>t_{0.025}(14)\approx 2.144\,8$，所以拒绝 H_0，说明电子元件的可靠性均值没有达到规定参数 $\mu_0=0.96$.

在正态总体均值 μ 未知的条件下，检验总体方差 σ^2 是否达到规定参数 $\sigma_0^2=0.05^2$.

1）提出假设 $H_0:\sigma^2=0.05^2, H_1:\sigma^2\neq 0.05^2$.

2）选取检验统计量为 $\chi^2=\dfrac{(n-1)S^2}{\sigma_0^2}\sim\chi^2(n-1)$.

3）由 $n=15, \alpha=0.05$，查表知 $\chi_{\frac{\alpha}{2}}^2(n-1)=\chi_{0.025}^2(14)\approx 26.119, \chi_{1-\frac{\alpha}{2}}^2(n-1)=\chi_{0.975}^2(14)\approx 5.629$.

4）根据已知条件，$s=0.03, \chi^2=\dfrac{(n-1)s^2}{\sigma_0^2}=\dfrac{14\times 0.03^2}{0.05^2}=5.04.$

5）拒绝域为 $\chi^2\leqslant \chi_{1-\frac{\alpha}{2}}^2(n-1)$ 或者 $\chi^2\geqslant\chi_{\frac{\alpha}{2}}^2(n-1)$，由于 $\chi^2=5.04<\chi_{0.975}^2(14)\approx 5.629$，所以拒绝 H_0，说明电子元件的可靠性标准差没有达到规定参数 $\sigma_0=0.05$.

（2）适当的单侧检验

在正态总体标准差 σ 未知的条件下，检验总体均值 μ.

1）提出假设 $H_0:\mu\geqslant 0.96, H_1:\mu<0.96$.

2）选取检验统计量为 $T=\dfrac{\bar{X}-0.96}{S/\sqrt{n}}\sim t(n-1)$.

3）由 $n=15, \alpha=0.05$，查表知 $t_\alpha(n-1)=t_{0.05}(14)\approx 1.761\,3$.

4）根据已知条件 $\bar{x}=0.94, s=0.03, t=\dfrac{0.94-0.96}{0.03/\sqrt{15}}\approx -2.58.$

5）拒绝域为 $t\leqslant -t_\alpha(n-1)$，由于 $t\approx -2.58<-t_{0.05}(14)\approx -1.761\,3$，所以拒绝 H_0，接受 H_1，可以认为电子元件的可靠性均值小于规定参数 $\mu_0=0.96$.

在正态总体均值 μ 未知的条件下，检验总体方差 σ^2，根据经验，可靠性的方差越小越好。

1）提出假设 $H_0:\sigma^2\leqslant 0.05^2, H_1:\sigma^2>0.05^2$.

2）选取检验统计量为 $\chi^2=\dfrac{(n-1)S^2}{\sigma_0^2}\sim\chi^2(n-1)$.

3）由 $n=15, \alpha=0.05$，查表知 $\chi_\alpha^2(n-1)=\chi_{0.05}^2(14)\approx 23.685,$

4）根据已知条件，$s=0.03, \chi^2=\dfrac{(n-1)S^2}{\sigma_0^2}=\dfrac{14\times 0.03^2}{0.05^2}=5.04.$

5）拒绝域为 $\chi^2\geqslant\chi_\alpha^2(n-1)$，由于 $\chi^2=5.04<\chi_\alpha^2(14)\approx 23.685$，所以接受 H_0，可以认为电子元件的可靠性标准差小于规定参数 0.05.

5. 两台自动机床加工同一种零件，比较它们的加工精度，分别取容量为 $n_1=10, n_2=8$ 的两个样本，测量取出的零件的某个指标的尺寸（假定服从正态分布），得样本均值和样本方差分别为 $\bar{x}=1.24, \bar{y}=1.256\,25, s_1^2=0.018\,87, s_2^2=0.012\,49$，取显著性水平 $\alpha=0.1$，问这两台机床是否有同样的精度？

解 此题为两个正态总体,检验方差是否相同.

（1）提出假设 $H_0:\sigma_1^2=\sigma_2^2,H_1:\sigma_1^2\neq\sigma_2^2$.

（2）选取检验统计量为 $F=\dfrac{S_1^2}{S_2^2}\sim F(9,7)$.

（3）查表知 $F_{\frac{\alpha}{2}}(9,7)=F_{0.05}(9,7)\approx3.68,F_{1-\frac{\alpha}{2}}(9,7)=F_{0.95}(9,7)\approx0.304$.

（4）计算知 $f=\dfrac{s_1^2}{s_2^2}=\dfrac{0.018\ 87}{0.012\ 49}\approx1.51$.

（5）在 $\alpha=0.1$,拒绝域为 $f\geqslant F_{\frac{\alpha}{2}}(n_1-1,n_2-1)$ 或者 $f\leqslant F_{1-\frac{\alpha}{2}}(n_1-1,n_2-1)$,由于

$$0.304\approx F_{0.95}(9,7)<f\approx1.51<F_{0.05}(9,7)\approx3.68,$$

所以接受 H_0,认为两台机床有同样的精度.

习 题 9

1. 从 3 个总体中各抽取容量不同的样本数据,得到如下资料:

样本 1	158	148	161	154	169
样本 2	153	142	156	149	
样本 3	169	158	180		

检验 3 个总体的均值之间是否有显著差异？（$\alpha=0.05$）

解 设

原假设:3 个总体的均值之间没有显著差异,

备择假设:3 个总体的均值之间有显著差异.

单因素方差分析结果如下:

	平方和	自由度	均方	F 值
SSA	618.917	2	309.458	4.657
SSE	598.000	9	66.444	
SST	1 216.92	11		

可见,$F\approx4.657>F_{0.05}(2,9)\approx4.26$,所以拒绝原假设,认为不同水平的数据有显著差异.

2. 有 3 种不同品种的种子和 3 种不同的施肥方案,在 9 块同样面积的土地上,分别采用 3 种种子和 3 种施肥方案搭配进行试验,取得的收获量数据如下表:

品种	施肥方案		
	1	2	3
1	12.0	9.5	10.4
2	13.7	11.5	12.4
3	14.3	12.3	11.4

试利用无交互作用的双因素方差分析方法检验种子的不同品种对收获量的影响是否有显著差异？不同的施肥方案对收获量的影响是否有显著差异？（$\alpha = 0.05$）

解 对于列因素（施肥方案）假设：

原假设：不同的施肥方案对收获量的影响没有显著差异，

备择假设：不同的施肥方案对收获量的影响有显著差异；

对于行因素（种子品种）假设：

原假设：种子的不同品种对收获量的影响没有显著差异，

备择假设：种子的不同品种对收获量的影响有显著差异．

双因素无交互效应的方差分析结果如下：

方差来源	平方和	自由度	均方	F 比
列因素	8.816	2	4.408	14.168
行因素	7.762	2	3.881	12.475
误差	1.244	4	0.311	
总和	17.822	8		

分析结论：

（1）因为 $F_{0.05}(2,4) \approx 6.94 < F_C \approx 14.168$，所以列因素的各水平间有显著差异，认为不同的施肥方案对收获量的影响有显著差异；

（2）因为 $F_{0.05}(2,4) \approx 6.94 < F_R \approx 12.475$，所以行因素的各水平间有显著差异，认为种子的不同品种对收获量的影响有显著差异．

3. 下面是 10 个品牌啤酒的广告费支出和销售量的数据：

啤酒品牌	广告费支出/万元	销售量/万箱	啤酒品牌	广告费支出/万元	销售量/万箱
A	120.0	36.3	F	1.0	7.1
B	68.7	20.7	G	21.5	5.6
C	100.1	15.9	H	1.4	4.4
D	76.6	13.2	I	5.3	4.4
E	8.7	8.1	J	1.7	4.3

用广告费支出作自变量 x，销售量作因变量 y，求出估计的一元线性回归方程．

解 依据最小二乘估计法，在 0.05 的显著性水平下，估计模型为：$\hat{y} = 0.20x + 4.07$，其中,回归系数 $\hat{\beta}=0.20$ 在 0.05 的显著性水平下是区别于零的,模型的 R^2 为 0.78. 因此,此线性回归方程可以解释因变量的 78% 的变化.

4. 对于一元线性回归方程 $y=\alpha+\beta x+\varepsilon$,若根据样本 $\{x_i\}$ 与 $\{y_i\}$,采用最小二乘回归法得到的估计方程为 $\hat{y}=\hat{\alpha}+\hat{\beta}x$,设

$$R^2 = \frac{\sum(\hat{y}_i-\bar{y})^2}{\sum(y_i-\bar{y})^2}$$

是回归的拟合优度,试证明:

$$R^2 = \left(\frac{\sum(x_i-\bar{x})(y_i-\bar{y})}{\sqrt{\sum(x_i-\bar{x})^2}\sqrt{\sum(y_i-\bar{y})^2}}\right)^2.$$

证明　由于 $y_i=\alpha+\beta x_i+\varepsilon_i$,从而

$$\hat{y}_i=\hat{\alpha}+\hat{\beta}x_i \quad 且 \quad \bar{y}_i=\hat{\alpha}+\hat{\beta}\bar{x},$$

则 $\hat{y}_i-\bar{y}=\hat{\beta}(x_i-\bar{x})$,所以

$$R^2 = \frac{\sum(\hat{y}_i-\bar{y})^2}{\sum(y_i-\bar{y})^2} = \frac{\hat{\beta}^2\sum(x_i-\bar{x})^2}{\sum(y_i-\bar{y})^2}.$$

又因为

$$\hat{\beta} = \frac{\sum(x_i-\bar{x})(y_i-\bar{y})}{\sum(x_i-\bar{x})^2},$$

所以

$$R^2 = \left(\frac{\sum(x_i-\bar{x})(y_i-\bar{y})}{\sqrt{\sum(x_i-\bar{x})^2}\sqrt{\sum(y_i-\bar{y})^2}}\right)^2.$$